大学生创新创业教育新形态教材
校企双元合作开发系列教材

大学生创新基础教程

主　编：朱学荣　郭　宇
副主编：陈　雪　杨丽清
李　姝　乔恩懋
赵　洁　牛　慧

DAXUESHENG
CHUANGXIN
JICHU
JIAOCHENG

北京师范大学出版集团
BEIJING NORMAL UNIVERSITY PUBLISHING GROUP
北京师范大学出版社

图书在版编目(CIP)数据

大学生创新基础教程/朱学荣，郭宇主编. —北京：北京师范大学出版社，2021.3（2025.8重印）

ISBN 978-7-303-26842-9

Ⅰ. ①大… Ⅱ. ①朱… ②郭… Ⅲ. ①大学生—创造性思维—高等职业教育—教材 Ⅳ. ①B804.4

中国版本图书馆 CIP 数据核字(2021)第 036196 号

出版发行：北京师范大学出版社 https://www.bnupg.com
北京市西城区新街口外大街 12-3 号
邮政编码：100088

印　　刷：天津市宝文印务有限公司
经　　销：全国新华书店
开　　本：787 mm×1092 mm　1/16
印　　张：14
字　　数：312 千字
版　　次：2021 年 3 月第 2 版
印　　次：2025 年 8 月第 5 次印刷
定　　价：45.00 元

策划编辑：易　新　李　念　　　　责任编辑：李　念
美术编辑：焦　丽　　　　　　　　装帧设计：焦　丽
责任校对：陈　民　　　　　　　　责任印制：赵　龙

前 言

党的二十大报告指出，必须坚持科技是第一生产力、人才是第一资源、创新是第一动力，深入实施科教兴国战略、人才强国战略、创新驱动发展战略，开辟发展新领域新赛道，不断塑造发展新动能新优势。习近平总书记强调，在激烈的国际竞争中，惟创新者进，惟创新者强，惟创新者胜。创新驱动发展的实质是人才驱动，人才是创新的第一资源。缺少创新者，科技、制度等方方面面的创新活动便是无本之木。因此加强创新教育，是推进高等职业教育高质量发展，培育更多创新型高素质技术技能人才、能工巧匠、大国工匠，实现创新强国战略目标和人的全面发展的根本保障。

本书内容设计以习近平新时代中国特色社会主义思想的世界观和方法论为根本遵循：坚持立德树人，以学生为中心、教师为主导，教材内容由师生共研共创；坚持自信自立，注重增强青年人的道路自信、理论自信、制度自信、文化自信，使之以更加积极的历史担当创新创造；坚持守正创新，非传承无以创新、无积淀不可创造，引导青年人以科学的态度对待科学、以真理的精神追求真理，牢记以中国式现代化全面推进中华民族伟大复兴的使命任务，以创新实践引领时代发展；坚持问题导向，聚焦社会发展面临的新问题、国家战略发展面临的突出问题和人自身发展面临的矛盾问题等，提升青年人解决实际问题的真本领；坚持系统观念，基于“方位、方向、方法”三位一体设计全书架构，旨在引导学生深刻体认创新责任的重大与创新历程的艰辛，唯有系统掌握创新的内在逻辑、思维规律与方法工具，方能切实提升创新素养。纵使创新之初筚路蓝缕，终将开辟新局。坚持胸怀天下，既呈现创新驱动下的人类文明演进轨迹，又注重彰显中国式创新蕴含的国家力量与人民智慧。

本书分为五大模块：

第一模块为绪论。从历史演进、国家竞争力提升、教育发展的维度，阐述创新为何重要。

第二模块包括：第一章创新的历程、第二章创新的本质。该部分从科技进步和制度创新两个维度，呈现创新在文明演化过程中的巨大作用，以及新中国成立以来科技创新的伟大成就和制度创新的伟大实践。

第三模块包括：第三章创新者人格、第四章创新情境。该部分通过邂逅历史上不同时期伟大、正直、勇敢、善良、有趣的创新个体与群体，开启对创新者人格底层逻辑的探索之路。

第四模块包括：第五章创新思维、第六章创新工具、第七章创新实践中的相关问题和附录“创新思维课堂实践”和“创新大赛案例”。该部分关注创新思维的类型和规律、创新方法的学习和应用。通过提供丰富的学习场景和创新工具，分析不同类型的创新项目与创新平台，普及与创新活动相关的法律知识，协作式创新实践项目，让创新知识真正变为创新利器。

第五模块为推荐阅读书目。希望通过提供系统化的主题菜单式阅读书目，拓展知识结构、开阔思维视野、储备实践策略。

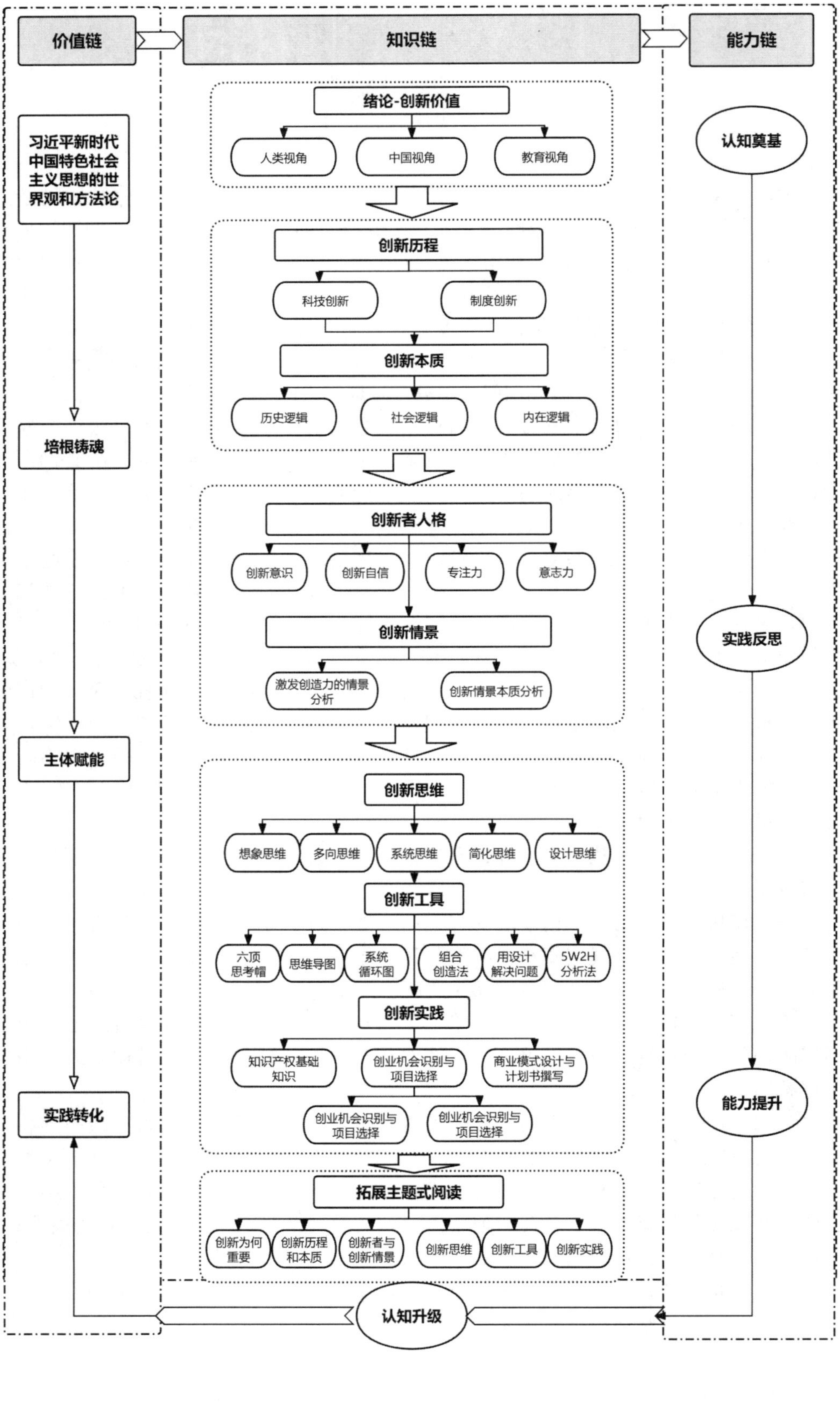
价值链
知识链
能力链
习近平新时代中国特色社会主义思想的世界观和方法论
培根铸魂
主体赋能
实践转化
绪论-创新价值
人类视角
中国视角
教育视角
创新历程
科技创新
制度创新
创新本质
历史逻辑
社会逻辑
内在逻辑
创新者人格
创新意识
创新自信
专注力
意志力
创新情景
激发创造力的情景分析
创新情景本质分析
创新思维
想象思维
多向思维
系统思维
简化思维
设计思维
创新工具
六顶思考帽
思维导图
系统循环图
组合创造法
用设计解决问题
5W2H分析法
创新实践
知识产权基础知识
创业机会识别与项目选择
商业模式设计与计划书撰写
创业机会识别与项目选择
创业机会识别与项目选择
拓展主题式阅读
创新为何重要
创新历程和本质
创新者与创新情景
创新思维
创新工具
创新实践
认知奠基
实践反思
能力提升
认知升级

本书由朱学荣、郭宇担任主编，负责组织编写和统稿。各章编写分工如下：朱学荣负责第三章第二节至第四节的编写；郭宇负责绪论，第一章，第二章导引案例、第一节和第四章导引案例的编写；陈雪负责第五章第三节、第五节、第六节，第六章导引案例、第二节和第五节的编写；杨丽清负责第五章第一节、第三节，第六章第一节、第三节的编写；李姝负责第四章第一节、第二节，第六章第四节、第六节，第七章第二节、第三节的编写；乔恩懋负责第二章第四节，附录二的编写；赵洁负责第三章导引案例，第五章导引案例，第七章第一节，附录一的编写；牛慧负责第二章第二节、第三节，第三章第一节的编写。

株洲中车时代电气股份有限公司高永岗、内蒙古工业大学胡志帅、内蒙古云图教育咨询有限公司张兴等人员参与了内容设计、案例和实训项目开发等工作。

内蒙古建筑职业技术学院学生李桧(2021 级传播专业)、朱子龙(2021 级传播专业)、武荷凯(2020 级工艺美术专业)、胡慧敏(2020 级室内设计专业)、刘笑雨(2020 级工艺美术专业)、孙瑞海(2019 级环境艺术设计专业)、王春博(2019 级建筑工程技术专业)、王恩甜(2018 级传播专业)参与了教材的资料收集整理、插画创作、思维导图绘制及配套课程资源的开发。

本书融合科学史、技术哲学、管理学等多学科成果，结合产业新知识、新技术、新工艺，以理实一体、图文并茂的模块化设计，服务于高职院校创新教育，兼顾普通读者需求。由于编写团队水平所限，本书尚有诸多待完善之处，敬请谅解、不吝赐教。

朱学荣　郭　宇

目 录

理　论　创新为何重要？

创新是一个民族进步的灵魂，是一个国家兴旺发达的不竭动力，也是中华民族最深沉的民族禀赋。在激烈的国际竞争中，惟创新者进，惟创新者强，惟创新者胜。

——习近平，在欧美同学会成立100周年庆祝大会上的讲话

创新是人类社会进步的根本动力。历史大潮浩浩荡荡，人类文明发展至今已经历两次科学革命、三次技术革命和由此引发的三次工业革命、四次认知革命的深刻洗礼。人类在面对自然界的生存挑战中，不断积累经验、创造知识、迭代认知，不断拓展“生存空间”“思维空间”“创新空间”，不断适应复杂多变的外部环境并走向无限广阔的未来宇宙。

一、创新是世界大势所趋、国家命运所系

人类文明的发展历程，充分证明了国家力量的核心支撑是创新能力。而我国近代与历次科技革命失之交臂，导致科技弱、国力弱。实现中华民族伟大复兴，必须用好创新尤其是科技创新这个最高意义上的变革力量和有力杠杆。

全球新一轮科技革命、产业变革和军事变革加速演进，科学探索从微观到宇观各个尺度上向纵深拓展，以智能、绿色、泛在为特征的群体性技术革命将引发国际产业分工重大调整，颠覆性技术不断涌现，正在重塑世界竞争格局、改变国家力量对比，创新驱动成为许多国家谋求竞争优势的核心战略。我国既面临赶超跨越的难得历史机遇，也面临差距拉大和国家间竞争日益激烈的严峻挑战。惟有勇立世界科技创新潮头，才能赢得发展主动权，为人类文明进步作出更大贡献。我国经济发展进入新常态，传统发展动力不断减弱，粗放型增长方式难以为继。必须依靠创新驱动打造发展新引擎，培育新的经济增长点，持续提升我国经济发展的质量和效益，开辟我国发展的新空间，实现经济保持中高速增长和产业迈向中高端水平“双目标”。

国家周期理论显示：国家竞争的本质是创新竞争，一个国家是崛起还是衰落最终取决于能否创新，不僵化、不停滞；能否持续创新，不中断、不夭折；能否比它的竞争国家更具创新力，不骄傲、不落伍。如果国家想要在全球创新优势竞争中取得成功，就需要长远规划、整合资源、有效实施的创新战略。党的十八届五中全会深刻总结了社会主义现代化建设的基本经验，全会强调，牢固树立并切实贯彻创新、协调、绿色、开放、共享的发展理念。同时明确，创新是引领发展的第一动力。党的十八大以来，以习近平同志为核心的党中央牢牢把握世界科技革命和产业变革发展大势，制定《国家创新驱动发展

《国家创新驱动发展战略纲要》等制度

战略纲要》提出到2020年进入创新型国家行列、到2030年跻身创新型国家前列、到2050年建成世界科技创新强国的"三步走"战略目标。这是在新的发展阶段确立的立足全局、面向全球、聚焦关键、带动整体的国家重大发展战略。党的二十大报告更是鲜明指出，坚持创新在我国现代化建设全局中的核心地位。

二、创新驱动发展战略加速大国崛起

党的十八大以来，我国坚持把科技创新摆在国家发展全局的核心位置，坚定实施创新驱动发展战略，已进入世界创新型国家行列，突出表现在以下六个方面：第一，研发经费投入强度已接近发达国家水平，实际总投入居世界第二位。研发经费投入强度达2.12%，已超过欧盟15国2.08%的平均水平。第二，研发人力资源居世界首位，成为创新发展的基础。研发人力资源相当于美国近3倍。第三，科技进步贡献率不断提高。科技进步贡献率提高达57%。第四，基础科学研究能力大幅提高，进入世界科学前沿。高被引国际论文数量达世界第三，占世界总数比重上升至约15%，已成为全球高质量论文第二大贡献国。第五，已成为世界技术创新大国。一些关键核心技术实现突破，载人航天、探月探火、深海深地探测、超级计算机、卫星导航、量子信息、核电技术、新能源技术、大飞机制造、生物医药等基础性、前沿性领域的研究成果领先世界。2016年发明专利授权量已居世界第一位。同年我国成为世界第三大专利合作条约(PCT)申请国，申请量占世界比重达到18.5%，成为世界知识产权大国。第六，战略性新兴产业已经成为国民经济重要支柱产业。2020年以新一代信息技术、高端装备、新材料、生物、新能源、节能环保和数字创意等为代表的战略性新兴产业增加值占GDP比重达15%，高技术制造业增加值对工业增长的贡献率达20%以上，成为世界最大的高技术增加值产业国。

我国在变革与发展中取得历史性成就的关键，在于中华人民共和国成立后，逐渐建立了一个与自身发展阶段相适应的国家创新体系。实践证明，这是世界上最出色、最有效的创新体系之一。无论是新中国创造的人类历史上最伟大的工业化奇迹，还是以上六方面创新型国家的阶段性成就，都是基于国家创新体系的综合支撑来实现的。国家创新体系的建立和完善，在于我国的创新既有中国共产党领导集体自上而下的治理创新，又有近14亿中国人民自下而上的社会创新，进而形成了世界上人口规模最大、地域范围最广、文化根源最深的创新实践。这是科学技术创新，更是思想创新、理念创新、制度创新、文化创新、道路创新。党的二十大报告中，进一步明确了国家创新体系建设发展的方向，即完善党中央对科技工作统一领导的体制，健全新型举国体制，强化国家战略科技力量，优化配置创新资源，优化国家科研机构、高水平研究型大学、科技领军企业定位和布局，形成国家实验室体系，统筹推进国际科技创新中心、区域科技创新中心建设，加强科技基础能力建设，强化科技战略咨询，提升国家创新体系整体效能。同时，强调加快实施创新驱动发展战略。坚持面向世界科技前沿、面向经济主战场、面向国家重大需求、面向人民生命健康，加快实现高水平科技自立自强。

三、传统教育之殇与创新教育之重

《国家创新驱动发展战略纲要》指出，“坚持创新驱动实质是人才驱动，落实以人为本，尊重创新创造的价值，激发各类人才的积极性和创造性，加快汇聚一支规模宏大、结构合理、素质优良的创新型人才队伍。”功以才成，业由才广。实施创新教育，是国家实施创新驱动发展战略的必然要求。

然而传统教育的重心，着力于知识的单向传授，即教师传授知识、学生获取知识。在人成长的特定阶段，在大规模的基础知识传授方面，传统教育的优势不可忽视；在国家发展的特定时期，在推动我国经济“模仿和改进”发展阶段的增长方面，传统教育的优势显而易见。借助先进的信息技术和管理流程，在重复性和规律性的规模化作业方面，我国从业者的工作效率和精准程度世界领先。传统教育，把传授知识作为对“知识就是力量”这句名言的全部阐释和实践，把知识的储备等同于知识的力量，忽视了更本源的涵义，创造知识的力量是什么？什么样的知识能够创造知识？为谁创造知识？创造知识的力量如何运用？这关乎教育的本质，即为谁培养人？培养什么人？如何培养人？然而我国已进入创新驱动发展阶段，习近平同志指出“中国要强盛、要复兴，就一定要大力发展科学技术，努力成为世界主要科学中心和创新高地。”缺少创新人才，科技、制度等方方面面的创新活动便是无本之木。

清华大学著名学者钱颖一提出，创造力等于知识乘以心智模式。从这一公示，可以看出知识和创造力并非简单的正相关，知识通常随受教育时间增加而增长，但创造力并非随受教育时间增加而增加，它还受心智模式的影响，而心智模式与受教育时间的关系绝非线性正相关，取决于人的教育环境和教育方法。创新教育，正是通过自主学习和泛在学习等方式，培养创新人才，包括心智模式、思维习惯等。自主学习，强调学习的主体性与主动性，日常性与持续性。创新者，首先应当是一位出色的自主学习者，时时可学，处处能学，并学而时习之，在实践中检验所学，在实践中运用所学，解决问题，有所突破、有所创造，实现自我成长、推动社会进步。在自主学习和实践应用中，锻造创新人格。泛在学习，则是一种开放与联动的学习，通过广泛运用线上与线下学习，在人机共生、师生交互的资源聚集环境中提升学习能力和创新能力，学习者亦是创新教育的合作者、创新场域的营造者、创新价值的创造者。通过在专业方面以及跨专业方面更为广泛持久的合作，形成创新团队以及创新团队背后强大的系统平台。这个平台包括创新的流程，方法和工具；通过科学的方式，将传统的个体化、作坊式的创新经验转化为显性知识，加快知识传播，提升创新速度，降低创新成本。应当说，泛在学习环境，有益于创新资源的加速聚集和相互作用，进而大大提升创新效率和效能。

任何时期，国家和社会都会存在重大需要。将个人的成长和发展同伟大的目标联系在一起，是一种幸福，更是创新的持续动力。我国近代应用数学与力学的奠基人之一钱伟长曾说“我没有专业，国家的需要就是我的专业”。新时代，新青年的成长轨迹将与国家第二个百年奋斗目标同向而行，党和国家需要更多德才兼备、知行合一、传播创新力量的有为青年，需要更多创新型高素质技术技能人才和劳动者来实现国家发展战略目标和人类命运共同体发展。

新时代，党和国家更加强调自主创新，政策支持力度前所未有，为广大青年创新创业提供了广阔空间。青年强，则国家强。习近平总书记在党的二十大报告中指出："广大青年要坚定不移听党话、跟党走，怀抱梦想又脚踏实地，敢想敢为又善作善成，立志做有理想、敢担当、能吃苦、肯奋斗的新时代好青年。"当代中国青年生逢其时，施展才干的舞台无比广阔，实现梦想的前景无比光明，要坚定理想信念，自觉担当重任，让青春在全面建设社会主义现代化国家的火热实践中绽放绚丽之花。

第一章　创新的历程

创新是撬动发展的第一杠杆。当前，新兴科技和产业革命加速兴起，创新发展面临难得历史机遇。我们要推动科技创新和制度创新两个轮子一起转，市场和技术和谐共振，让新技术、新业态、新模式不断开花结果，最大限度释放发展潜能。

——习近平，亚太经合组织第二十五次领导人非正式会议第一阶段会议上的发言

君子生非异也，善假于物也。

——《荀子》

论创造

（朗读者：陈雪）

本章核心问题

1. 科技的进步怎样改变了人的存在方式？
2. 制度的创新怎样推动了社会的进步？

【导引案例】

秦始皇统一中国背后的创新密码

秦始皇陵兵马俑是人类宝贵的文化遗产，后世人为在此处矗立千年的奇观所震撼。当我们凝视那一双双眼睛时，可以感受到来自历史深处的信息。它们都曾是大秦军团真正的战士，而正是这些兵俑身躯上的细节隐藏着大秦军团战无不胜的创新密码。兵俑的身躯曾经装备着的各式武器和独特铠甲，以及大秦军团的战略战术，使得秦可以从春秋战国激烈的厮杀中脱颖而出。秦始皇的大秦军团是当时东方世界最强大的军事力量，被称为虎狼之师。西御戎狄，东灭六国，南征百越，北据匈奴。那究竟是什么样的选择使秦统一华夏呢？

思考1　大秦军团的选择之一，长戈短剑？ 秦戈的设计采用了当时的一项科技，甚至被认为是20世纪才有的高科技，在戈表面镀上一层铬盐氧化物，形成防锈膜，这为我们封存了大秦军团武器的原貌。另外，戈的结构也独具深意。戈的外形是将镰刀和斧头一类的农具发展而来的部分固定在长柄上，用以进攻，像农民用农具一样简单。这对世代耕种的农民来说上手简单，很快便能够得心应手。再者，戈的铸造材料是青铜，在青铜等价货币的那个时代，铸造成本被大大降低，实现了大量普及。总而言之，戈具有强大攻击力，又造价低廉，便于普及，也就在装备层面奠定了横扫六国的基础。但成就虎狼之师光凭借一件武器远远不够。

思考2　大秦军团的选择之二，弓弩箭镞？ 最早发明弩并用于实战是在春秋战国时期，秦弩随着统一华夏的进程，成了博采六国工艺的强弩。秦弩之强，主要体现在它的弩头上可以集结十几吨重的力量，足以穿透当时所有铠甲等防具。秦军开

战，弓弩首先发难，形成咄咄逼人不可阻挡之势。春秋战国频繁的战争促使武器装备进一步完善。秦始皇陵兵马俑坑出土的41万枚铜镞，99.76%是锥体三棱式铜镞，侧棱呈微凸弧线，三棱的截面呈等边三角形。被精细的磨砺后，这些箭镞的杀伤力无疑更强大。

思考3　大秦军团的选择之三，铠甲？据考证，秦始皇陵兵马俑身上的铠甲都是根据真实物件烧制而成。那么真实的铠甲是什么样子的呢？秦军对铠甲的设计有着独特的思考。秦军选择皮革制作铠甲，层层排列，呈鱼鳞状，看似单薄，但对刀剑等的攻击具有瓦解力。之所以选择这样的铠甲设计，也基于战术考虑，战士穿戴起来轻便活络，便于提高进攻速度，先声夺人、速战速决，正所谓“兵贵神速”。战国时，六国大军数倍于秦军，要想逐个击破，速度至关重要，这是秦国纵观全局的战术考量。所以，秦军的此项装备设计，就是要实现轻装上阵，在与时间的赛跑中完成属于他们的使命。

思考4　武器装备的迭代与使用体现了什么？充分体现了大秦军团，适应战场，占得先机的智慧。那么，这些准备与秦军的攻守之道所形成的交响力，开启了秦统一华夏的历史序幕。

独一无二的秦始皇陵兵马俑以排山倒海的气势著称，排兵布阵的奥秘便隐藏于此。弓弩手、战车、锐士、步兵，从前向后纵深排列。从作战角度讲，纵深阵势，包括远距离、中距离和近距离。弓弩手负责远距离进攻，然后锐士在战车率领下突击，杀入敌阵，展开肉搏，随后庞大的步兵队列挺进，将疲于应战的敌军士兵包围歼灭。不同兵种之间，攻击速度不同，在作战节奏中占位准确。大秦军团代表了当时中国排兵布阵的最高水平，强调进攻，以密集攻势，获得战场主动权。他们为何会选择这样一种攻守之道？秦国当时奉行“远交近攻”的战略，面对分则弱、合则强的六国之师，必须以最快速度逐个击破，绝不留给敌人逐个反击的机会。

在以上的导引案例中，我们可以获知，科技的力量、秦军内部的合作的方式，在秦统一华夏的历史进程中具有举足轻重的作用。事实上，在人类的生存与发展进程中，我们不可避免地要面对两种重要的关系，一是人类与自然的关系，二是人类与自身的关系。人类正是通过科技，不断创造出人与自然、人与人沟通的新媒介，并借助制度的力量，扩大人类社会合作的规模，提升合作的效能，从而不断融合以往历史上一切经验和知识，迭代人的存在方式，不断克服恐惧、化解困境、塑造自身、走向自由……接下来，我们来看看科技的进步和制度的创新是如何推动人类社会的演变的。

第一节　科技的进步：从荒蛮走向文明

一、科技的本质

（一）科技是人类存在的方式

人的生存和人类社会的发展，恰恰是通过科技发明获得了越来越多的、消除威胁和恐惧的工具，工具成为连接人和自然的媒介，使人可以借助外力生存，也因此获得了更多的生存能量来维系自身的发展并不断积累能量，开启新的创造。在这个意义上，科技塑造了人和人类社会，可以说，科技是人类存在的方式。

1. 科技到底是什么？

我们可以通过三个层面来看：

其一，科技都是某种组合，也就是说任何具体技术都是由当下已经存在的部件或者集成件或者系统组件构建而成。例如，最初的石器，打磨为两类，锋利的和有孔的，与手柄组合而成为多种复合工具。

其二，科技的每个组件自身也是微缩的科技。

其三，所有科技都会利用或开发某种或几种效应或者现象。自然现象是科技赖以产生的资源。无论简单或复杂的技术，都是应用了一种或几种自然现象之后产生出来的。

2. 科技最核心的特征是什么？

科技最核心的特点是叠加性，这一特点决定了它的发展不断加速。总体来看，文明是不断进步的，但在艺术方面，既往的成就未必能带来叠加性的进步，如贝多芬的“命运交响曲”、莎士比亚的戏剧、黄公望的“富春山居图”、曹雪芹的“红楼梦”，等等，都是无可附加的成就。

3. 科技对人类社会的影响又如何？

首先，科技对自然现象进行编程，实现了人的需求和自然现象的连接。科技既改变了社会关系结构，也改变了人与自然界之间的关系。经由旧石器时代的漫长岁月，人类和他的工具相互发明，科技不断获得微观领域的突破性发展的同时，人类社会也朝着日益复杂和普遍联系的方向进化。人类社会的历史，在某种意义上就是人和科技共同进化的历史。

除此之外，科技还创造了巨大的能量，帮助人类改善生存状况。科技在文明过程中的作用是独一无二的，是一种进步的力量，这是毋庸置疑的。科技直接引发的工业革命堪称人类历史上最伟大的事件。在第一次工业革命之前，全球的人均 GDP 都没有本质的变化。而它开启后的 200 多年间，英国等先发国家人均 GDP 实现约 20 倍增长；中国在改革开放后的 40 余年中，人均 GDP 按购买力平价计算增长超 20 倍。

(二)科技创造媒介——助力人的延伸

人类学会借助外力始于两个发明：一是学会制造和使用工具，提高生存能量的获取效率，二是发明了人工取火，在捕食之外获得更多生存能量。

1. 制造和使用工具

人与动物的根本差别，在于人能对天然物进行改造，能制造复杂工具。工具的制作和使用，使人类可以事半功倍地获取生存所需的物品，从中更高效率地汲取能量。

早期人类工具呈阶梯式演进，如 260 万—170 万年前奥杜威文化以砍砸器为主，旧石器中期(40万—20万年前)预制石核推动工具精细化，体现技术累积与认知协同发展。基本可以分为三大类：石核，体积较大，作用是砍砸；刮制石器，可以削剥物体；尖状石器，作用同今日的匕首或短刀。这些功能上有分工的复杂石器的出现，是人类创造力的产物，同时它也导致了人类劳动的复杂化。有了各种复杂工具，人们便能够从事更多具有创造性的活动。通过借助外力，人类把工具做得越来越精细，工具用途越来越广，帮助人类完成了更多前所未有的任务、应对了无数来自外界的生存挑战。

2. 人工取火

火是早期人类借助的第二个外力。人工取火，给人类文明带来三个进步：

一是取暖，这是火最直接的用途，也是获得更多能量的直接手段。依靠它，人类才能获得更多能量，才能在恶劣环境中生存并开展远距离活动。

二是驱赶野兽，这减少了自身能量的消耗。这不仅仅表现在夜晚把野兽吓跑，让自己的部落安全栖息，更有意义的用途是，用火把到野兽的山洞里将野兽赶出去，从此占据那些山洞居住，开始相对安定的生活。火的使用，代表人类在能量上能够“开源”，而住进山洞又代表着人类能够“节流”了。

三是烤熟肉食，这是非常晚才被人类利用的。这对人类的进化和后来开启文明意义非常重大。此前，人类主要靠吃野果为生，难以长途迁徙，更没有足够体力改变周围环境。开始食用熟食之后，人的进食时间大大缩短，才有了时间和精力从事吃饭以外的活动，如在自己生活的区域修筑一道篱笆围栏。可以说，人类的进化和后来的文明都始于吃肉，而这都是使用火所带来的结果。

从本质上讲，工具的发明和使用、人工取火的出现，是科技通过创造媒介延伸了人的能力边界，使人不再单纯依靠自身进化的优势存在。

二、科技进步的历程——迭代人的存在方式

(一)文明的启动——走出非洲

人类的祖先在史前走出非洲的事件，是人成为地球主人极关键的一步。虽然这个选择最初是为了追逐食物，但客观上却使人类得以接触世界范围内的物种，并且利用它们发展自己，启动后续的文明进程。跨出非洲，人类祖先历经多个迁徙波次和地理适应过程，整体历时约6万年，最终得以完成，取决于技术的诸多准备：

1. 制作衣服

非洲之外的地方尤其是人类祖先行进的北方，气候寒冷，人类需要一种方式使得获取的生存能量抵得上消耗的能量。衣服的发明让人类可以有效储存身体热量，实现长途迁徙。

2. 搭建居所

人类的先民曾经以山洞为居所，取火避寒。但这种近乎自然状态的居所最大缺陷是无法移动，且找到适合人类居住的洞穴有很大的偶然性。人类若要大规模长距离迁徙，搭建人工居所是另一个先决条件。

3. 发明武器

武器，早期人类能量的放大器，尤其是投射型武器，让人类释放出的攻击力大大提升。矛的发明者不仅有我们的祖先现代智人，而且还有其他人类，包括尼安德特人和海德堡人，那么为什么现代智人可以战胜其他人类，完成这场走向世界的大迁徙呢？一般认为，弓箭和标枪等远程攻击武器，可能是现代智人战胜其他人类(主要是尼安德特人)的利器。

(二)农耕文明——开启定居时代

1. 农耕文明的本质

农耕文明的本质，就是利用谷物(和其他农产品)将太阳能变成生物能储存起来，供人食用，而这中间能量转换的效率很重要。如果一种作物只是生长人类无法消化的叶子，不长谷子，那么能量的转换效率就会非常低，甚至获得的能量不足以补偿耕种付出的能量。

约 12 000 年前，西亚地区人类率先驯化小麦。驯化过程持续数千年，其间人类通过定向选择逐步改良性状，最终形成高产且易于收获的栽培小麦。之所以漫长，原因是谷物 DNA 在进化时并不会刻意考虑供人类食用这个目的。

因此，要想在短期内提高谷物产量，还需要掌握其他技术。在这方面中国人驯化水稻的科技成就最具有代表性。野生水稻产量很低，但是中国的先民偶然发现了水稻的一个特点：在水稻即将成熟时突然把水断掉，为了繁殖后代一株水稻会长出好几支稻穗，而每支稻穗可以长出几十颗谷子。通过这种技术种植水稻，产量获得了极大提高。在地中海气候的地区，无花果树是一种生命力极强、果实又很多的树木，更重要的是它的果实含糖量很高，而且易保存，是非常好的食物能量来源。自然生长的无花果树的果实虽然数量多，但体量小，含糖低。实践中人们发现通过剪枝，无花果树就能长出大且甜的果实。此类技术逐步被运用到葡萄等藤类浆果的种植方面。

2. 农耕文明的作用

无论是人工种植小麦、水稻，还是修剪果树，都意味着比过去采摘时代更多的劳动。定居的人类必须辛勤耕作，以保证每年在收获时得到足够多的能量以维持群体的生存和发展。但是，人类只有处于定居状态，才能真正开启文明，因为定居使得人类可以越来越大规模聚在一起，共同合作，抵御风险。

(三)工业文明——社会财富积累加速，生活状况显著改善

1. 工业文明的作用

人类文明进步，最重要的目的是改善人们的生活。马克思和恩格斯在《共产党宣言》中曾指出：“资产阶级在它不到一百年的阶级统治中所创造的生产力，比过去一切世代创造的全部生产力还要多，还要大。自然力的征服，机器的采用，化学在工业和农业中的应用，轮船的使用，铁路的通行，电报的使用……过去哪一个世纪料

想到在社会劳动里蕴藏有这样的生产力呢?”。[1] 在工业革命后，人类总体的健康状况得到改善。在农业时代，人类平均寿命为30～35岁，工业革命开始以后，世界人口平均寿命逐渐增加，1955年达到45.9岁，2000年则延长至65.4岁，预计到2050年将达到74.3岁。

中华人民共和国成立后在推进工业化的过程中，人民生活状况得到了全方位改善。2022年人均预期寿命已达78.2岁，而1949年新中国成立之初，人均预期寿命仅有35岁，2012年这个数字是75.4岁，2017年为76.3岁。居民人均可支配收入从1.65万元增加到3.51万元。城镇新增就业年均1 300万人以上。中国还建成世界上规模最大的教育体系、社会保障体系、医疗卫生体系：人口预期受教育年限是14年，超过世界平均水平1.3年，而建国初期曾有80%国民是文盲，2009年教育部关掉了“扫盲处”。基本养老保险覆盖10.4亿人，基本医疗保险参保率稳定在95%。

2. 工业革命的本质

始于英国的工业革命从本质上说是人类使用动力的一次大飞跃。机械作为新的动力来源不仅取代了人力和畜力，为生产和生活提供了更多更强大的动能。作为人类手和脚的延伸，机械让人类能够制造精密的工业品，并能够进行较之先前更加高效的运输。[2] 但是随着工业化进程的加速，蒸汽机效率低下的局限性逐渐显露。于是，以电力为工业主要动力的二次工业革命开始。

电力是第二次工业革命的新动力，是整个现代生活的核心。电的普及带来了通信革命，电成为信息的载体，与电相关的产业发展加速了人类发展的进程。在电出现之前，人类通信交流技术的发展十分缓慢。人类有了语言，就摆脱了依靠基因传递信息这种低效率形式。文字和书写系统(竹简、纸张和印刷术)的发明，都是为了信息传递和沟通。但是，无论是在中国还是在欧洲，长距离快速传递信息一直是一个没有被解决的问题。在罗马帝国时代，有了类似于中国后来的驿道和驿站，从美索不达米亚将信息传递到地中海另一头的西班牙，花费7～10天时间。而电的出现，为人类新的存在方式——信息文明，做好了基础性的准备。

(四)信息文明——数字化生存

1. 我们生活在什么时代?

我们正身处信息时代。那信息时代最显著的特征是什么?大家可能会脱口而出：有“计算机”“互联网”“大数据”“人工智能”，等等。这些都没有错，但都是表象!信息时代最大特征是不确定性。

进入20世纪之后，人类不仅在科技水平上比19世纪有了巨大的进步，而且在认知方法上也有了新的突破，这主要体现在对不确定性的认识上。获得这一认知上的飞跃并非易事。

---

① 《马克思恩格斯文集》第1卷，36页，北京，人民出版社，2009。

② 吴军：《全球科技通史》，167页，北京，中信出版社，2019。

距今约 6 000～8 000 年前，人类多个区域文明已进入加速发展期，但受限于技术传播效率与认知方法论，整体仍处于以经验为主导的初级知识积累阶段。在近代的 300 年里，人类迎来了最伟大的认知革命，进入理性认知的工业文明，也是理性开始作为支配力量的时代。在工业文明前后，牛顿和他同时代的很多科学家，确立了机械思维，让人从此不再匍匐于神的脚下。自此人类相信宇宙中的一切都是确定的、连续的，可以用简单明了的规律加以描述。人们既热衷于发现此类规律，也开始利用规律，开展发明创造，瓦特等一代发明家就是利用这种新的思维方式，开启了工业革命。

中国北斗

但 19 世纪末 20 世纪初的“物理学危机”[①]之后，人类承认不确定性和非连续性也是世界的本质特征之一。在解决不确定性问题方面，出现了相应的数学工具和方法论。在此基础上，信息技术和信息产业有了巨大的发展，成为第二次世界大战后人类科技发展和经济增长的强大推力。

2. 信息文明的基石是什么？——新数学和新方法论

18 世纪之后，技术的发展已经离不开科学，而科学的发展则需要更基础的研究工具，那就是数学和方法论。到了 20 世纪，虽然不再有阿基米德、牛顿和高斯这样的大数学家出现，也不再有欧氏几何学、笛卡儿解析几何和牛顿-莱布尼茨微积分那样众所周知的新的数学分支诞生，但是数学还是在飞速发展，数学和基础科学的关系比过去更加紧密。[②]

为了适应新的科技发展，数学在 20 世纪产生了一些新的演化，其中非常值得一提的是概率论和统计、离散数学、新的微积分和几何学，以及数论等。从黎曼几何发展起来的微分几何，它是今天理论物理学和很多科学的工具；公理化的概率论和与之相关的数理统计，它是后来信息论和人工智能技术的基础；离散数学，它是计算机科学的基础；现代数论，它是今天密码学、网络安全和区块链的基础。

信息时代的科技工具除数学以外，还有很多新的方法论，如系统论、控制论和信息论，对科技进步、对人类生存方式的迭代也产生了巨大影响，构成了信息文明的基石。

系统论，研究的是复杂系统内部的关系。随着现代科技的发展，人类面对的系统越来越复杂，这些系统既包括人和生物本身，也包括物理学、经济学和社会学等学科的研究对象。

控制论，是由科学家诺伯特·维纳(Norbert Wiener，1894—1964)于 1948 年正

---

① 物理学危机，指因古典物理学无法解释新的实验事实而造成的整个物理学领域的危机。这一术语由法国物理学家彭加勒在《科学的价值》一书中首先提出。到 19 世纪中叶，绝大多数物理学家都坚持自发的唯物主义观点。原子被认为是构成物质的最小粒子，具有不变的质量、惯性和不可变性等属性。物质的运动被归结为机械运动，牛顿力学被认为是物理学的“终极形式”。从 19 世纪末开始，人类对物理现象的认识由宏观进入微观，产生了一系列重大的新发现。

② 李小平：《数学文化与现代文明》，长春，吉林大学出版社，2016 年。

式提出的。他的很多想法在第二次世界大战时期，甚至更早在清华大学做访问教授时就形成了。他使控制论成为一个完整的理论体系。控制论核心思想是如何利用对各种输入信号的反馈来控制系统，在很多内外不确定因素下，使系统保持平衡状态。控制论曾在阿波罗登月计划中发挥了巨大作用，也广泛应用于管理学和经济学领域。

信息论，是关于信息处理和通信的理论，由科学家香农在第二次世界大战时提出，于战后发表。香农采用了物理学中“熵”的概念，把虚无缥缈的信息量化，并且从理论上解决了数据压缩存储和传输的效率问题。信息论，也是当代密码学和大数据的理论基础。

20 世纪初确立的抽象的、完全公理化的新数学体系，特别是离散数学，为后来的信息革命提供了数学基础，整个 20 世纪科技的发展离不开新的数学工具。在方法论方面，“三论”代表了信息时代的方法论，都出现在第二次世界大战期间，和计算机的发明时间相契合，这是科技发展的必然结果。

3. 互联网生存

现在的人口规模和通信技术都与远古时代有了天壤之别，不变的是人对情感和信息交流的需求。把人连接起来的社交网络有如下几个要素：信息的生产、记录、传播。人类社交网络的以上三个关键要素发生了多次变革。

远古时期，信息的产生和传播都是依赖口头方式，记录主要靠听者和传播者的大脑，信息传播的范围一般局限在人口规模较小的村落中。文字发明后，信息的产生、记录和传播都有了媒介，信息的准确性有所提升。

中国宋朝发明的活字印刷术和 15 世纪欧洲发明的印刷机，极大地提升了信息的传播效率，书籍印刷量大幅增加，识字不再是精英阶层的特权，社会大众的识字率提高。欧洲社会因此形成了崭新的信息网络，并推动了科学革命的发生，最终引发了工业革命。

在远距离通信方面，100 多年前人类社会进入电磁时代，电报、电话等成为第一波现代通信工具，广播、电视是第二波，互联网是第三波。互联网不仅是社交网络，也是巨大的信息创造、记录和传播平台。

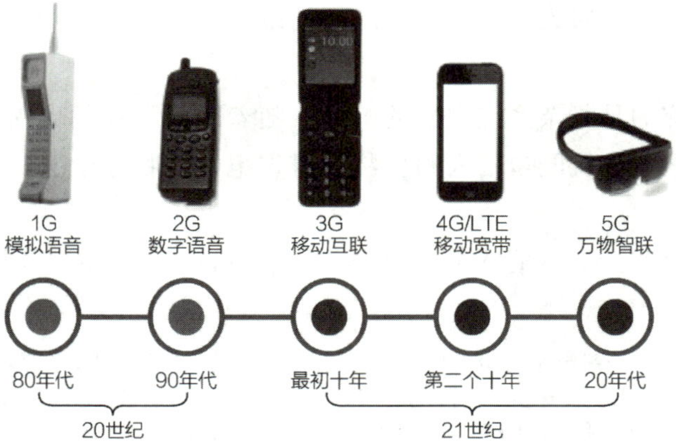

图 1-1 移动通信技术的演进(夏一凡 制作)

(图片来源：倪光南，本卷主编，《中国科技之路 · 信息卷 · 智联万物》，人民邮电出版社，2021 年。)

如果说蒸汽机是 18 世纪最伟大的发明，发电机是 19 世纪最伟大的发明，那么互联网当之无愧是 20 世纪最伟大的发明。前两者都只是解决人类生产生活中的动力问题，而互联网的诞生则是在人类政治、经济、文化、社会等各个领域都掀起了一次革命。自 1969 年第一个真正的网络 ARPANET 创立以来，互联网就像收音机和印刷机的发明那样深刻地改变着我们的世界。中国互联网，目前聚集的网民规模全球第一，2022 年互联网上网人数大 10.3 亿人。已建成全球最大的 4G 网络，互联网经济在 GDP 中的占比不断攀升，网络零售交易规模全球第一，互联网企业市值规模迅速扩大，全球互联网十强公司中，中国占了 4 家。

【案例 1-1】

开启智慧农业时代

中国是农业大国，北斗卫星导航技术结合遥感、地理信息等技术，使得传统农业向智慧农业快速发展，极大降低了生产成本、提高了劳动生产率、增加了劳动收益。北斗系统可以服务于农业的耕、种、管、收等各个环节，主要包括农田信息采集、土壤养分及分布调查、农作物施肥、农作物病虫害防治、特种作物种植区监控，以及农业机械无人驾驶、农田起垄播种、无人机植保等，其中农业机械无人驾驶、农田起垄播种、无人机植保等主要应用了北斗高精度服务，节省人力约 60%，节水 30%～50%、节肥 25%～45%、省药 20%～35%，增收 30%以上。

图 1-2　智慧农业

【案例 1-2】

工业互联网：第四次工业革命的主战场

如果说消费互联网解决的是人与人之间的连接问题，那么工业互联网要解决的是人与物、物与物之间的连接问题。工业互联网，通过人、机、物的全面连接，构建起全要素、全产业链、全价值链全面互联的先进制造业体系和现代服务业体系，是实现工业数字化、网络化、智能化发展的新型基础设施，也是促进数字经济和实体经济深度融合、推动经济高质量发展的重要引擎。

我国工业互联网发展已经在多个领域实现突破。在我国规模最大、设计标准最高、功能最全的湖北省襄阳市东风汽车试车场，“5G＋工业互联网”开启“云脑”管理模式，指令即送即达，汽车变身“汽车人”，驾驶员“解放”双手的梦想得以实现。在湖南省湘潭市华菱湘钢的工厂，工程师坐在远程操控椅上实时操控炼钢区废钢跨天车，装车、卸车、吊运……各项操作有条不紊，“5G＋工业互联网”让钢铁工人从此远离高噪声、高粉尘的恶劣工作环境。240 米深的矿井下，采煤机自动运转，司机坐在宽敞明亮的办公室里，通过“5G＋智能采煤系统”远程精准控制采煤机的开停。

思考　为什么是 5G 与工业互联网的结合让传统行业焕发出了新生机？

工业场景对带宽、安全、稳定性的要求远远高于传统的面向个人的网络。两个人之间通话，打不通可以再打；但是机器与机器之间的互联，一旦中断，就有可能造成生产事故。高速率、低时延、高可靠、广连接的 5G 网络，能够承载海量的连接，它的出现为物与物之间的不间断连接提供可能。5G 与工业场景的密切结合，将催生全新的工业生态体系，推进制造业高质量发展。

5G 工业专网建成后，能够实时获取工厂生产运行的数据，通过大数据分析以及人工智能，优化生产决策、降本增效。“5G＋工业互联网”使得生产线高度灵活，针对个性化需求真正实现柔性生产。未来的工业生产需要大量的人机协同，指令传输、复杂的视觉、触觉信息的同步，都可以基于“5G＋工业互联网”实现。

我国政府高度重视工业互联网的发展。2019 年 11 月工信部印发《“5G＋工业互联网”512 工程推进方案》，大力推进“5G＋工业互联网”网络关键技术产业能力、创新应用能力以及资源供给能力的提升。2021 年 1 月，工信部发布《工业互联网创新发展行动计划(2021—2023 年)》，开启了工业互联网的新阶段。

4. 生物信息技术

生物技术是以生命科学为基础，利用生物(或生物组织、细胞及其他组成部分)的特性和功能，设计、构建具有预期性能的新物质或新品系，以及与工程原理相结合，加工生产产品或提供服务的综合性技术。在新经济中，信息技术和生物技术已呈现相辅相成、相得益彰的态势，广泛影响了政治、经济、社会、文化、生态等领域。

生物特征识别技术，是通过计算机与光学、声学、生物传感器和生物统计学原理等高科技手段密切结合，可以利用人体固有的生理特性和行为特征来进行个人身份的鉴定，从而提供更安全的网络服务。已被用于生物识别的生物特征有手形、指纹、脸形、虹膜、视网膜等，行为特征有签字、声音及按键力度等。

DNA 互联网(Internet of DNA)，它是一项由非营利性组织全球基因组学与健康联盟(Global Alliance for Genomics & Health，GA4GH[①])研发并推广的基因数据共享技术。DNA 互联网指的是数百万个基因组的全球网络。通过互联网交换基因组序列，特别是那些罕见遗传病患者的基因组序列，将帮助医生和患者寻找到其他的基因组序列，并提出治疗方案。

中国力量在新时代崛起

第二节　制度的创新：成也萧何，败也萧何

一、制度创新与人类社会的发展

(一)制度创新与社会进步的关系

在不同的历史阶段，人始终保持与客观世界的相互作用，不断认识客观世界，并且将认知的力量转化为实践的力量，通过技术与制度两种基本方式，不断改造着自然界、社会和自身。在这个过程中，制度的创新和完善，对科技发展、经济繁荣、社会进步等方方面面都具有重要的推动作用。

制度，产生于人的实践活动和社会关系，在社会发展中形成稳定的、特定的系统结构，是稳定的社会交往关系，是人推动社会和自身发展的重要方式，对人的实践活动具有整合、规范、调节的功能。随着时间的流逝，制度的约束和激励，可以转化为根深蒂固的社会心理和历史惯性，长久地影响一个地区人的思维模式和行为习惯。

制度创新，是实现社会变革的直接驱动力，是解放生产力的根本途径，是推动人类文明发展的关键动力。社会的变革，从根本上说是由生产力的发展引起的，最终则体现为一系列的制度变迁，即不断地由先进的制度替代落后的制度。新旧制度的更替，实际上就是一个制度创新的过程，也就是革除一切与人民群众的要求不相符合，与生产力的发展不相适应，与时代的发展不相适合的政治制度、经济制度和其他社会制度，同时以更有效力的制度取代原来的与现实需要不相适应的旧制度。所以说，人类社会的进步史也是一部制度创新史。

(二)现代产权制度

1. 现代产权制度的起源与作用

进入农耕文明后，土地成为人类最重要的财产，各地都逐步形成了财产权的概念和保护系统。现代财产权的明确和相关法律体系的建立，是欧美诸国发生工业革命并进入现代社会的重要基石之一。现代产权制度的基本原则很简单：一是人人都有拥有财产的权利；二是私有财产神圣不可侵犯。这个原则已被写入联合国《世界人权宣言》，各国也都建立了保护产权的法律制度。随着时代的发展，现代产权的内涵

---

① GA4GH 成立于 2013 年，主要进行病人临床和基因数据的可靠、自愿和安全共享，为癌症研究建立一个共同框架，包含 40 多个国家的超过 400 个机构，其中有科学家、临床医生、病人、IT 和生命科学领域的公司企业。

也更加丰富，从过去的土地房屋等扩大到公司产权、金融资产和知识产权等。在我国，产权制度是社会主义市场经济的基石，保护产权是坚持社会主义基本经济制度的必然要求。有恒产者有恒心，经济主体财产权的有效保障和实现是经济社会持续健康发展的基础。改革开放以来，通过大力推进产权制度改革，我国基本形成了归属清晰、权责明确、保护严格、流转顺畅的现代产权制度和产权保护法律框架，全社会产权保护意识不断增强，保护力度不断加大。

中共中央、国务院关于完善产权保护制度依法保护产权的意见

2. 知识产权制度的诞生和意义

知识就是力量，人类对知识价值的辨识与认可，可以说古已有之。各行各业在发展中，将知识所显现出的作用甚至权力加以保护和传承的历史甚为悠久，如西方中世纪的行会制度、中国古代社会的师徒制等。但早期东西方社会中，对知识生产、传播和创造的相关制度，因进入壁垒高，参与者极为有限，并不利于知识的传承和创新。

关于统筹推进自然资源资产产权制度改革的指导意见

知识产权制度，作为现代产权制度的重要组成部分，激励人进行发明创造、技术改造、著书立说等实践活动，为工业革命以来的社会进步持续的添砖加瓦，也使知识得以系统性地保存、传承、创新。主要包含著作权、专利、商标和商业机密保护几大部分。其核心逻辑是，通过赋予知识创造者和拥有者数年的独家垄断权利，鼓励他们分享知识。这不仅有助于技术发明者和知识创造者将自己的劳动转化为财富，也给予相应的社会肯定、荣耀和持续创新的动力。更重要的是，这样做有利于全社会的知识传播和传承。现代社会知识产权制度，起源于15世纪的意大利，当时的建筑师在建造过程中，发明了起重装置，于1421年申请了专利。1474年，世界上第一部专利法在威尼斯共和国诞生。1624年，英国颁布《垄断法》，被视为第一部具有现代意义的专利法。之后其他西方国家也逐步建立起本国专利保护制度。而版权法诞生的初衷并不是为了保护知识创作者的权利。印刷机在16世纪开始普及，印刷出版业成为新兴行业。由此引发了两个后果：一是为排除擅自翻印者的竞争，出版商希望得到出版印刷图书的垄断权；二是新思潮的冲击也使欧洲诸国封建统治者也感到有必要加强对印刷出版的控制，便纷纷出台限制印刷物的条例，如1662年，英国议会通过《出版许可法》来限制出版。英国资产阶级革命后，王权统治崩溃，带有浓厚封建权力垄断色彩的出版许可证制度中止。但结果是，非法翻印图书行为迅速蔓延，印刷出版商开始向国会寻求法律保护。1710年，英国议会通过约有2 500个词的《安妮法令》，规定在一定期限内把图书的印制权授予印本的作者或买主以鼓励学术活动。《安妮法令》成为世界上第一部现代意义上的版权法。其他西方国家后来陆续出台的版权法，都以英国的这部版权法为参照。

知识产权综合管理改革试点总体方案

【案例 1-3】

创造乡村网络覆盖的世界奇迹

2016 年以来，在党中央、国务院的正确领导下，工信部、财政部等多个部委联合创新，地方党委、政府及相关部门倾力支持，电信运营企业等行业中坚全力以赴，上百万通信人日夜奋战，创造了乡村通信覆盖的世界奇迹。

截至 2020 年，我国连续实施了六批电信普遍服务试点工程，覆盖全国 27 个省(区、市)，完成了 13 万个行政村的光纤网络和 5 万个农村的 4G 基站建设任务，其中包括 4.3 万个贫困村的光纤网络和 1.5 万个贫困村的 4G 基站建设，全国贫困村通光纤和通 4G 网络比例均超过 99%；农村光纤宽带平均下载速率超过 100 Mbit/s，基本实现农村、城市“同网同速”，提前超额完成《“十三五”脱贫攻坚规划》提出的“宽带网络覆盖 90%以上贫困村”的目标。统计显示，2013 年至 2019 年期间，中国电信累计在乡村地区投资电信基础设施超过 1000 亿元，实现全国乡镇 4G 网络覆盖率 100%，91%以上行政村通宽带，乡镇光纤宽带覆盖率 90%；中国移动形成了依托“1+3+X”体系框架的“网络+”扶贫模式，累计投入超 800 亿元，实现 12.2 万个自然村通电话、8.4 万个行政村通宽带，行政村 4G 覆盖率超过 98%，建档立卡贫困村宽带覆盖率超过 97%；中国联通全力支撑普遍服务，提升乡村网络覆盖水平，对超 9 万个乡镇实现网络 100%覆盖，行政村覆盖总量超 46 万个。

网络建成后，工信部带领信息通信业大力实施农村资费优惠，在“提速降费”的基础上，进一步对建档立卡贫困户给予通信资费优惠，惠及 1200 万贫困户，其中 700 万户享受通信资费 5 折及以下优惠。

思考　我国乡村地区网络发展为什么能够后来居上且领先于其他国家？

图 1-3　直播带货已经成为乡村年轻人必备技能

农村及偏远地区经济基础相对薄弱、地理环境复杂、人口居住分散，宽带建设投入大、运行维护成本高，且投资收益低。这是很多国家面临的共同难题，也是多数国家电信普遍服务推进难的根本原因。企业是经营主体，逐利是本性，为此，在很多国家，即使政府针对偏远地区给予了高额补贴，但推行电信普遍服务依然遭到通信企业的冷遇。不赚钱，受资本驱使的企业一般是不会投资建网的。而我国电信运营企业作为中央企业，肩负政治责任、社会责任、经济责任，在关乎国计民生的重大问题上，始终坚持“以人民为中心”，即使是在收不回投资的偏远地区，只要有需要，就会不讲条件地建设网络、维护网络。归根结底，这正是中国特色社会主义制度优越性的集中体现，曾经与世隔绝的乡村建起了比肩城市的信息高速路，越来越多偏远地区的人民共享信息时代的数字红利，借助信息技术开启以新形态劳动创造美好生活的模式。

【案例 1-4】

制度力量驱动信息产品与服务创新发展

人口老龄化是当今世界面临的共同挑战。到 2019 年年底，我国 60 岁及以上老年人口已达到 2.54 亿，占总人口的比例约为 18.1%。预计“十四五”期间，我国老年人口将突破 3 亿，占比超过 20%。健康扫码、手机支付、在线预约等智能化服务在大大方便人们生活的同时，也让一些不会上网、不会使用智能手机的老年人遭遇了“数字鸿沟”。

思考　如何帮助“银发族”跨越“数字鸿沟”?

2020 年 11 月当月，国务院办公厅印发《关于切实解决老年人运用智能技术困难的实施方案》(以下简称《方案》)，要求聚焦老年人日常生活涉及的高频事项，做实做细为老年人服务的各项工作，让老年人在信息化发展中有更多获得感、幸福感、安全感。《方案》从做好突发事件应急响应状态下对老年人的服务保障，便利老年人日常交通出行、日常就医、日常消费、文体活动、办事服务、使用智能化产品和服务应用 7 个层面列出了 20 项重点任务。

随后印发的《工业和信息化部关于切实解决老年人运用智能技术困难便利老年人使用智能化产品和服务的通知》，明确任务措施，切实维护老年人在信息时代的合法权益。

社会各界迅速行动起来，特别是电信运营企业、终端制造企业、互联网企业、金融企业、运输企业等，先后推出了一系列“助老”智能化服务：手机终端从界面、字号、音量、程序等多方面进行适老优化；互联网企业推出大字版、语音版、简洁版等适老 App；网约车平台增设方便老年人使用的“一键叫车”功能……随着面向“银发族”的智能化技术改造和服务提升持续推进，将有更多的老年人摆脱触网窘境，享受“数字红利”。

目前，我国通过电信普遍服务创造了世界通信史上的奇迹，解决了最难跨越的“数字鸿沟”问题。但是因年龄、性别、健康状况、收入情况、知识水平等所带来的“数字鸿沟”依然在全世界范围内广泛存在。如何更好地消除各种“数字鸿沟”，坚持以人为本地发展智能化应用，是全球信息通信业必须关注并解决的重要课题。

表 1-1　工信部推出解决老年人运用智能技术困难的 12 项重点工作

<table>
<tr><th>重点工作</th><th colspan="2">具体内容</th></tr>
<tr><td rowspan="5">为老年人提供更优质的电信服务</td><td>1</td><td>保留线下传统电信服务渠道，持续完善营业厅“面对面”服务</td></tr>
<tr><td>2</td><td>持续优化电信客服语音服务，提供针对老年人的定制化电信服务</td></tr>
<tr><td>3</td><td>持续完善网络覆盖，精准降费惠及老年人</td></tr>
<tr><td>4</td><td>推广完善“通信行程卡”服务</td></tr>
<tr><td>5</td><td>加强电信行业从业人员培训</td></tr>
</table>

续表

重点工作	具体内容	
开展互联网适老化及无障碍改造专项行动	6	抓好《互联网应用适老化及无障碍改造专项行动方案》
扩大适老化智能终端产品供给	7	推动手机等智能终端产品适老化改造
	8	开展智慧健康养老应用试点示范工作
	9	推进面向智慧健康养老终端设备的标准及检测公共服务平台项目建设
	10	加快实施《关于促进老年用品产业发展的指导意见》
切实保障老年人安全使用智能化产品和服务	11	规范智能化产品和服务中的个人信息收集、使用等活动，降低老年人个人信息泄露风险
	12	严厉打击电信网络诈骗等违法行为，确保老年人安全享受智能化服务

二、中国的制度创新与社会进步

（一）中国式创新的举国体制

1. 举国体制的由来

为什么我国能够从一个落后的农业国发展成为一个拥有完整工业体系的国家？为什么我国能够以短短四十年的时间完成西方发达国家几百年才能完成的工业化进程？为什么我们国人总能克服艰难险阻让一个又一个超级工程横空出世？我们之所以能取得历史性成就，很关键的一个原因是集中力量办大事的举国体制，不断强化组织有序、系统优化的叠加效应。

从历史来看，中华民族具有集中力量办大事的文化传统。在漫长的历史进程中，水患、旱灾、瘟疫、战争等天灾人祸给社会发展和人民生活造成诸多障碍，为更有效解决问题、摆脱困境，形成了中央统一领导的国家体制、“人心齐、泰山移”的动员机制、“众志成城、同仇敌忾”的民族精神、“一方有难、八方支援”的文化传承、“勠力同心，以治天下”的中华品格，也由此形成了助力新中国集中力量办大事的文化基因。

从现实来看，党的领导和中国特色社会主义制度是我们集中力量办大事的根本制度保障。以公有制为主体、多种所有制经济共同发展的社会主义基本经济制度，确保国家能够掌控能源、交通、通讯、金融、基础设施和支柱产业等关系国民经济命脉的重要行业和关键领域，具备了集中人力、物力、财力的政治基础和物质基础。在此基础上，才能实现全国一盘棋、协同攻关，形成干事创业的强大合力，迅速提高生产力和国际竞争力。

2. 举国体制的特点

(1)开展以真实需要为导向的创新实践。中华人民共和国成立初期，有代表性的科技创新，如“两弹一星”、牛胰岛素、杂交水稻、计算机以及断肢再植等，都处于当时世界领先地位。这些创新有一个共同特点，就是着眼于国家战略发展需要和满足人民群众的生活需要、发展需要。现实需求牵引使得创新资源能够更多地集中到基础性、战略性、长远性的领域，从而容易在基础和关键环节取得突破，也容易获得长远的经济利益。

【案例 1-5】

青蒿素提取技术

青蒿素提取技术，20 世纪 70 年代研制成功，2015 年获得诺贝尔生理学或医学奖。这不仅仅意味着中国本土科学家的研究成果赢得了国际科学界的肯定和赞誉，更显示出中国科学对全世界人类健康所做出的重要贡献。青蒿素的发现和有效提取挽救了数百万人的生命，它的发现改变了抗疟药物研发和疟疾治疗的方向，对公众健康、人类生产力和科学研究方法等方面都具有深远影响。

思考　青蒿素提取技术研发是以真实需要为牵引的科技创新。

疟疾，是传播最广的传染病之一，一直是全球广泛关注的重要公共卫生问题。疟疾，在新中国成立初期也十分严重，据不完全统计，20 世纪 50 年代初全国有疟疾流行的县市达 1829 个，约占当时县市数的 70%～80%①；而据云南、贵州、广东、广西、江西、湖南、四川、河南等省疫情不完全统计，1955 年疟疾的发病人数占 19 种传染病患者总数的 60%左右。20 世纪 60 年代初期，世界不少地区已经出现恶性疟原虫对氯喹产生抗药性的问题，尤以东南亚地区最为严重。

疟疾，至今在非洲等很多第三世界国家的危害依然很大，但由于它主要是“穷人的病”，西方国家医药企业鲜有投入。中国始终坚持弘扬国际人道主义精神，从国家层面组织力量，启动抗疟药物研究，支持第三世界国家抗击疟疾，明确指引了新药物科技创新的方向。1967 年 6 月 16 日国家科委与总后勤部联合了《疟疾防治药物研究工作协作会议纪要》和《疟疾防治药物研究工作协作规划》正式通知。在纪要中正式确定由国家科委、国防科委、中国科学院、总后勤部、卫生部、化工部六个部门组成领导小组；根据专业特点将各参加单位分为药物合成与筛选协作组、中医中药协作组、驱蚊剂协作组和现场防治协作组(包括制剂小组)四个协作组；此后又相继成立了中医针灸、凶险型疟疾救治、疟疾免疫、灭蚊药械等专项研究协作组，协同落实研究计划，进行学术、技术交流。

---

① 中华人民共和国卫生部，《疟疾防治手册》，1957 年。

图 1-4　青蒿素描(左图)1966 年军科院科研人员被派往越南调查发病情况(右图)

(图片来源：饶毅等编著，《辛酸与荣耀：中国科学的诺奖之路》，北京大学出版社，2016 年。)

(2)建立国家主导的协同创新网络。现代科学技术同十八、十九世纪有很大的不同。那时的科学研究往往是个人独立完成的，一个人一生可以有多种发明创造。今天的情况有了很大的变化。虽然有些基础理论和技术研究，比如某些数学理论的探索，还可以沿袭过去的方式，但是对于运用现代实验手段进行的重大基础理论、重大工程和重大设备等方面的研究和制作，个人和单位，甚至行业和地区的力量都不够了，需要国家的力量才行。[①] 正是由于我们的举国体制，新中国才能够在工业刚刚起步、经济发展水平很低的情况下，独立自主地开拓创新，并且在一些领域达到了当时国际的前沿。

【案例 1-6】

杂交水稻研究和“运十”研发的庞大协作网络

20 世纪 60 年代，湖南全省开展了由专业人员和农民相结合寻找水稻不育系的群众运动，不久活动席卷全国，各省成立了杂交水稻科研协作组，形成了一个全国范围的大协作网，在长江流域、华南、东南亚、非洲、欧洲等地的 1000 多个品种里进行筛选。如果只有袁隆平等少数科学家的努力，没有全国各地的协作，就不可能取得杂交水稻研制的成功。而我国自主研发的大型喷气式客机“运十”，共有 21 个省、自治区、直辖市 300 多家工厂、科研院所、大专院校参加。

① 光明日报出版社编委会，《聂荣臻同志和科技工作》，光明日报出版社，1984 年，第 10—11 页。

【案例 1-7】

中国高铁创新体系中的制度力量

中国高铁的发展凝聚了中国人的创新智慧，体现了新中国成立 70 年以来一代又一代铁路人辛勤的探索和忘我的奉献。如果说劳动创造美好，那么创新则带给中国高铁崭新的发展机遇。创新是中国高铁持续发展的原动力，创新也为中国高铁走向世界提供了支持。中国高铁的独特创新之路，从“引进来”到“走出去”只用了短短数年的时间。目前，我国高铁总体技术水平已进入世界先进行列，部分领域达到世界领先水平，中国高铁研究不断驶入创新的“无人区”。

思考 1　国家产业政策的谋篇布局了中国高铁的创新蓝图。

国务院代表中央人民政府通过颁布国家发展规划纲要，确立轨道交通产业未来发展目标，在这一目标的指引下，铁道部、发改委、国资委等行业主管部门通过出台更加具体的产业政策来促进和保障发展目标的实现。管理体制界定了政府与铁路系统内外，包括主机厂、配套企业、研究机构和高校等相关行动者之间的关系，不同的关系决定了行动主体以何种组织方式配置体制内外资源。

根据每个时期产业发展目标的不同，行业主管部门通过调整管理体制侧重点，改变产业内部组织方式，尽可能调动可以利用的资源，帮助实现产业发展目标。产业政策和管理体制的调整和改变，都会在由此形成的市场结构上得以体现，并通过企业与企业之间的竞合关系的变化得到最直观反映。

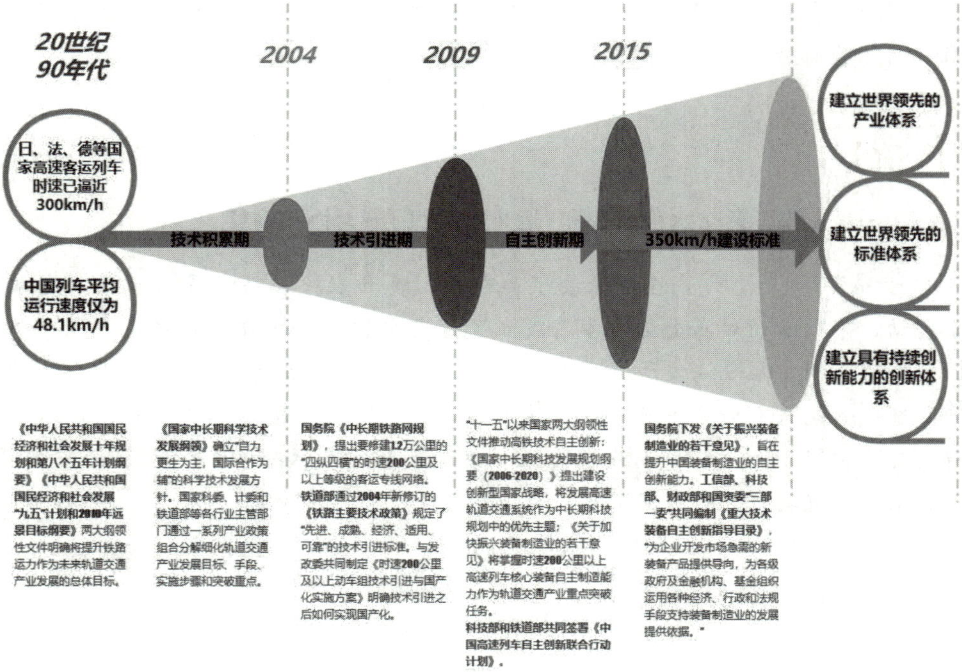

图 1-5　中国高铁创新历程中的配套产业政策

思考 2　中国高铁的科技创新与举国体制、国有企业管理机制高度相关。

高铁研发的举国体制最显著的优势就是资金的大投入和创新体系的高度统一。在这一体制的推动下，各个企业间的创新研究构成了联系紧密的协作网络。举国体制，除体现在国家政策和科研导向上，也体现在国家级实验平台和统一的对外招投标中。国家级实验平台发挥了以国家为主导的产学研相结合的优势。

国家级实验平台是体现高铁技术创新的国家意志的一个侧面。事实上，国家级实验平台是国家主导、企业和高校参与的、由国家予以投资和考核的实验室。中国围绕高铁项目，先后建设了高速铁路系统试验国家工程实验室、机车和动车组牵引与控制国家重点实验室、国家轨道交通电气化与自动化工程技术研究中心、牵引动力国家重点实验室、高速铁路建造技术国家工程实验室、轨道交通运行控制系统国家工程研究中心、高速列车系统集成国家工程实验室、国家铁路大型养路机械工程技术研究中心、盾构及掘进技术国家重点实验室等 12 个大型国家级实验平台。

图 1-6　京张高铁“复兴号”动车组设计效果图(上图)(杨旸 摄影)
2008 年首列设计时速 350 公里的“和谐号”动车组列车(下图)(原瑞伦 摄影)
（图片来源：戴荣里著，《巨龙飞腾：高铁改变中国》，人民邮电出版社，2019 年。）

(3)推动科技成果推广与传播。科研机构和科研人员，产生研究成果之后，由国家在全国范围内推广使用其科研成果。这使得科学技术普及速度大大加快，其中最典型的就是在我国广大的乡村地区依托集体经济建设的农技推广站。从新中国成立以来，国家多次实行了新型农具和良种的推广运动，也就是说先进农具和良种一旦问世，很快就被这样的科技传播体系推广到全国适宜使用的地方，农业生产效率快速提升，农业生产经营成本也获得优化。

(二)改革开放

1. 改革开放的本质

党的十三大报告提出了党在社会主义初级阶段的基本路线。其中的主要内容可以概括为，一个中心、两个基本点。这也是实现我国社会主义现代化奋斗目标的基本途径。“以经济建设为中心”，回答了社会主义的根本任务问题，体现了发展生产力的本质要求；“坚持四项基本原则”，回答了解放和发展生产力的政治保证问题，体现了社会主义基本制度的要求；“坚持改革开放”，则回答了社会主义的发展动力和外部条件问题，体现了解放生产力的本质要求。

改革的实质和目标，是要从根本上改变束缚我国生产力发展的经济体制，建立充满生机和活力的社会主义新经济体制，同时相应地改革政治体制和其他方面的体制，以实现中国的社会主义现代化。开放也是改革，对外开放被确立为中国特色社会主义的一项基本国策。对外开放，是对世界所有国家的开放，是经济、科技、教育、文化等领域的开放。通过大胆借鉴、科学吸收人类社会的全部文明成果，结合新的实践进行新的创造、实现快速发展、赢得国家间竞争的比较优势。

党的二十大报告指出，前进道路上“坚持深化改革开放”是必须牢牢把握的重大原则之一。深入推进改革创新，坚定不移扩大开放，着力破解深层次体制机制障碍，不断彰显中国特色社会主义制度优势，不断增强社会主义现代化建设的动力和活力，把我国制度优势更好转化为国家治理效能。

2. 改革开放推动社会进步的关键举措

(1)重要资产确权。在一个国家里，最重要的资产之一就是土地。在改革开放最初的时候，中国就开始实施家庭联产承包责任制，它的核心思想就是把土地的经营权、管理权、收入分配权，从大集体转向小集体，转向家庭。从余粮上交变成只要上缴完固定数量，余粮都归农民自己。农民成了剩余所有者，积极性大增。不仅于此，其他许多重要资产也得到了强有力保护，其中极为重要的就是国家对人力资本的保护。在计划经济时代，毕业生都是国家包就业分配，个人并不拥有人力资本的使用权和收益分配权，劳动积极性受到抑制。改革开放后，用人制度也相应调整，个体开始增加人力资本投资的积极性，通过选择上夜校、上函授等等方式改变提升自我，以增强就业竞争力，社会也由此迸发出巨大活力。

(2)引入市场竞争机制。放弃价格管制和票证制度。充分发挥市场对资源的配置作用，降低普通人参与市场竞争的成本，加速社会公平，提升市场主体的竞争意识、法治意识和质量意识，也提高了生产效率，极大增加和丰富了市场供给，更好地满足了人民对物质文化生活的需要。

(3)鼓励民营企业发展。通过政策鼓励、支持、引导非公有制经济发展，也就是政府保驾护航、进行底线监管，充分释放民营企业在创造就业、创新经营、开拓市场等诸多方面的积极作用。

(4)开放国门学习借鉴、迎接竞争。明确开放目标，把握开放原则，大胆参与国际竞争，直面自身发展短板，通过引进、学习、吸收国外先进科技、管理经验等，将后发优势逐步转化成比较优势。

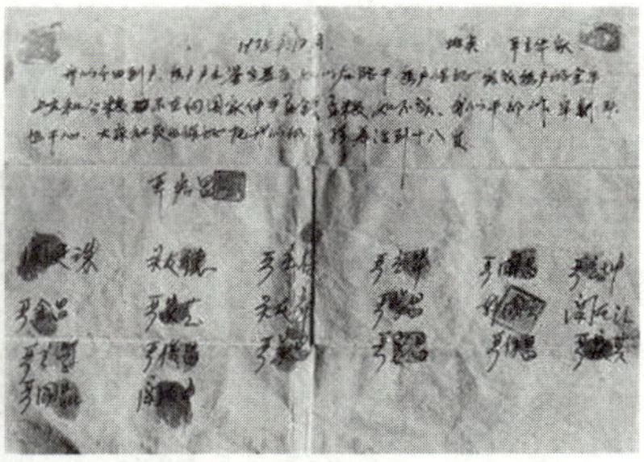

农民领取生产承包合同书

上海郊区农村实行家庭联产承包责任制后，农民在年终分配时露出了笑脸

图 1-7 家庭联产承包责任制

表 1-2 中央政府批准成立的主要试验区

试验区名称	数量
1. 经济特区(1979 年开始)	5
2. 综合改革试点城市(1981 年开始)	72
3. 经济技术开发区(1984 年开始)	54
4. 沿海经济开发区(1985 年开始)	7
5. 农村改革试验区(1987 年开始)	30
6. 温州商品经济发展试验区(1987—1989 年)	1
7. 高新技术产业开发区(1988 年开始)	53
8. 台商投资园区(1989 年开始)	4
9. 上海浦东经济开发区(1990 年开始)	1
10. 保税区(享受特殊关税规定，1990 年开始)	15
11. 边境经济合作区(1992 年开始)	14
12. 综合配套改革试验区(2005 年开始)	13
13. 金融综合改革试验区(2012 年开始)	5
14. 自由贸易试验区(2013 年开始)	11
15. 全面创新改革试验区(2015 年开始)	8

资料来源：国务院办公厅《中国经济改革开放试验区》(1992)，《中国经济体制改革年鉴》(1989 至 2005 年)。

【案例 1-8】

吴南生：深圳特区的奠基者

吴南生是深圳特区的第一任市委书记，他明确提出深圳经济特区要以引进外资为主，以实行市场调节为主。

从 1979 年下半年起，时任广东省委书记（时设第一书记）的吴南生就开始负责深圳、珠海、汕头三个特区的筹建工作。1980 年 4 月，他又兼任新成立的广东经济特区管理委员会主任。1980 年 6 月—1981 年 3 月，吴南生兼任深圳市委第一书记、市革委会主任，带领深圳经济特区人民筚路蓝缕、披荆斩棘，为深圳经济特区的创办和发展做出了重大的贡献。

图 1-8　吴南生画像

思考 1　制度创新绝不是心血来潮，而是实事求是与大胆探索！

深圳经济特区建设初期，海外商人普遍持怀疑态度，认为到深圳投资“无法可依、无规可循”。因此，吴南生负责筹建经济特区后，第一件事就是研究、起草《广东省经济特区条例》。

起草工作从 1979 年 8 月开始，由吴南生总负责。起草工作首先要闯过思想理论这一关，“资为社用”这一命题在当时还是个大胆的设想，提出来有风险。筹备组查阅了大量的马列经典著作，认为马列主义从来都不认为社会主义经济和资本主义经济是绝缘的，社会主义完全可以借鉴资本主义的有益经验来建设。有了理论上的准备，筹备组才有勇气大胆吸收借鉴国外的相关经验。

吴南生通过香港南洋商业银行董事长庄世平先生、香港《大公报》社长费彝民先生等老朋友，收集到世界各地出口加工区和自由贸易出口区的资料，筹备组对这些资料进行了深入分析研究，适用的就照搬过来，需要修改的就改后再用。同时还邀请有关学者专家、有关部门负责人、港澳经济界人士多次举行座谈会，征求他们的意见。

这个仅有 2 000 多字的条例从起草到公布，前后花了一年的时间，做了 13 次修改，可谓字斟句酌。《广东省经济特区条例》集中反映了特区在经济上对外开放的程度和发展经济的特殊办法，它一方面赋予经济特区更大的自主权，让特区经济体制要“跳出现行的体制之外”，另一方面给予在特区投资的外商以优惠政策。

思考 2　冒险家的敢想敢做成就制度创新！

1980 年 4 月 14 日，广东省第五届人大三次会议审议通过了《广东省经济特区条例》（草案）。为了显示国家改革开放的决心，也为了给深圳经济特区建设提供更好的外部环境和法律保障，吴南生建议《广东省经济特区条例》还应当由全国人民代表大会通过。有些人表示不同意，说《广东省经济特区条例》是广东省的地方法规，要全国人大通过，无此先例。但吴南生坚持，“特区是中国的特区，不过是在广东办。社会主义搞特区是史无前例的，如果这个条例没有在全国人大通过，正式授权，是无法创办的”。他还说，“没有法律可依，不但投资者不敢来，对我们这些‘冒险家’来说，什么工作都寸步难行，甚至杀了头还找不到可以平反的根据”。

同年 8 月 21 日，叶剑英亲自主持第五届全国人大常委会第十次会议，时任国家进出口委员会副主任江泽民代表国务院做了关于广东、福建两省设置经济特区和《广东省经济特区条例》问题的说明。8 月 26 日，会议批准国务院提出的在广东省深圳、珠海、汕头和福建省的厦门设置经济特区，并通过了《广东省经济特区条例》。至此，中国经济特区正式诞生，并有了法律保障。8 月 26 日成了中国经济特区的成立纪念日。

对试办经济特区，当时从中央到地方开始就有不同意见，疑虑很多，阻力很大。面对当时种种非议和阻力，吴南生与同事约法三章：只做不说，多做少说，做了再说。吴南生和特区早期的建设者正是凭着这种务实和敢闯的精神，为深圳的经济社会发展打下了坚实的基础。

【案例 1-9】

产业政策助力创新产业替代传统模仿型产业①

2010 年以来，深圳经济产业结构出现了深刻变化，在度过新一轮转型衰退后，经济增长从高速度转向了高质量，生产方式从以模仿制造为主转向以创新制造为主。深圳制定实施了生物、互联网、新能源、新材料、文化创意、新一代信息技术、节能环保七大战略性新兴产业规划政策。深圳已成为中国大陆新兴产业规模最大、集聚性最强的城市。

2011 年，深圳制定并开始实施一项支持新一代信息技术的五年规划，到 2016 年取得了圆满成功。五年时间，新一代信息技术产业增加值翻番，达到 4052 亿元，到 2019 年已经超过了 6500 亿元。2019 年，该产业的国内发明专利公开量达 43273 件，截至 2019 年底，有效发明专利量为 65460 件，发明专利公开量居第二位，仅次于北京。

思考 1　深圳系统化的产业政策是创新产业实现对传统模仿型产业替代的关键原因。

深圳比较早地提出了有质量的稳定增长的转型政策主张，经过多轮转型实践，深圳上上下下对走创新转型道路的认识统一，行动自觉。对转型过程中如何发挥市场、企业与政府作用有比较清楚的认识，在以改革创新推动经济转型与产业升级方

① 刘世锦主编，《读懂“十四五”：新发展格局下的改革议程》，中信出版集团，2021 年。

面有了比较丰富的实践和成功经验。比如，1987 年的《深圳市人民政府关于鼓励科技人员兴办民间科技企业的暂行规定》，1994 年深圳市科技局颁布的《深圳市技术入股暂行规定》和《深圳市技术分红暂行规定》，使刚刚起步的深圳有了很强的人才吸引力。再比如，深圳依国际惯例最早建立了无形资产评估事务所并推出管理办法，对吸引外商直接投资和解决创新形成的无形资产入股障碍都有很好的效果，民营高科技企业也因此蓬勃发展，等等。

思考 2　深圳产业政策取得成效，与政府和创新网络建设关系密切。

新技术早期阶段，知识的隐性程度高，公司和个人在很大程度上受益于地理邻近因素。空间上的邻近性，企业间交流的便利性有利于隐性的知识传播，从而推动创新。推动产业集群建设，构成以大企业为核心的海量中小企业群落，当然也有助于生产和技术网络由疏而密，分工精细，营造出良好的创新氛围。

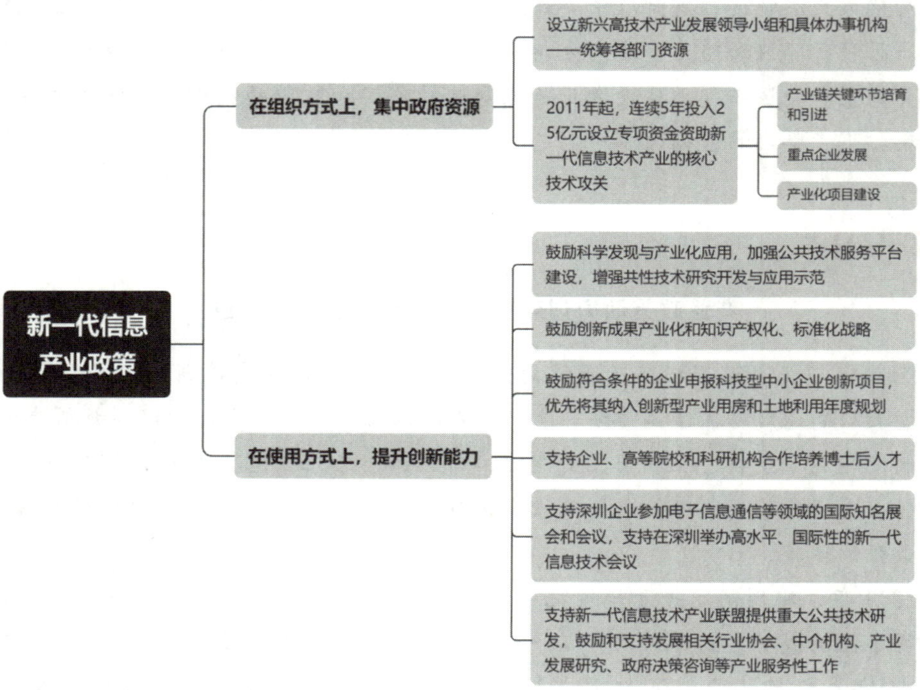

图 1-9　深圳产业政策助力创新驱动发展

3. 改革开放的未来进路

面对世界百年未有之大变局，我国也面临前所未有的机遇与挑战。我们要坚持改革开放，创新发展、团结一致、共享机遇、共迎挑战，不断努力构建人类命运共同体。通过科教兴国战略以及一系列制度改革，推进职普融通、产教融合、科教融汇，强化人才支撑，构建创新驱动高质量发展的社会平台，培育现代化产业体系，释放其高增值、高带动性、高战略价值，不断增强中国式创新的社会力量。

表 1-3 中国式创新发展相关重要政府政策文件

时间	规划	内容/意义
2010 年 6 月	《国家中长期人才发展规划纲要(2010—2020)》	继续加大对创业孵化器等基础设施的投入，创建创业服务网络
2011 年 7 月	《国家“十二五”科学和技术发展规划》	重点依托高新区、大学科技园、科技企业孵化器等，扶持和鼓励科技人员的创新创业活动
2012 年 12 月	《国家科技企业孵化器“十二五”发展规划》	建设科技创新创业示范区、建设标杆科技企业孵化器，培育高水平、高层次、高素质的创业团队，培育具有核心竞争力的高成长性企业等
2013 年 12 月	《关于科技企业孵化器税收政策的通知》	孵化器的税收优惠政策
2015 年 6 月	国务院印发《关于大力推进大众创业万众创新若干政策措施的意见》	落实扶持小微企业发展的各项税收优惠政策。落实科技企业孵化器、大学科技园、研发费用加计扣除、固定资产加速折旧等税收优惠政策。对符合条件的众创空间等新型孵化机构，适用科技企业孵化器税收优惠政策。按照税制改革方向和要求，对包括天使投资在内的投向种子期、初创期等创新活动的投资，统筹研究相关税收支持政策
2017 年 7 月	《国家科技企业孵化器“十三五”发展规划》	孵化器在 2020 年前将成为大众创新创业的主阵地、创新模式的试验田、创业文化的引领者、新经济的动力源
2018 年 11 月	《关于科技企业孵化器、大学科技园和众创空间税收政策的通知》	孵化器税收优惠政策

数据来源：IKMResearch，《中国式创新孵化》，中信出版集团，2020 年。

国家科学技术奖励条例

【案例 1-10】

从党的二十大报告看未来中国式创新①

习近平总书记指出，国家实验室、国家科研机构、高水平研究型大学、科技领

① 资料来源：《科技日报》2022 年 10 月 20 日。

军企业都是国家战略科技力量的重要组成部分，要自觉履行高水平科技自立自强的使命担当。

党的十八大以来，以习近平同志为核心的党中央以前所未有的力度强化国家战略科技力量，重要科研主体创新能力不断提升，战略性创新平台体系不断完善，战略性创新资源空间布局不断优化，战略性科技任务实施取得重大突破，推动我国科技事业实现跨越式发展。

十年来，“嫦娥”奔月，“蛟龙”探海，大飞机梦圆，北斗全球组网，5G 商用时代开启，三代核电技术取得新突破……这些成果背后，国家战略科技力量都发挥了重要作用、展现了使命担当。一支体现国家意志、服务国家需求、代表国家水平的“科技王牌军”不断推动我国科技事业实现跨越式发展。

思考 1　国家战略科技力量为什么而存在?

是不是国家战略科技力量，关键要看干不干国家战略层面的事情，有没有召之能战、战之能胜的能力，有没有解决战略性的重大科技问题。

接过前辈接力棒，胡伟武一直致力于做“中国人自己的 CPU 芯片”。“国家战略科技力量就是要以‘国家意志’为导向，以‘引领发展’为目标，面向世界科技前沿领域，从国家战略全局的高度解决事关国家安全、国家发展、国计民生等根本性问题。”瞄准国家重大战略需求，胡伟武和团队一直在努力，“现在，不只是实验室里的单项数据看着亮眼，我们龙芯处理器的性能已经逼近了市场主流产品的水平，而且完成了基于自主指令系统的基础软件(如操作系统、浏览器等)的构建。”

打造国家战略科技力量，高校的首要任务是瞄准前沿的基础研究。基础研究既包括纯理论的科学研究，更有面向国家重大需求、解决重大工程中科学问题的应用基础研究。要鼓励自由探索，更要有面向国家重大战略需求有组织的集中攻关。

思考 2　如何通过制度机制设计激发国家战略科技力量活力?

国家实验室和科技领军企业等 4 个组成部分，是一个相互支撑、上下游贯通的战略科技力量综合体。科技部科技人才交流开发服务中心副主任陈宝明研究员认为，“要加强各类创新主体的衔接与协同，在优势互补的基础上，鼓励各类创新主体各自发挥所长。探索现代科技创新主体的有效运行机制，激发创新主体和科技人才活力”。

高校应该重点布局和建设一批高水平研究平台，尤其是交叉研究基地平台，以基地平台为依托，凝聚团队实施一批具有战略性和全局性前瞻性的重大科技项目，推进学科交叉，促进协同攻关，引领创新发展。同时，高校要主动为产业现代化攻克核心关键技术，引领产业范式变革，而产业快速发展所产生的利润，又反哺基础研究和基础学科建设，形成良性循环。也就是说，通过体制机制改革，破除企业、大学、科研院所之间的合作障碍，健全各类创新主体整合协同的新型举国体制，通过制度机制的创新让国家战略科技力量充满活力。

企业是技术创新的主体，也是创新链产业链融合的关键。作为给“华龙一号”造“心脏”的科学家，中国核动力研究设计院院长王丛林对构建龙头企业牵头、高校院所支撑、各创新主体相互协同的创新联合体感触颇深。核电技术研发是一个复杂的系统工程，涉及学科面广、产业链多。在研发、建设“华龙一号”过程中，科研团队总结出“小核心、大协作”研发模式——将前端自主原创技术牢牢掌握在手中，将后端集成创新与交付工作扎实落地，中间涉及的机械、元器件等产业链内容由其他企业协助研发，以此强化协同攻关能力，提高效率的同时还能降低成本。

习　题

1. 科技是否让我们的生活更加美好？如果没有科技，我们的生活会怎样？请你想象一下。

2. 制度是如何影响社会合作方式的？如果没有合作，没有制度，我们的生活会怎样？请你想象一下。

3. 结合中国古代“四大发明”，谈谈你对“新四大发明”的认识。

思维导图

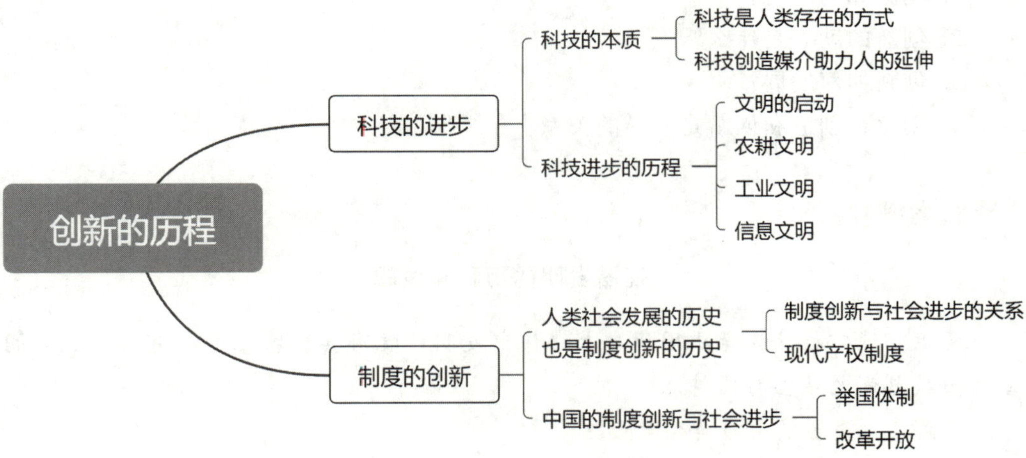

第二章　创新的本质

党的十八大以来，我们高度重视科技创新工作，坚持把创新作为引领发展的第一动力。通过全社会共同努力，我国科技事业取得历史性成就、发生历史性变革。重大创新成果竞相涌现，一些前沿领域开始进入并跑、领跑阶段，科技实力正在从量的积累迈向质的飞跃，从点的突破迈向系统能力提升。

——习近平，2020 年 9 月 11 日在科学家座谈会上的讲话

苟日新，日日新，又日新。

——《礼记》

本章核心问题

1. 创新如何产生？
2. 创新的动力是什么？
3. 创新如何发展？
4. 创意、创造和创新是怎样的关系？

【导引案例】

瓷器发明的历程和逻辑

瓷器，通常被认为是中国历史上的伟大发明，既有其独特性亦具有改变世界的重大科技创新的某些共同特点。

思考 1　瓷器发明为何难度极高？

一般情况下，“陶瓷”被合并使用，其实陶和瓷并不相同。从材料上讲，陶器是把普通黏土捏合烧制而成，易碎且多杂质。瓷器，则是将特殊黏土（高岭土）烧化冷却形成新材料，硬度和纯度高。人类烧制陶器的历史有几万年，烧制陶器的黏土也遍布全世界，世界各文明都独自发明了陶器。但是瓷器从中国在西晋前后被发明，到 19 世纪欧洲人才对其进行再发明，相隔约 1500 年。

思考 2　瓷器发明需要哪些预先条件？

第一，地理条件。制瓷的高岭土虽然在地球上储量较多，但作为矿藏需探测开采，在美索不达米亚、古埃及、古希腊、古中国和古印度五个早期文明中心，仅中国有高岭土。第二，技术条件。瓷器烧制需高温，将高岭土烧成半熔岩状态，再冷却凝结成瓷器，至少要达 1100 度～1300 度高温。即文明必须掌握冶铁技术才可能烧瓷。仅达炼铁炉温依然不够，烧制瓷器需非常大的炉窑，如我国古代烧制瓷器的越窑依山而建，近百米长，烧窑时间连续几天甚至更长。要维持大瓷窑长期高温，

要有足够木柴、木炭等能量来源，且要保证使用高效，否则烧瓷成本很高。因此烧瓷的文明需具备相当高水平的能量创造和利用能力，且还具备足够能量来源，如大片森林。第三，发明瓷器的偶然因素。比如解决瓷器渗水的问题是通过表面的釉来实现。但上釉是如何发明的？我国古代陶工烧制时，无意中发现木炭屑偶然溅至烧热瓷器表面，产生还原反应，形成釉面并具有了防水功能。该反应在高温、封闭空间中才产生，烧制陶器时炉温低于1000度不会出现。当然这绝不仅仅是靠偶然性。古代工匠过人之处在于，发现了可重复的方法，即将陶坯在烧制前浸于混有草木灰的石灰浆中。

思考3　发明和发现有什么区别？

发现木炭屑溅到高岭土坯子上能形成釉面这一从前未知的现象，就是发现。找到一种方法，可重复使用成功制造上釉瓷器，便是发明。发明本质在于找到行之有效的方法保证技术成功率。

思考4　偶然性和必然性有怎样的关系？

瓷器的发明有很多偶然因素，如我国恰是文明水平较高的国家，同时具有储量较多的高岭土，古代植被丰富，燃料供应重组，恰好有工匠发明了草木灰上釉法。这些缺一不可的因素同期发生，偶然性大。但其常常伴有必然性，高岭土被发现并不偶然，我国当时已具有较高文明程度，即冶铁技术，这也是发明瓷器的预先条件。

思考5　瓷器历经千年为何难以替代？

虽然在历史上瓷器主要作为盛器使用，但是后来的用途越来越广泛。陶瓷是最好的绝缘材料之一，电线杆和变电站的高压电线的绝缘瓷芯都是陶瓷材料。至二十七八十年代，科学家们又发现混有特殊金属氧化物的瓷器在低温下呈现出超导的特性。陶瓷还由于耐高温，化学性质稳定，是航天飞机等特殊仪器极佳的隔热材料。此外，相比其他盛器，瓷器轻巧，耐用，能做成各种形状，因此在古代它是最好盛器。瓷器表面可以作为艺术创作载体，除日常使用，还可以做成摆件、玩器等，具有极高的收藏价值。由于热稳定性好，不像玻璃容易炸裂。

第一节　创新产生的逻辑

一、人为什么能创新？——交换

在回答“人为什么能创新”这个问题之前，我们需要先来认识我们自己。认识自我的方式有很多种，本节将通过分析人类自身的特质以及人和动物的区别来发现答案。

（一）脑

人类的大脑，在过去的200多万年间，体积不断增大，从最初400多毫升进化为约1 400毫升，再到现在的约1 500毫升，其中神经元猛增到约1 000亿个。尽管脑的重量只占体重的2%，但耗氧量达全身耗氧量的25%。一个人的脑储存信息的容量相当于1万所藏书为1 000万册的图书馆，这是相当惊人的存储量。人类因为有了这颗独一无二的大脑，创新才会产生。

1. 大脑如何从过去创造出未来

在人的大脑活动过程中，如何从过去创造出未来，是一个复杂的脑工程，但其中起重要作用的大脑结构是背外侧和额极前额叶皮质，这也是著名的“无用的”大脑部分。前额叶皮质在进化过程中出现得相当晚，它的出现可能是对有机体日益复杂的认知需求压力的回应，它可以使认知变得有条理和有组织。虽然皮质的其他部位大都有相对特定的功能，但前额叶皮质负责的是“元认知”，是一个统领。它逐步将特定功能组织为复杂、有意义且有目的的行为。它对制定目标和制订计划、做决定、预测自己和他人行为的结果，以及控制冲动都很重要。尽管在进化过程中，前额叶皮质是大脑中最年轻的部位，但它在人类身上的发育程度远远超过其他物种。同样，前额叶皮质也是在生命周期中最晚成熟的大脑部位——它在人 30 岁出头到 35 岁左右才完全发育成熟。

具体来说，外侧前额叶皮质可以操控存储在大脑中的像乐高颗粒一样的心理表征：通过审慎的、目标驱动的过程将它们组装成新的形态。实际的“乐高颗粒”(由前额叶皮质操控的信息)可能存储在大脑的其他部位，很大程度上存储在顶叶、颞叶和枕叶中——而前额叶皮质就像一个乐高玩家，根据自己设计的心理蓝图，从各个部位挑选出“乐高颗粒”来组装新的记忆。前额叶皮结构负责用“过去的记忆”碎片组装出“未来的记忆”。

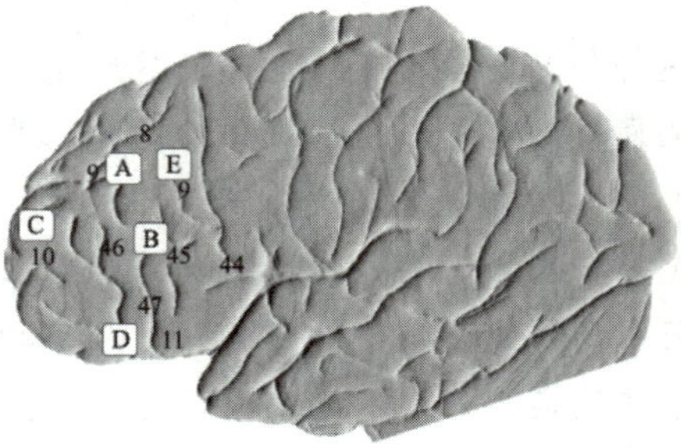

图 2-1 主要的前额叶皮质分区

注：(A)背外侧皮质，(B)腹外侧皮质，(C)额极皮质，(D)腹内侧/眶额皮质，(E)前扣带回皮质。图中的数字表示的是布洛德曼分区(皮质区域的一种标准分区)。

2. 脑与手

手，是人类特殊的财富，人类的手有自身特殊的结构形态，大拇指与四指相对，可以让人进行很多精细化的动作，比如，握拳、两根手指捻物体，从而制造越来越精良的工具和武器等。除此之外，手可以改变大脑的状态。

移动的双手，能够帮助我们释放脑力。当我们做手势的时候，我们努力表达的东西可能无形中就藏在指尖上，我们通过空出更多脑力来掌握其他重要的信息。当一个人边说边比画的时候手势会给他带来能量。手势会帮助我们思考，相对于静止不动地说话，手势会让我们跳出常规思维。有一种理论认为，手势只是我们在精神上模拟表演各种动作时的外延。

手势中的信息，会作为新知识加入我们的思想储备库——当手参与传达信息的时候，信息就更容易被表达和记忆。同时，用手表达的信息也可能是我们自己不知道，但是却一直在头脑中存在着的。

(二)语言

1. 语言能力的产生

人类语言可以产生几乎无限多的语句，但并不都反映经验，现实语言可以表达哪些，不存在甚至不可能存在的事物，比如各民族的古代神话，这种语言的生成能力是大脑前额叶皮质的独特属性，它在人类进化后期出现，使发展出真正的语言成为可能，并使语言具有递归能力，形成分层结构。除此之外，21 世纪初，科学家们利用基因技术研究发现语言能力的产生与 Foxp2 基因有关。Foxp2 基因对记忆力和理解力也有影响。Foxp2 是哺乳动物一个古老的基因，在各类哺乳动物身上(包括在黑猩猩身上)变化得很慢。根据黑猩猩和老鼠的这个基因“指导”合成出的 715 种蛋白质，只有一种不同。也就是说，从 7 000 万年前人和老鼠的共同祖先算起，到 500 万年前人和黑猩猩走上不同的进化道路，中间的 6500 万年，该基因的变化微乎其微。但之后的 500 万年，人体中与 Foxp2 相关的蛋白质和黑猩猩体内的蛋白质已经完全不同。

2. 语言能力的作用

使人可以向对方描述一种完整的思想。很多人类学家认为，语言能力强可能是人类最终在物种竞争中脱颖而出的关键原因。比如，人类之间传递以下信息时轻而易举：今天可能要下雨，你出门带上伞。这样，人类就可以将一大群人组成一个整体，共同完成一件事。而 Foxp2 基因缺失的人只能表达类似下面断断续续的概念：今天，雨，伞。这些人彼此理解起来就有困难。

有了语言能力并不等于有了语言。语言既可以被认为是人类(主动)发明的，也可以视为人类(被动)进化的必然结果。但不论我们今天如何看待它的起源，有一点很重要，那就是在空气中传播的声音是原始人类能用于信息交流的最畅通的媒介。人类最初可能只能像其他动物那样通过一些含糊不清的声音表达简单的意思，如“呜呜”叫两声表示周围有危险，同伴“呀呀”地回答表示知道了。但是随着人类活动范围的扩大，要处理的事情越来越复杂，语言也随之越来越丰富，越来越抽象。在信息交流中，人类对一些共同的元素，比如，物体、数量和动作等不同类别的事物，用特定的声音来表达，就形成了概念和词汇；当概念和词汇足够多时，就逐渐形成了语言。

(三)外族通婚制度

人类学家说，外族通婚制度，是人类和动物的又一个重要区别。它的意义在于，跨部落的通婚增加了彼此交流的机会。交流，或者说交换是一切创新的材料。我们经常看到，两个人彼此交换了看法，一个伟大的创意就诞生了。如果大家更加频繁地交流，那么创意和创新的产生自然就越多，而外族通婚打破了以自我为中心的传统，尝试在更大的范围内进行社会交流，让人类前进了一大步。

原始人判别信任，基本是从血缘关系上来判断，如果一个人是自己部落的，就不具有威胁，因为大家需要团结一致去狩猎、御敌。这和动物世界的规则一样，一只壮年雄狮从狮群中胜出成为新首领后，它接下来做的不是“抚恤爱民”，而是清理门户，杀死前首领的幼崽。这种血缘判断的方式虽简单粗暴，但这是当时社会环境的客观选择。

手掌的进化让人有了制造精细工具的条件，而通婚让陌生人之间建立了信任感，这种信任感扩大了彼此的交流。

【案例 2-1】

用杂交水稻来解释人类的经验融合

先来看一个典型的例子，就是动物界的印随行为：小鸭子在出生后，会把看到的第一个活物认定为自己的妈妈，也许你和我都觉得这个做法太不明智了，不过这并不影响它们活得快乐。印随行为是先天的，只要控制这个习性的基因不改变，那么不管是在中国还是在南极，鸭子一出生就会获得这个能力。

人也有基因经验，比如，人有一种“深度”意识，当从高处往下跳时，膝盖会自然弯曲，来缓冲身体自重带来的冲力。但当人从两米高和从三米高的地方往下跳时，腿部弯曲度是不一样的，那人是怎么控制的呢？其实不用人为控制，人天生具有一种“深度”意识，大脑会自动计算这个高度，然后协调身体，做缓冲准备，这就是基因经验。

那么，面对经验，人和动物最大的不同在于，人有后天经验融合的能力。

思考 1　什么是后天经验融合能力呢？

比如，鸭子习惯用嘴直接去捕猎，一条小鱼因为想吃漂在水面上的水草，正好被鸭子碰到，而成为鸭子的腹中之物，但鸭子并不会思考自己能否用水草做诱饵，来提高捕食小鱼的成功率。当然，我们在《动物世界》中看到有种叫绿鹭的鸟，它们就会用水草来诱捕小鱼，但这个能力也是天生的，并不是某只绿鹭偷偷在后天学会的。

思考 2　人类对事物的反思和模仿能力，就是经验融合能力。

做不同的事会产生不同的经验，人类就能对这些经验进行任意组合，有些组合可能会发生不错的化学反应，有些组合可能什么也不是。

我们都知道，农民擅长农作物的种植，如果一个农民只会种水稻，那么他一辈子最好的经验就是种水稻的经验。一亩田的水稻产量最多也就八百斤，可随着人口的增多，粮食开始紧缺，这时，我们有两个选择，一是控制人口，二是增加水稻的产量。

科学家袁隆平，帮助人类成功实现了第二个选择，用科学的方法将该领域的经验融合，一种是基因杂交的经验，另一种是种植水稻的经验，发明了杂交水稻，大大增加了水稻产量。杂交水稻这个物种地球上本来是没有的，是人后天经验融合的新物种，它的诞生再次证明了，人和动物最根本的不同，是动物只有基因携带的本能经验，而人可以通过后天经验融合能力去创造、去创新。

二、交换如何产生?

(一)人工取火

理解了交换的重要性，下面我们来看看最初的交换是如何起源的。人工取火的发明和经验的交换让人类进入发展快车道。在 50 万年前的东非大草原上，直立人逐渐崛起成了草原的主人，在这个时代，发生了一件影响人类进程的事，那就是人工取火的发明。

猿人的大脑可以说和动物差不多，导致他们的生活方式也是以觅食为主，经过 200 多万年的演化，到了直立人时期，他们的大脑比猿人有了很大进步，学会了团队协作、制造武器，还有人工取火。武器让大家更容易获取食物，而人工取火则让直立人有了熟食，熟食提供了大量营养，使得大脑越来越发达。人工取火也可以取暖、驱赶野兽，消除寒冷和野兽的威胁，节省体能，从而把更多体能用于工具的制造、围火交谈等其他方面，促进了技术的发展，推动了情感和经验的交流，激发了好奇心和想象力。比如，智人除了可以制造更先进的工具进行捕猎外，还可以制作装饰物，在一些遗址中，就发现了很多钻孔的贝壳装饰物，有的甚至是用绳子串联而成，用于佩戴，此时智人有了更多的产品剩余，也有了更多的生存需求，出现了以物易物的经济行为。

以物易物让当时的人们交换了彼此的创新产品，交换是基于各取所需，这让参与交换的各方生活质量都得到了提高，同时也为后来的商业产生奠定了坚实基础。

(二)农业革命

农业的出现经过了很长时间。据记载，农业革命最早发生在西亚的两河流域，就是在今天土耳其的亚美尼亚高原和幼发拉底河附近。两河定期泛滥，形成了大片冲积平原，土地肥沃，适于种植业发展。除了两河文明，中国也是世界上最早的农业发源地，黄河中下游流域，早先就以种植黍和粟两种农作物为主。

农业革命的产生，对人类发展意义深远。

首先，它使得人类的生存方式从采集、狩猎变为以种植、存储粮食为主的新生活方式。掌握了种植技术，就意味着不用再经常迁徙，固定居住在一个适合种植的地方，因为从种植到收获是一个漫长的过程，定居是为了照料农作物，获得丰收。而这种播种、照料、收获的全新生存方式，也慢慢对人类的心智进化产生了影响，主要体现为人变得更加温顺，除非面临部落受到侵扰等情况，人不再经常性地使用暴力。

其次，农业革命让人类转入较稳定的定居生活。由于需要照料农作物，智人选择在附近居住，最早的村落开始出现。聪明的智人开始建造适于较长时间居住的房屋，从这里开始，一个部落就开始变成一个村落，人类不再流浪。而这一切，也为后来更大规模的交换行为奠定了物质基础，产生以物易物的交换行为。

为什么会出现以物易物呢？在狩猎时代，狩猎的成功与否除了狩猎技巧，偶然因素很多，如天气、环境，等等。偶然因素会让饥饿的恐惧难以控制，为了生存，人不得不花更多的时间去捕猎，提升食物获取概率，消除饥饿恐惧。

农业时代，人通过种植粮食，在一定的人口规模之内可以控制饥饿带来的恐惧。当然，这只是针对学会和有条件进行农业种植的部落来说的。而其他部落，那些没有天然种植环境的部落，如海边和森林的部落，怎么办？他们仍然需要进行原始的采摘和狩猎，再和内地的农业部落交换粮食，这种以物易物的交换，成为商业的启蒙。

农业革命诞生后，改变了人类自古以来的时间规划，让交换的频率大大增加。为什么这么说呢？在觅食时代，原始人除了狩猎就是休息。因为狩猎的偶然因素太大，所以饥饿时常光临。食物获取具有偶然性，那么就只能花大量的时间去弥补这个偶然性。此时，原始人每天做的两件事就是找食物和休息，并没有多余的时间从自然界获取其他经验。要产生其他经验就需要做不同的事。如旅游，除了可以看到美丽的风景，还能产生灵感和启发。事情只有真实地发生了，才会产生经验，所以经历不同的事对于丰富自身经验有巨大的帮助。回到农业革命的话题。农作物最大的优势在于可存储性。在没有冰箱的年代，以肉类、蛋白质为主的食物，可以说是即时性食物，即使不被偷走，也必须在短短的几天内就食用完，否则就会腐烂，这会使整个部落陷入新的饥饿当中。农作物则不同，如粮食可以存储，这就意味着只要收成好，很长时间内都不会挨饿。且种植并不需要每天都劳作，人类就有了多余的时间进行经验的获取和融合加工，然后再产生新的工具、武器、文学、艺术，等等。

孔子说，仓廪实而知礼节；亚里士多德说，哲学就是酒足饭饱后的遐想。农业社会的到来，产生了人类历史上第一次不约而同发生的东西方思想领域的解放和繁荣，可以说农业社会孕育了人类的轴心文明。

最后，这一时期产生了以物易物的商业雏形。因为粮食可以存储了，大家有了更多的闲余时间，在此基础上，各种有益于生活和劳作的产品开始出现，如冶炼、制陶、武器、艺术品，等等，而这些东西，要么满足了生产需要，要么满足了生活需要，大家各取所需，加速了分工，相互间的比较优势越来越显著，生活越来越便利，交换的意愿越来越强烈，交换的方式也越来越可靠高效，商业的雏形逐渐产生。

（三）商业启蒙

在农业社会最初产生的以物易物交换方式，随着交换物品的增多，以及人的需求的增长，显现出了弊端：需求的不对称和无法等值量化，交换规模严重受限。于是最初的货币、贝币众望所归地出现了。

城市的胜利

（朗读者：陈雪）

1. 贝币

约在公元前 5000 年到公元前 3000 年产生，是生长于浅海的天然贝壳，小巧玲珑，色彩鲜艳，坚固耐用。它的产生，标志着社会生产力的提升，也标志着人类开始进入真正的商业时代，这是一个非常伟大的创新。它具有货币的三个特性：交易媒介、储藏价值、记账单位。

贝币，提升了交换的频率，促进了产品的多元化。贝币的出现，激活了人性趋利避害的天性，希望让生活变得更美好，于是人都开始努力生产，更多产品丰富了交换选择，各具功能的物品也提升了生活质量和生产效率，市场中的交换频次大大增加。此时一个新的职业和交换方式也应运而生，商人和商业出现了。《史记》中有这样一句话，“天下熙熙，皆为利来；天下攘攘，皆为利往”，非常形象地概括了商业和商人的本性。商业的产生，根本上源自人生存发展的需求，如实现治疗疾病、健康长寿、更好的生活等愿望，必须依靠社会共同协作，交换经验，生成创新的产品。

2. 商人

这一称谓概念，在中国最早来自原始社会的商部落。在原始社会时，商部落以善于交换闻名。传说他们的祖先曾驾着牛车游走各部落之间交易，当时的人们就把到处贩卖物品的人称为“商”，把在固定地方售物的人叫“贾”，也就是后来约定俗成的表达“行商坐贾”，“商人”，出售的物品，便叫“商品”，专门从事交换的行业则称为“商业”。如果说商业和商人的出现归功于贝币这一货币创新，那么贝币还催生了私有制和城市。

3. 城市

“城”是防御性的工事，“市”是商品交易的场所，这说明最早的“城市”就是在进行商品交换的过程中，为适应人们对生产、生活、防御等方面的要求而集聚形成的。城市是文明的重要象征，是人类交换行为发展到一定阶段的创新产物。

西汉时期
城市的繁荣

在交易频率和范围激增的情况下，原先村落中的小场地已经无法满足交易需求，特别是商人，他们更需要一个地方集中居住和交易，节约时间和运输等方面的成本，渐渐地形成了最初的城市。

最初的城市规模并不大，如秦朝统一中国后的咸阳，据史料记载，作为当时秦帝国的都城，人口为 20 余万。城市不是一朝一夕形成的，正所谓“罗马不是一天建成的”，它的功能和繁荣，是随着时间慢慢发展而来的。最初城市的作用是为了集中交流和交易，它自身并不具有生产粮食的能力。当城市人口的活动越来越频繁，就需要新的关系模式来组织人、规范人，于是有了祭祀、政治、律法，等等。而这一切都是由于扩大激发了交易规模所导致的。贝币出现以后，真正的商业开始了，人类文明的脚步也加快了，创新的效率也提高了。

第二节　创新的社会动力系统

前面我们了解了人类的创新活动与客观环境之间互动的逻辑，本节我们将进入人内在的需求层面，看一看人自身复杂的需求系统与自然环境、人文环境之间的关系怎样推动了创新。

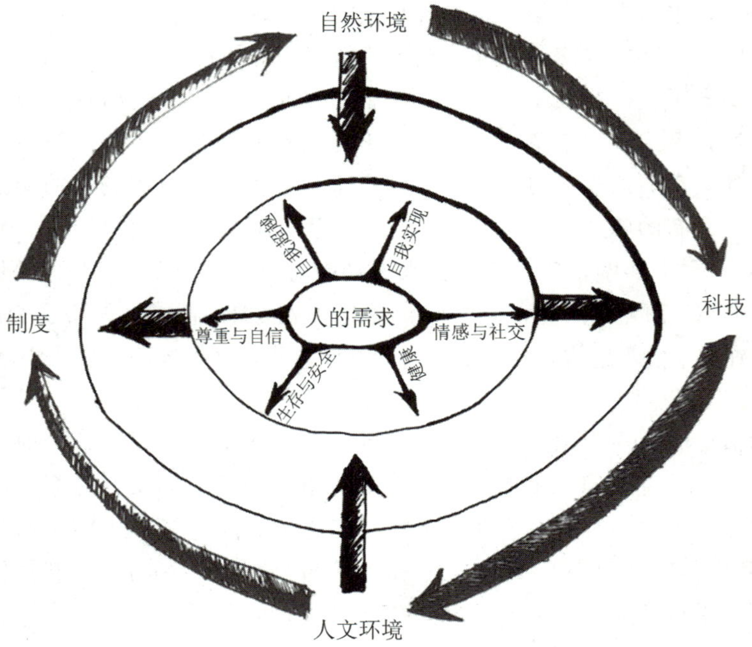

图 2-2　创新的社会动力系统图

一、人类需求与环境的互动

虽然古今中外人的具体需求和欲望的表达方式千变万化，但其本质有很大的共性。从事科技活动是人类满足其需求的一种方式，其动机可借助相应的心理学理论来理解。关于人的动机和激励理论，最著名的是心理学家马斯洛于1943年提出的人类需求层次模型。但事实上，有时人的需求层次的递进关系并不明显，即使低层次的需求没有得到满足，也会有追求高层次的需求，多种需求在现实中是可以同时存在的。

远古人类由于自然环境气候变化频繁而加速进化，如在人类走出非洲的时期，为了能够保存足够的身体热量不散失，以保证能够在更大的范围内活动，获取更多食物等生存资源的问题，人发明了衣服以及制作衣服的一系列工具。可以说自然环境是客观存在的变革驱动者。

同时，人是一种社会性动物，人与人之间会产生信息和物质交流，彼此影响。社会的本质是网络，人是最基本的节点，以人为基础可以形成多形态、多层次的网络。社会网络有其运行规律，并会对网络中的个人产生重要影响。每种类型的社会中都会形成自己的需求，其中一部分是个人需求的集合。任何类型的社会都包括了不同政治和经济地位以及不同兴趣的人，有很多独特的集体性记忆(历史、文化等)，并且不同类型社会的人口规模和密度不同，这些都会使社会网络的结构、规则和内涵不断变化，因此社会需求不仅复杂，而且会随社会形态、社会发展阶段等方面的变化而变化。

所以说，在自然环境和人文环境的共同影响下，人的需求具有复杂性、易变性和社会性。人通过科技和制度两种方式不断化解自身与环境之间的矛盾，满足需求，追求美好生活。

二、人类需求驱动创新的四个维度

（一）生存与安全

在这一类型的需求驱动下，人类创造了如农耕狩猎的工具和方法、物种驯化、衣物制作等科技。这类科技成就主要用于满足人的安全和健康需求，对应马斯洛需求模型的第一层和第二层，是"刚需"。这类科技对人口规模和人均寿命的影响较大，医疗药品、武器、居住场所等都属此类。这类科技的发展主要由个人欲望驱动，人口等社会因素对其影响较大，地理气候等自然条件也会影响人们的技术创新和方案的选择。

【案例 2-2】

迁徙中的创新：骨针

智人在走向全球的几万年中，发明了大量的新技术，这是一个以非洲为起点逐渐"全球化"的过程。行走中不断认识新的动植物，熟悉它们的习性，了解什么能吃、什么有毒。为了适应不同的地理和气候环境，他们发明出当时最适用的技术和物品。旧石器晚期，石器制作技术得到了很大的发展，智人发明了磨制石器。大约 2 万多年前，人类社会进入细石器时代，出现了很多精致而复杂的工具。除石头外，骨头、木头也成为重要的创新资源，用石、木和骨制作的组合工具成为人们经常使用的渔猎和生活工具。

距今约 3 万年的骨针是一项很重要的发明，它很可能是女性的杰作。利用骨针加上兽筋线，就可以把兽皮和树皮缝制成衣服。目前发现的最早的骨针，制成于 3 万多年前的西伯利亚。2 万多年前的北京山顶洞人也在使用骨针。那时是地球上最近的一个冰期，这项小小的发明在最寒冷的时候挽救了许多人的性命。

【案例 2-3】

中医的起源和发展

人类始终没有彻底摆脱疾病和死亡的威胁，这样的恐惧，或者说对安全和健康的追求，是人类最久远的夙愿。中国人追求长寿的愿望就十分强烈，有秦始皇时期徐福东渡采摘仙药，有古代朝臣献给皇帝的祝愿"万寿无疆"，有晚辈给长辈的祝福"寿比南山"。

人均寿命是反映健康水平、生存质量的最重要指标之一，而事实上，在工业革命前或者说现代医学兴起前，各国人均寿命几乎处于 30 岁以下的水平。

尝遍百草的神农，被视为中国远古经验医学的起点。中国目前发现的最古老的药书《神农本草经》，约成书于东汉，全书记录了300多种草药，据说是对神农留下的医药经验的总结。

还有东汉的《黄帝内经》，以黄帝和岐伯等人的对话形式，首次确立了中医理论框架，以阴阳的观点看待自然和人体的互动，把金、木、水、火、土五元素与人体构造对应起来，认为人有五脏、五腑、五官、五体等。东汉晚期张仲景写作的《伤寒杂病论》，是一部内科疾病专著(已失传，散见于其他医学古书)，沿用了《黄帝内经》的理论框架，在总结前人经验的基础上吸收了民间治疗方法，包括自己的临床经验，很多药方被沿用至今。张仲景是第一位留下著作的中医，开创了中医从医学理论到临床应用的体系。

图 2-3　神农尝百草(孙瑞海创作)

东汉、魏晋和南北朝时期中医主要的力量来自道教，唐朝名医孙思邈也是一位道士，几乎终生为普通民众治病，是首位在著作中提出医德要求的中医。明末名医李时珍出身医学世家，他广纳儒、道、外域等多个学派的医疗知识，编撰了192万字的皇皇巨著《本草纲目》。该书是中国几千年来经验医学的集大成之作。

(二)改善生存质量

回顾历次社会进步中出现的创新事物，大都与人生存质量改善直接相关，人们不仅仅满足于生存下来，对生活也充满了改变和改善的意愿：人希望自己可以被关注，希望情感和思想可以交流，希望能够到外面的世界去走走，希望有很多很多，正是人类这样一种独特的能力，使得我们从未停下追求美好生活的脚步。如交通工具从马车、自行车、蒸汽机车到高铁等的不断创造发明可以看出，人类对生存环境的改善是随着永不停歇的需要而进行的。再比如，从农耕文明以来，为了有食物可以享用，而且能够更好地享用，我们发明了陶器、漆器、瓷器作为食具来改善我们饮食体验，并不断改进容器的制作工艺和外观设计，进行技艺和审美的交流，器具进而也成为一种文化的载体和交流方式。

(三)自我实现

对每个刷新历史的创新者来说，自我实现都是其创新生命中不可缺少的一部分。不仅仅是发明家如此，对每个普通人来说，自我实现都是人类天性之一。在马斯洛的需求层次理论当中，自我实现是人类最高等级的需求。发现创造前所未有的事物，就需要自我实现的天性来驱动，需要自我实现的强烈信念和坚定信心。

【案例 2-4】

瓦特的自我实现之路

瓦特从1769年发明冷凝器开始，到1785年发明出实用的蒸汽机，用了整整16

年。在通向成功的漫长过程中，瓦特甚至有一段时间不得不去做测量员、监督员来养家糊口。有一次他给朋友的写信说道：“我还有妻子和孩子，眼看着自己已经开始两鬓斑白，却还没有固定的职业来供养他们。”在瓦特成功后，很多人对瓦特的巨大成就大加赞赏，他只是说道：“公众看到的只是那些耀眼的成就，但我自己很清楚，真正让我一步步攀登上事业巅峰的其实是成功背后所经历的一次次痛苦的失败和挫折。”

(四)超越自我

人类的好奇心、求知欲和审美等需求，对应马斯洛需求模型的最高层。无实用目的地仰望天空、构造理论、为进行知识探索而发明科学仪器等都属此类。如公元前8世纪之后，就出现了一群“仰望星空”的古希腊哲学家，他们求真与爱智的精神，带来了人类认知方式的一次跃迁。古希腊早期的科学家，比如毕达哥拉斯、泰勒斯等，都曾在古埃及和黎凡特地区游学，汲取了中东地区丰富的古代科学知识。除了学他人之长，古希腊哲学家还另辟蹊径，探索获取有效知识的方法和路径，他们大多都不重视知识的实用性和功利性，而主要关注知识的内在逻辑和预测的准确性。古希腊这群哲学家开创的认知方式，尽管也曾走入唯心主义的误区，认为“思想”是人的本质，但是在客观上演化出了后来整个西方科学的历史，重视内在的、演绎的、证明的逻辑，使人可以在技术条件不具备的情况，凭借好奇心、求知欲的需求驱动，通过严密的逻辑推理，大胆预测宇宙的规律，如爱因斯坦的相对论便是建立在这样一种探知模式上的。

第三节 创新发展的逻辑

我们讨论了创新产生的逻辑和社会动力系统，即从客观环境和人的因素去分析影响创新的关键变量。在本节中，我们重点探讨创新发展的内在逻辑是什么？事实上，创新发展的演化呈现出一种有序递进的模式：技术从简单到复杂(如从基础工具到高精尖系统)、从偶然到必然(如从随机发现到系统研发)、从点到面再到维度的纵深(如从单一产品扩展到多领域整合)。在这个逻辑链条上，有三个重要节点：根源创新、领域创新和维度创新。它们并非按照严格的顺序，而是相互交织，共同构成创新机理的核心框架。

【案例2-5】

计算机的发明

提起计算机的发明，有两个人名气最大。

第一位是图灵，他第一次从数学概念上定义了计算机，也就是“图灵机”。注意图灵机并不是实体，而是对计算机的一种数学描述。好比虽然汽车各种各样，但是它们都有一些共性，共同拥有某些基本原理，比如说，能在陆地上移动，能够载人运货，能够改变方向，而且是根据同样的机械动力原理制造出来的，等等。此时假如有一个叫约翰的人，在汽车发明之前，就归纳出了一个虚拟的数学模型，描述汽车的这些共性，可以把这个模型叫作约翰车。

第二位叫冯·诺依曼，被称为现代计算机之父。他第一次把计算机从一个模型，变成了可以运行的产品，就是世界上第一台能够真正运行的电子计算机——埃尼阿克。从理论到实践，看似是一气呵成，后人继承了前人的理论，把它变成了真正的计算机。但是，事情果真如此吗？

从法律上看。第一个申请到电子计算机专利的人，不是图灵，也不是冯·诺依曼，而是一个叫莫利奇的人。而且，莫利奇的专利权，拿到手没多久，就被别人起诉了。起诉他的人叫阿塔纳索夫。更离奇的是，这位阿塔纳索夫，也没有拿到这项专利。换句话说，直到今天，第一台电子计算机的专利，也不属于任何人。

要想知道这到底是怎么回事，咱们得从第二次世界大战说起。第二次世界大战期间，美军为了做军事研究，要求当时的科研人员每天必须提供 6 张火力表。火力表是什么，我们不深究，总之是个很复杂的东西。用当时的计算工具，需要 200 多位计算人员，一个月才能算出一张。

于是，人们就想造一台机器，解决计算力不足的问题。负责这个项目的人，就是冯·诺依曼。1946 年，他带领团队，把计算机造了出来。在这个项目里，第一个提出计算机想法的人，并不是他，而是他的同事，莫利奇。也就是前面说的，第一个申请专利的人。

那么，莫利奇的想法是从哪来的呢？也不完全是自己凭空想出来的，其中一部分，就来源于爱荷华州立大学的一位教授，也就是后来起诉他的阿塔纳索夫。两人在一次学术会议上相遇。在莫利奇的请教下，阿塔纳索夫把自己的想法毫无保留地告诉了他。

当埃尼阿克问世之后，阿塔纳索夫一眼就看出，这是自己的想法。于是就起诉了莫利奇和他的团队。这场官司持续了 9 个多月。打破了当时联邦审讯的纪录。审判结果莫利奇败诉。但是，法庭也无法界定第一台计算机的专利权就属于原告阿塔纳索夫。毕竟，他只是提供了想法，并没有制造机器。

思考　创新是偶然还是必然？

首先，这些发明家，不管是冯·诺依曼、莫利奇，还是阿塔纳索夫。他们从一开始，就身处不同的领域，根本就没有统一的目标。冯·诺依曼为军方工作，他是想用计算机解决军事问题。莫利奇当年的主要课题是研究太阳黑子，这是他研究计算机的目的。而阿塔纳索夫是为了解方程式。他们的目标根本不相干，恰好这些研究，都遇到了一个共同的瓶颈，那就是计算能力不足。他们都需要一台计算力更强的设备。

几个身处不同学科的发明家，出于各自的需求，研发自己的技术。最终，这些想法汇集到一起，互补完善，成就了创新。但是，在更大的时空维度上看一看，创新又是一种必然。

回顾历史，我们会发现，即使没有前面提到的这些人，计算机还是会诞生，只不过时间上推迟一些。少了谁，它都照样实现。因为在当时，正在研究计算机的人，远远不止前面这几位。就在埃尼阿克诞生之前的几年，计算机的制造实践，已经出现在全世界很多地方。

二、创新发展的关键节点

(一)根源创新

根源创新，指的是创新的基础性突破，往往源于科学发现或根本性技术变革，具有高度不确定性和革命性特质。例如，在创新初期，根源创新涉及偶然的科学突破(如新理论或实验发现)，但随着系统化，它演变为必然的研发过程，推动技术从简单原型向复杂系统发展。创新早期阶段的核心是高度不确定性，竞争焦点是技术性能改进，而根源创新常与科学知识的发展相关，例如在产业革命中，科技创新作为历史逻辑的关键，驱动了生产关系的根本变革。

【案例 2-6】

青霉素的发现

在青霉素诞生以前，人们已经发明了麻醉剂和消毒绷带，它可以让伤者不需要再忍着剧痛接受手术，也不必再用烧红的烙铁为伤者处理伤口。但手术后却还有个难题，那就是细菌感染。当时的医疗水平有限，面对各种各样的细菌无计可施，可能普通的感冒就能使人丧命。这成为当时的一个医学难题。

1935 年，德国科学家格哈德·多马克找到了战胜细菌的方法。通过实验，他发明了一种被称为“百浪多息”的磺胺类药物，这种药物的原材料来自衣物染料，对链球菌感染所致的猩红热、肺炎、中耳炎等都有显著疗效，而在这之前，这些疾病几乎都可以置人于死地。因发明了磺胺药，格哈德·多马克获得了 1939 年诺贝尔生理学及医学奖。这一发明震惊了全世界，更多的科学家投入到此类药物的研究中。然而人们很快发现磺胺类抗菌药物并不能杀死所有的细菌，可以杀死的细菌在用药后会较易产生耐药性，更重要的是磺胺类抗菌药物会产生各类副作用，甚至可以杀死病人体内的白细胞，反而加速病人的死亡。

如何彻底地消灭感染病毒再次成了棘手的医学难题。

英国药理学家亚历山大·弗莱明在他的培养皿中发现，用于观测的葡萄球菌长了一大团绿霉，霉团周围的葡萄球菌都被杀死了，只有在离霉团较远的地方才有葡萄球菌生长。这位曾在一战中担任过军医，与细菌进行过多年抗争的科学家立刻想到，会不会是霉菌将周围的葡萄球菌杀死了?

弗莱明随即开始对此设想进行求证。大量的实验证明，霉团所产生的一种化学物质，可对多种细菌具有致命的杀伤力，同时，它不会伤害正常细胞，也不会对白细胞的抵抗力造成影响，这正是一种当时接近完美的抗菌药物。弗莱明将它命名为“青霉素”，这一年是 1928 年，比哈德·多马克的磺胺类药物还早，只是弗莱明遇到了难题。

弗莱明深知发现青霉素的重大意义，但在提纯青霉素的过程中，弗莱明发现，无论是想大量提取青霉素或是长期保持青霉素的杀菌性，都几乎是不可能完成的任务。因此，弗莱明放弃了对青霉素的研究，仅仅将他的研究结果写成论文。

澳大利亚人霍华德·弗洛里在10年后看到了弗莱明的论文，意识到，这是一个可能拯救无数人生命的伟大发明。弗洛里立刻着手组成一个研究团队，集体研究将青霉素大批量提纯并生产的方法。尽管几经周折，从霉中提取到二百万分之一的青霉素也仅够在几只人为感染链球菌的老鼠身上完成实验。研究团队成员为这次实验的结果振奋不已，接下来几个月中，他们拼尽全力生产青霉素，并得到了一次在人体上试验青霉素的机会。

病人是一名伦敦警察，在修剪花枝时被刺伤手指，伤口受到葡萄球菌和链球菌感染，发展为败血症，服用了大量磺胺类药物，却不见任何起色，在注射青霉素后，病人状况显著好转，3 天后恢复了意识。但就在这时，已提取的青霉素全部用完，病人死去。

治疗一个成年人所需要的青霉素剂量约为一只实验小鼠的 3 000 倍。弗洛里向美国寻求帮助，美国政府敏锐地发现了青霉素的潜在价值，召集数百位生化学家和数千位工程师联合攻关，青霉素的发展开始进入"快车道"。该团队终于找到一种被称为"产黄青霉"的生产青霉素的真菌，它的提取物超过原来 200 多倍。随着青霉素需求量的增加，研究团队决心对霉菌进行放射，这种极端方式使青霉素的产量提高了几万倍之多。直到今天，这一药物仍然在守护着人们的生命。

青霉素的发现是典型的根源创新，因为青霉素本身就存在于世界，只是因为弗莱明一次意外，让它走到了人类面前，它的功能正好是人类所需要的。

（二）领域创新

领域创新，一般发生在产业和社会发展的成熟期，代表创新在特定应用领域的扩展和深化，强调创新从单一应用向多场景渗透，涉及主导设计的形成和市场适应，例如通过新产品或工艺的开发，减少新技术应用的不确定性，转向成本优化和效率提升。领域创新，其重点从技术性能转向流程改进和市场整合，这体现了"从点到面"的逻辑，如内燃机技术从早期汽车原型("点")，通过标准化设计、生产线优化和加油站网络建设("面")，最终形成现代交通运输体系。同时，领域创新依赖于系统功能如"知识传播"和"市场形成"，这些因素指导资源分配，帮助创新从局部扩散到更加广泛的领域。

【案例 2-7】

电的发现和应用

2500 多年前，古希腊人发现用毛皮去摩擦琥珀后能吸引像绒毛、麦秆等小而轻的东西，但无法从根源创新的角度去解释，只好说琥珀中存在一种特殊神力，称作"电"。"电"的单词，就是从希腊文中"琥珀"这个词演变来的。

富兰克林，是一位政治家，同时也是一位伟大的科学家，通过 1752 年著名的风筝实验"捕捉天电"，证明天空中的闪电和地面上的电本质相同。这个实验，发现了雷电和摩擦带电的关系，这便是根源创新。

虽然大家对电有了一定的科学认识，但对电的应用还是处于相对停滞状态。

1831 年，英国人法拉第发明了发电机。他从前人的研究中得到启发，认为假如磁铁固定，线圈就可能会运动。根据这种设想，他成功地发明了一种简单的装置。在装置内，只要有电流通过线路，线路就会绕着一块磁铁不停地转动。

有了电，各种使用电的相关原理的创新便被源源不断地发明，如爱迪生发明了灯泡，更加确切地说，是改进了电灯。英国人斯旺把棉线碳化后做成灯丝装入玻璃泡里，发明了碳丝灯泡。但由于真空技术不成熟，点亮时间短。爱迪生经过一系列改进，发现竹子是做白炽灯灯丝的优良材料，就把日本、中国、印度的竹子收集起来反复进行实验，成功地把白炽灯泡的寿命延长到了 40 小时以上。

电灯的发明，揭示了电的重要性，也是领域创新的开始。随后，从电这个“根源创新”延伸出了各种产品，包括电动机、电视机、电脑、电冰箱、电影等，从此人类进入电器时代。

思考　电的发现到运用，其实就是从根源创新到领域创新的演进。

领域创新，是从原理层面向应用层面转化的创新，它就像一条向远处延伸的线，从球心出发，向四面延伸，到了一定阶段，就会出现一些标志性的创新，在这个案例中，电发现之后，出现了各种各样的演化创新，发电机、电视机、计算机、电冰箱、互联网等，借助某一个根源创新，然后不断地进行技术改进。

(二)维度创新

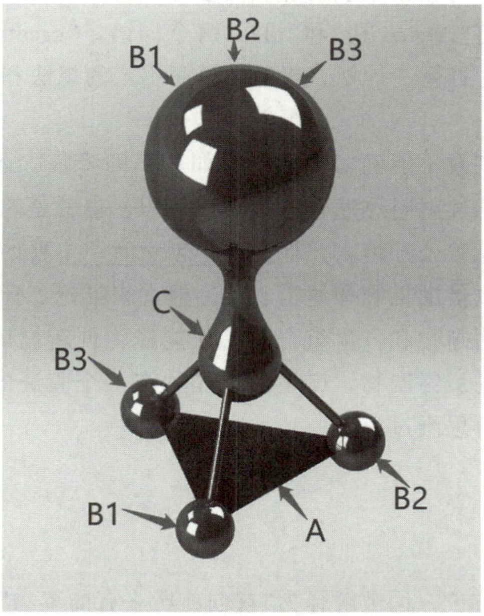

图 2-4　创新发展的逻辑

注：1. A——根源创新，B1、B2、B3——领域创新，C——维度创新；2. 根源创新是领域创新的底层支撑，这一类创新储备支撑领域创新的发展，领域创新在应用层面更好地发挥根源创新的社会价值；3. 领域创新发展到一定程度，会遭遇瓶颈，体现在图中的“C”位置；4. 将领域创新中的现有技术或其他类型成果进行有效组合，可以突破瓶颈，实现创新的聚合式增长。

(三)维度创新

维度创新，是逻辑链条的高阶节点，体现“维度的纵深”，涉及多维度整合(技术、市场和社会意义)，推动创新从平面扩展向立体生态系统演进，包括：技术维度(创新技术层面)、市场维度(商业应用层面)和意义维度(社会文化层面)，三者交互形成创新完整空间，例如技术创新与市场需求结合，提升社会进步。

维度创新的本质，是多个领域创新的协同涌现。也就是当“领域创新”遭遇瓶颈(如技术天花板)，类似河流分叉形成新支流，分流重组后汇聚升维，例如：台灯的维度创新＝照明技术(灯泡领域)×控制模块(开关领域)×工业设计(灯罩领域)，如果以上任一领域组件滞后或缺失(如开关防水技术未突破)，则创新无法实现。

维度创新的路径，通常是目标导向型整合，也就是从终端需求反推要素组合，进而筛选成熟领域成果进行跨维匹配，当所有组件达到兼容维度时实现质变。

第四节　创意、创造与创新

一、创意

(一)创意的内涵

创意，汉语中，做名词，原指作文构思巧妙，一般是指从没有过的计划和思路等，做动词则指从无到有新概念或新想法的思考过程。

创意，在英文中有“creativity”和“idea”两个词语，“creativity”是指创造力。“idea”是指意见、念头、打算、计划、想象、模糊不定的想法和观念。

(二)创意的特征

突发性，不仅指创意不能确切预期的突如其来的降临，还指它的突变性，即一种突变式的思考，使感性材料迅速升华为理性认识，也就是想法、意念。

形象性，爱斯坦就曾公开坦言，他在产生创意时，主要的思维活动是形象思维，有了创意之后，才可以借助批判和逻辑思维用概念来推论，证明或否定创意。

模糊性，需经过明晰化和再生组合后，才能成为创新设计和可操作的方案，创意不等同于创新思维的最终产物，诞生后，还须有一个验证的过程，去粗取精、去伪存真、由表及里的再思维过程。

二、创造

(一)创造的内涵

在《辞海》中，“创造”一词被解释为“首创前所未有的事物”。

莱特兄弟发明的飞机是创造，爱因斯坦创立“相对论”是创造，国内生产总值(GDP)也是一种创造，一种统计方式。正如在《现代汉语词典》里，创造被解释为：“想出新方法、建立新理论、做出新的成绩或东西。”将创造的外延进行扩展，也就是说三百六十行，在每个行业都可以开展创造。

实际上，能够进行首创前所未有的新事物的人较少，现有事物不是很完美，总有这样或那样的缺点，大多数人可以针对这些不足进行改进，这也是创造。所谓创造，是指人们首创或改进某种思想、理论、方法、技术和产品的活动。

(二)创造的类型

创造的领域广，分类方式多，可按创造性的大小、创造的内容、创造过程等进行分类。

1. 按创造性的大小分类

创造，就是首创的或改进的形形色色的事物，首创和改进的事物的创造性差别很大，二者分别对应“第一创造性”和“第二创造性”。

第一创造性，它是指人类历史中出现的重大发明和创造，如日心说、欧氏几何、牛顿力学、蒸汽机的发明、发电机的发明，都是从无到有的创造，创造性很高。

第二创造性，它是指人们在理解和把握某些理论与技术的基础上根据自身的条件加以吸收和融合，再创造出大量具有社会价值的新事物，如工厂的技术革新，产品升级换代等。

2. 按创造的内容分类

根据创造的内容不同，也可以将创造分为：物质财富的创造、精神财富的创造、社会组织的创造。

物质财富的创造，指创造的成果是物质性事物，如都江堰、葛洲坝水利工程，跨海大桥，近地卫星，集装箱，生活中各种满足人类需求的新产品等。

精神财富的创造，指创造的成果是精神领域的东西，如哲学家的思考、小说家的创作、画家的作品、导演的影视剧作。柏拉图的《理想国》、莎士比亚的戏剧、舒伯特的小夜曲、老舍的小说《茶馆》、徐悲鸿的《八骏图》等都是精神财富创造。

社会组织的创造，指人类为了一定目标，建立新的组织机构，形成新的社会关系、生产关系模式，如社会制度、公司制度等。如我国结合自身现实国情和历史文化传统，创立了中国特色社会主义制度体系，包括了中国特色社会主义经济制度、政治制度、文化制度等。

3. 按创造的表现形式分类

科学研究，指人类科学领域的探索，利用科研手段和装备，为了认识客观事物的内在本质和运动规律而进行的调查研究、实验、试制等一系列的活动。科学研究为创造发明新产品和新技术提供理论依据，它的基本任务就是探索、认识未知，这一切都需要高度的创造性，科学上的创造也称发现。科学发现，一是发现科学事实，经过研究、探索看到或找到前人没有看到和找到的科学事物，如哥伦布发现美洲新大陆、紫金山天文台发现小行星等属于这一类发现；二是发现科学规律，如哥白尼的“日心说”、达尔文的“进化论”。

技术发明，指人在技术领域的实践，提供前所未有的人工自然物模型，或是加工制作的新工艺、新方法，更接近日常生活，能够产生很大的社会效益和经济效益。机器设备、各种消费用品及有关制造工艺、生产流程和检测控制方法的创新和改造，均属于技术发明。

技术发明可以分为新产品的研制、新方法的发明。中国古代四大发明中的火药和指南针是新产品的研制，我们的祖先并未发明纸和印刷机，而是发明了造纸和印刷的新方法，现代的纳米技术、克隆技术也属于新方法的技术发明范畴。

技术发明成果表现形式是专利，因此在取得技术发明成果后应该申请专利，如国家发明专利，还可以申请国际专利。

艺术创作，是指艺术家以一定的世界观为指导，运用一定的创作方法，通过对现实生活的观察、体验、研究、分析，选择、加工、提炼生活素材，塑造艺术形象，创作艺术作品的创造性劳动。它是一个复杂的过程，一般分为生活积累、创作构思、艺术表达三个阶段。如齐白石儿时在故乡的生活经历对他后来创造出栩栩如生的鱼虾等国画动物造型奠定了基础；画家列宾在涅瓦河畔路遇一群衣衫褴褛的纤夫，而产生了创作《伏尔加河上的纤夫》的灵感。

三、创新

(一)创新的内涵

创新，我国史书《广雅》中有记载："创，始也"，"新，与旧相对"。《魏书》中则记载为"革弊创新"，《周书》中则记载为"创新改旧"。和创新内涵相近的词汇有维新、鼎新等，如"咸与维新""革故鼎新""除旧布新""苟日新、日日新、又日新"。

创新，在英语中的表达为"innovation"，起源于拉丁语，原有三层含义：第一，对原有事物进行替换和更新；第二，创造出原本不存在的事物；第三，对原有事物进行改造和发展。

创新，在20世纪初，经济学家约瑟夫·熊彼特从技术与经济相结合的角度，阐释了技术创新在经济社会发展中的作用。创新是指把一种新的生产要素和生产条件的"新结合"引入生产体系。**可以说，创新是技术的普及和生产收益减少的矛盾产物，其本质是为了增加利润而建立新壁垒的方式。**

(二)创意、创造、创新的关系

创意，是创造和创新的起点，以星星之火成燎原之势。

创意与创新。创意是相对静态的、超前的，甚至异想天开的意愿和念头，而并未付诸行动。创新，则是以行动来实现创意。

创造与创新，既有共性，也有差异。二者都以一定的成果形式展现，成果都具有一定程度的新颖性或首创性，此为共性。创新必须具有社会性、价值性，创造则不必如此。创新通过一系列的经济行为将创意变为有经济社会价值的成果。

从事物发展过程的角度来看，创意是新事物、新价值产生过程中的初始阶段，是灵感的闪现，是设计、务虚的阶段；创造则处于中期阶段，开展实验、制作等探索性活动；创新则是产生经济社会价值的最后阶段。创意、创造、创新是你中有我、我中有你的关系；创意是前期基础，是基本谋划；创造(创新)是实施过程，是发展完善；创新是最终目标，是结果。

简单概括，创意、创造、创新之间的关系是：创意产生思路、创造产生作品、创新产生效益。产生一个好的想法是创意，将这个想法付诸实践、产生作品是创造，将作品转化为产品，将产品转化为商品，最终产生效益就是创新。

从历史上重大科技创新实例可看出，创造发明与科技创新之间通常存在“滞后期”，先有“创造”，后有“创新”。一个创造性成果的诞生不一定很快产生经济效益，它们之间存在时间差，也就是滞后性，有时滞后期很长。比如，日光灯早在 1859 年就发明出来了，但是直到 1938 年才走向市场，产生效益，滞后期为 79 年；而从车轮的发明到自行车的问世更是经历了长达 3 500 年的时间。

【案例 2-8】

创新是一场漫长的旅行

说到自行车，我们每个人都不陌生，相信大多数人的成长过程中，都伴随着一辆自行车。自行车是最常见也最亲民的交通工具，以至于二十世纪八九十年代中国的绰号叫“自行车王国”。即使到了今天，自行车依然是人们不可或缺的出行方式。

思考　尽管我们熟悉自行车，但自行车的技术迭代需花多长时间？它是怎样发明的？如何变成今天的样子？

从自行车的雏形，到今天通行的样子，花了 100 年，而从自行车可以诞生，到自行车真的诞生，花了整整 3 500 年。早在公元前 1700 年古埃及人就已经发明了带辐条的木质车轮。可是一直到了公元 1817 年，一位德国发明家才真正创造了自行车的雏形。当时的人还给它取了一个更形象的外号，叫“有轮子的机械马”，将两个马车轮子一字排列，用一个木架子连接起来，没有脚蹬，需要人不停用脚蹬地提供动力，当机器跑得快或者是下坡时，人要双脚抬高离开地面。

图 2-5　自行车的发展历程

一条路线，如果纯步行往返，需要花费 3 小时。而他骑着这台“有轮子的机械马”，往返只需要 1 小时。许多发明家看到了自行车的潜力，于是在德莱斯机的基础上开始进行改良。德莱斯机的最大缺点，就是必须依靠双脚蹬地提供动力。于是接下来的发明家做了新尝试，设计直接给车轮带来动力的装置。这种设计的好处是没有齿轮，结构简单。但是简单的结构也带来一个问题，就是脚蹬一圈，前轮也只能转一圈，想要提高这种自行车的效率，让它跑得更快，最简单的方法就是把前轮做得更大。当时的高轮车，前轮的最大直径有1.5米，怎么骑可是个技术活。于是，当时出现了一大批骑行学校，类似于今天的驾校。

高轮车最大的问题是，安全系数太低，太容易出危险。从德莱斯机到高轮车，自行车的速度和安全一直无法兼顾，这差点让自行车的发展走进了死胡同。

直到1885年，英国工程师发明了具有里程碑意义的自行车，叫作"罗孚安全型"，它具备了现代自行车所有元素，创新之处有两点：一是使用了齿轮链条的传动方式，让车轮回归适合骑行的尺寸，不用每次骑车都完成一次危险的攀爬；二是采用菱形车架，前后车轮大小一致，骑手的重心就在自行车中心正上方，可以双脚着地，极大增加了安全性。

"罗孚安全型"自行车在保证骑行速度的同时，大大增加了骑行的安全系数，很快就脱颖而出，流行起来。自此之后，自行车虽然不断改进，变得更轻盈、更舒适、更高效，但是结构再也没有发生过大变化。

从"有轮子的机械马"，到夸张的高轮车，再到"罗孚安全型"自行车，经过数十名发明家、工程师像接力一样的思考、设计与实验，又花费了将近一百年的时间，自行车才变成我们今天所熟知的交通工具。

习　题

1. 人为什么能够创新？人和动物的区别是什么？
2. 交换，是如何影响人类文明发展的？
3. 汽车，是不是"根源创新"？请解释说明你的理由。
4. 创新的动力是什么？
5. 你最近一次的创新活动是什么？你的动力是什么？

思维导图

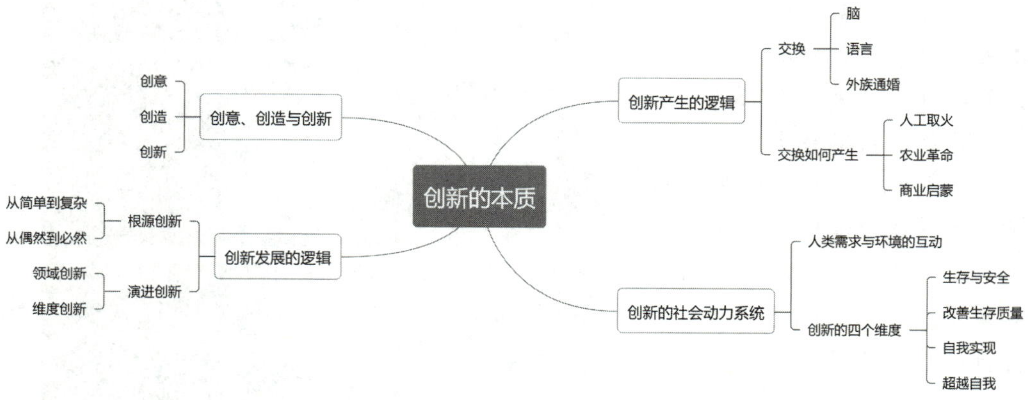

第三章　创新者人格

创新是引领发展的第一动力。“富有之谓大业，日新之谓盛德。”企业家创新活动是推动企业创新发展的关键。美国的爱迪生、福特，德国的西门子，日本的松下幸之助等著名企业家都既是管理大师，又是创新大师。改革开放以来，我国经济发展取得举世瞩目的成就，同广大企业家大力弘扬创新精神是分不开的。创新就要敢于承担风险。敢为天下先是战胜风险挑战、实现高质量发展特别需要弘扬的品质。大疫当前，百业艰难，但危中有机，唯创新者胜。企业家要做创新发展的探索者、组织者、引领者，勇于推动生产组织创新、技术创新、市场创新，重视技术研发和人力资本投入，有效调动员工创造力，努力把企业打造成为强大的创新主体，在困境中实现凤凰涅槃、浴火重生。

——习近平，2020 年 7 月 21 日在企业家座谈会上的讲话

一个民族有一些关注天空的人，他们才有希望！

——黑格尔

本章核心问题

1. 创新者的人格特征是什么？
2. 创新者是如何产生的？

【导引案例】

“表格画家”的成长与创作

思考 1　树与纹饰、树枝和格子有关系吗？

荷兰裔画家蒙德里安是一位靠“画表格”出名的画家。生活中，我们到处可以看到他作品的痕迹，如沙发靠垫、玻璃杯、连衣裙，等等。

图 3-1　1905 年作品——《柳树林》

你会发现，他的画看起来好像很简单，就像是在 excel 的表格里胡乱填了几个颜色就画成了。看似简单的背后隐藏着一位创新者的成长规律，创意和创新都是基于对现实的细心观察与思考，最初是竭尽所能的模仿，是写实的，之后描绘模仿的现实场景多了，达到一定数量，就可以尝试随心所欲地连接和组合，从

复杂到简单、从具体到抽象、从发散到聚合，创作出蒙德里安式的作品。创新有着这世界的深深印记，也有着创新者鲜明的个人气质，这气质就是他思维的模样。

思考 2　树枝如何演化成了格子？

其实，蒙德里安并不是一开始就这样痴迷于画格子。你要是看到他以前的画，你可能怎么也想不到，这竟然是蒙德里安的作品。

思考 3　为什么发生了这种化学变化？

首先，是蒙德里安所处的家庭与城市共同构筑的环境作用。蒙德里安的爸爸是个绘画爱好者，他的叔叔是一个职业画家。所以，蒙德里安从很小的时候就开始画画了，后来又进了正规的学校学画画。蒙德里安出生在荷兰，非常喜欢大自然。所以一开始，他画得最多的就是风景画，一直画到 38 岁。在 38 岁以前他一直都在画风景画。

其实，一个艺术家的创作风格跟他所在的地方是非常有关系的。比如，北欧北部的画家对大自然都有着深沉的爱。蒙德里安也跟同为荷兰的画家凡·高一样去过巴黎，但是促使他去巴黎的并不是凡·高，而是立体主义。39 岁那年，他在阿姆斯特丹看到了一个现代艺术展。展出的作品中，有立体主义的作品，催生了他想去巴黎的想法，去见识以毕加索为代表的立体主义。

蒙德里安很喜欢画树，早期的风景画里，他画了很多的树。在见识到毕加索立体主义的作品之后，蒙德里安更是专注于画树，一画便画了四年。如果把蒙德里安画的树，按照时间顺序放在一起看就会发现：早期，他的树很写实，属于正常；但是越到后来，他画得越不像树了，越简单，直至剩下一条条线和一块块颜色；到最后一幅画，就能看出，他后来那种画表格的迹象了。

图 3-2　1909 年作品《红树》

图 3-3　1912 年作品《银树》

也就是说，到了这个时期，喜欢大自然的蒙德里安，不再照着大自然原本的样子画了，已经不在乎画得像不像了。如果说，毕加索的立体主义，是换了一种方式表现事物的话，那到了蒙德里安这里，我们可以说，画里已经没有“事物”这件事情了。这也就是抽象画，不画具体的某个东西，而更在乎线条和颜色在画面上的效果。而让他画出抽象画的是立体主义和树木。

后期，蒙德里安就一直在寻找颜色和线条的和谐。终于，在他 50 岁的那一年，他用了 12 年的时间找到了自己风格。人们最熟悉的蒙德里安的作品，就是这种看起来很像是在表格里填颜色的画。

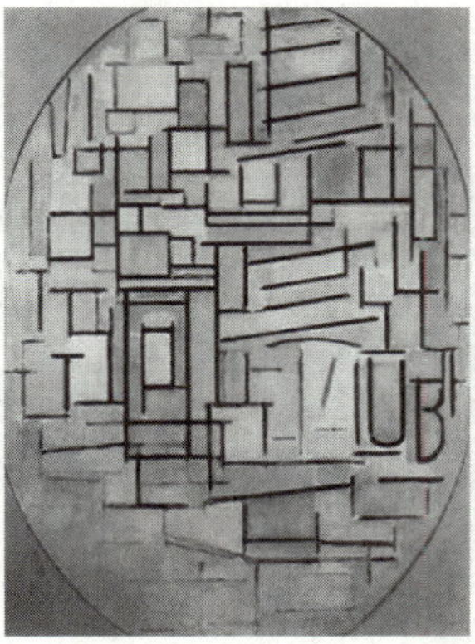

图 3-4　1914 年作品《椭圆形构图》

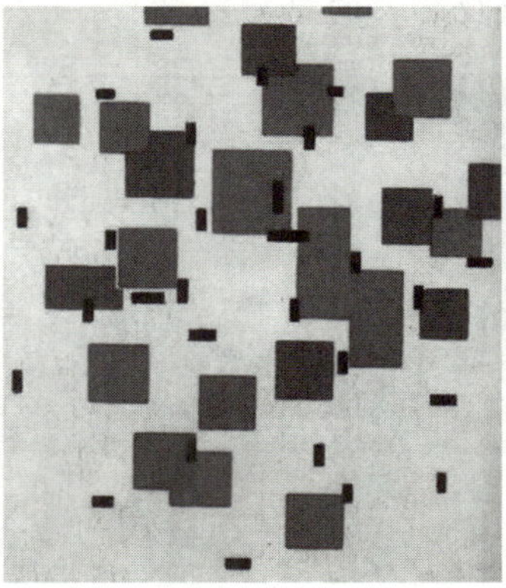

图 3-5　1917 年作品《颜色构图》

蒙德里安的画，看似简单，就是在表格里面涂上红黄蓝。但只要动动手，我们就会发现，要像蒙德里安这样，画出一幅看着顺眼的表格填色作品，其实不易。蒙德里安画作的草稿中，每幅画的线条怎么放，每格方块多大，涂什么颜色，都是经过严格计算和规划的。在这之前，他画过斜线，画过棋盘，有过很多尝试，最终他发现只有长方形或者是正方形配上红黄蓝，才最完美。

图 3-6　1921 年作品
《红黄黑灰蓝组合》

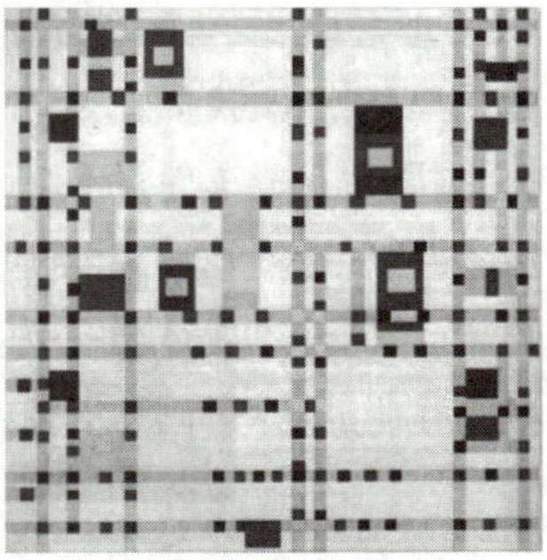

图 3-7　1942 年作品
《百老汇爵士乐》

蒙德里安最常用的颜色，非常固定，除了黑白灰，就是红黄蓝。为什么蒙德里安对这几种颜色情有独钟？红黄蓝被称为三原色，借助红黄蓝，再加上白色，可以调出任何一种其他颜色。比如，绿色就是黄色加蓝色，紫色就是红色加蓝色。所以，在蒙德里安的画里，颜色用的是最基本的红黄蓝、黑白灰，线条用的是最基本的直线。用这些最最基本的元素画出来的画，才是人人都可以欣赏的作品。每个国家、每个地区都有自己特有的艺术，比如，咱们中国人喜欢水墨画。而西方人，喜欢油彩画。这种不同，让我们在欣赏不同作品的时候，都需要具备一定的知识基础和文化底蕴。而蒙德里安的美好愿望就是，希望一切都简化到最基本的元素，消除文化差异，让大家都能彼此欣赏，让艺术不再高高在上，让艺术跟生活结合起来，通过艺术，让生活中的一切都美好起来。蒙德里安的作品，影响了很多日常物品的设计，大到建筑、咖啡馆，小到球鞋、袜子，我们都能看到蒙德里安作品的痕迹。蒙德里安的确实现了他的愿望。

图 3-8 为居家设计

图 3-9 为海牙市政厅

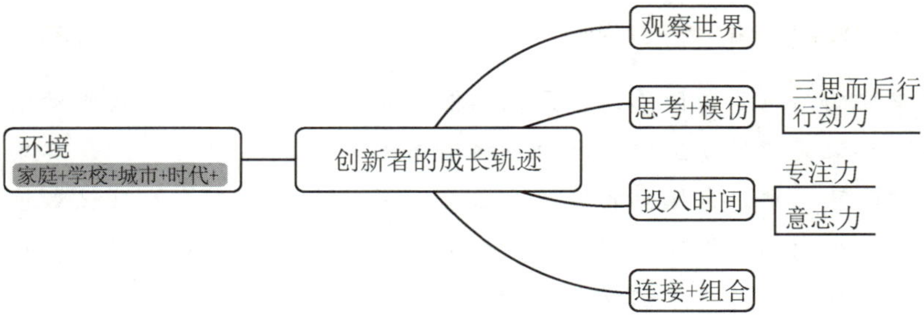

图 3-10 蒙德里安的人生启示

在前面的学习中，我们已经了解到创意、创新和创造是人类文明薪火相传的不竭动力，也是推动历史车轮的创新者最可贵的特质。创新者不断创造新的历史，挑战极限，探索宇宙的边界，使得普通人对闪耀在历史夜空中的创新者高山仰止，认为创新是与生俱来的特质，像基因一样难以抗拒，像高山一样难以跨越。

人们淡忘了儿时的自己也是心怀好奇、赤子丹心、异想天开、气壮如牛、随心所欲地涂涂、写写、画画，用一块泥巴也能开发出无限乐趣。可是在岁月的流逝中，太多人因社会的传统观念，因探索遭遇贬抑而放弃创新的尝试，甘愿做思维定势下温室花朵，不历风雨也不见彩虹。事实上创新人格并非少数人的命运彩蛋，人人都能通过科学训练激发创新潜能。生命是一种创造性的历程，每一个人要了解自己创造力的来源，利用自己的创造力来创造自己的人生。

那么，创新者的人格特质是什么？它主要有四部分构成：创新意识、创新自信、意志力和专注力。

第一节 创新意识

创新意识，是一种不安于现状、精益求精的意识，是一种对任何未知问题、未知领域具有探索冲动。创新意识是创新者人格形成的必要前提和基础，问题意识、作品意识和目标意识是创新意识重要的组成部分。

一、问题意识

问题意识，是人区别于动物的一个重要特征，是理性思考的一种体现，是我们通过体验、思考对我们本身所处世界产生的疑惑、好奇，是一种探索的心理状态，它也是创新的起点。有了问题意识，心智的大门不会锁死，思维的自由度才会打开，才会升级思维品质，提出越来越具有根本性和全局性的问题，才会越来越靠近这个世界的真相，看清事物的本质。比如，爱因斯坦的问题意识，驱使他探索宇宙的规律，才有了比牛顿更深刻的对宇宙的认知；埃隆马斯克，如果不去思考为什么火箭发射后理所当然就要在太空中流浪，就不会有成功回收火箭的壮举；没有单霁翔守护故宫期间满眼满心的问号和对国家宝藏的强烈关切，大家就不会看到今天神采奕奕、魅力四射的故宫。

图 3-11 故宫守护者单霁翔（孙瑞海创作）

【案例 3-1】

发现问题是创新的动力：便利贴的发明

便利贴的发明源于对日常使用痛点的敏锐观察。20 世纪 70 年代，某跨国企业的研发部门工程师在参与创新项目时，偶然发现了一个亟待解决的问题。该企业长期倡导员工在日常工作中探索个人创意，并为其提供实验空间，这一文化为便利贴的诞生奠定了基础。

一位研发人员每周参与诗歌合唱活动时，常需在诗集中快速定位曲目。起初，他用小纸片作为书签，但纸片易滑落，导致翻页混乱，影响演出效率。这一不便促使他思考改良方案：能否设计一种既能临时固定、又不会损伤页面的书签？

他联想到企业实验室曾开发的一种特殊黏合剂——其黏性适中且可重复粘贴，不会残留痕迹。经过一年半的反复试验，他将这种黏合剂涂在书签单面边缘，既便于粘贴又易于揭除。最终，这种新型书签演变为如今广泛使用的便利贴。

值得注意的是，便利贴的诞生并非源于对新功能的追求，而是对现有产品缺陷的改进。例如，若未经历书签滑落的困扰，或缺乏实验室内偶然发现的弱黏合剂技术，这一创新或许不会出现。

如今，便利贴已成为办公场景的必备工具。这一案例表明，创新往往始于对细微问题的洞察，并通过跨领域资源整合实现突破。企业鼓励内部创新的文化、技术储备的灵活性，以及员工主动解决问题的意识，共同构成了推动技术产品迭代的核心动力。

思考　当现有工具无法满足需求时，如何通过技术复用与改进来创造新价值？这一过程需要怎样的组织支持与个人主动性？便利贴的演变历程为创新方法论提供了经典范例。

二、作品意识

作品意识，是创新行为的重要驱动力，是创新成果精益求精的根本保障，是攻坚克难，坚持不懈追求功能与审美极致状态的积极态度。它并非为艺术家、科学家、工程师等少数人所独有。作品，不一定是宏大的，也须关注细节，科学研究、艺术创作、工程设计中既要关照整体也要关注细节。再比如，一座外观宏伟的建筑，如果其中门把手的材质、样式拙劣，握持感差强人意，整体上也无法称其为作品，而仅仅能够满足功能性需求。日常的工作和生活中到处都是值得研究和改进的细节如烹饪除此之外作品可以不是一个实物，而是一种观念或想法的表达。建立创新目标时，不要总想着即刻改变世界要先怀有对问题或者说对创新对象的作品意识这个极为关键。

图 3-12　工匠精神的代表人物之一鲁班（孙瑞海创作）

【案例 3-2】

细节里的创新：拉链的发明

拉链起源于 19 世纪，当时欧洲流行穿长筒靴，是为了避免马路上的污泥和马粪溅到身上。一个问题解决了，可是另一个问题困扰着当时的人们。在拉链问世之前，长筒靴都是用纽扣来固定，需要 20 多个纽扣，可见穿脱长筒靴是多么耗时耗力的事。

19 世纪末，一位来自美国的工程师发明了一种特殊的滑动装置，能够让两排扣子相互嵌合，他将这种装置命名为“滑动式纽扣”。一位投资人找到他，并资助他继续研发。

研发并不顺利。他想研发的，是不会轻易松开的“滑动式纽扣”，但他的改良版总会发生卡住或者爆开的事故。到了 1908 年，距离他得到资金进行拉链研发已经过去了 14 年，一位瑞典人开始在他的基础上继续研究，将设计由全部密合改为部分密合，从而有效降低了拉链爆开的概率。

好景不长，第一次世界大战的影响让这位瑞典人的公司入不敷出，妻子因难产去世更让他备受打击。伤心之余，他仍然没有放弃对拉链的改良，他将拉链的齿状改成汤勺的形状，前段凸起，后段凹陷。借助滑动装置可以将左右部分闭合和分开，这就是我们现在使用拉链的形状。这一年是 1913 年，也就是说从发明拉链雏形到彻底改掉产品缺陷，用了近 20 年时间。这其间有突破的小幸运，但更多的是探索的失败，没有坚毅的品性是无法最终实现重大突破的。

起初拉链借着第一次世界大战的影响被用于军用产品，战后逐渐应用于其他领域。1935 年，一位服装设计师大胆尝试，揭开了拉链在服装行业广泛应用的大幕。

三、目标意识

目标意识，可以使人的思维和行为活动产生聚焦作用，将知识、潜能以及外部资源充分调动，形成突破性力量。目标，是指为了完成对自我有意义且对自我之外的世界也有意义的事情时，产生的稳定且可概括的意图，是隐藏在短期目标背后的真正原因，是驱使大多数日常行为背后的动机。它包括两个关键点：第一，此处所指目标是目标中的一种，但它比一般的低级别目标，如“今晚玩得开心一点”“通过考试”，影响更深远，更稳定；第二，目标在个人寻找意义过程中发挥作用，但它超出了个人意义的范畴，两者语义不完全对等。目标需要延伸到自我之外的世界，意味着渴望为世界带来改变，为别人贡献力量，或者创造新的东西等。所要达成的目标可能是物质的，也可能是非物质的；可能是外在的，也可能是内在的。真正的目标是一种终极关切，是关于“为什么”问题的最终答案，比如“我为何这么做?”“这为何很重要?”“这对我和我之外的世界为何都很重要?”

寻找目标需要注意三点：第一，积极、贴近社会的目标才能带来持续的激励、动力和适应力，这是真正的人生目标所具有的特征。第二，卑劣的目标也许能在一段时间内有很强的激励感，但会被与日俱增的怀疑和不确定感所消耗殆尽，或被突如其来的自毁行为所摧毁。第三，崇高的目标能够促进他人的幸福，追寻目标的过程必须要遵循社会道德准则。

【案例 3-3】

达·芬奇人格

达·芬奇在常人眼中是一位画家，有很多科学成就，还有很多技术发明。很多人都对达·芬奇的人生赞佩不已。而真实的全才达·芬奇，结果却是因为兴趣散漫，严重跑偏，一事无成。

思考 1　什么是达·芬奇人格?

“达·芬奇人格”，看什么都有强烈的好奇心，总是会被更新奇的事物所吸引，以至于根本没办法静下心来专注于一个领域。

事实上好奇心引发的兴趣可以分为两种：

一种是初学者的兴趣。你看到一个新奇的东西感兴趣，想要去了解，这个兴趣是肤浅的。下次看到更有趣的，就会遗忘、丢弃之前的兴趣。弗洛伊德有一本对达·芬奇的精神解剖著作《达·芬奇的童年回忆》：达·芬奇为了把大自然描摹得更加准确，也为了用同样的理论去指点其他人，他悉心地研究光线、颜色、阴影、透视的特性和规律……当然这是没问题的。可是之后呢？本来是为了绘画的需要，达·芬奇又去探索动物、植物和人体的比例，甚至跑去研究人体的内部结构和生命的功能，这一路可以说是严重跑偏。

一种是专家的兴趣。你只有深入一个领域之中，才能体会那些很微妙的部分，这不是新奇的刺激，外行无法理解，而这些微妙的部分恰恰是强烈地吸引人继续钻研的力量。并且形成一种正循环，越钻研越感兴趣，越感兴趣越钻研。专家的兴趣是高级兴趣，具有明确的目标和长久的专注。

思考 2　为什么有达·芬奇人格的人无法深入一个领域？

因为害怕竞争！如果想要严肃地干好一件事，必然面临竞争。不愿意竞争的情绪使得有达·芬奇人格的人永远都走不远。如果一个人永远都浅尝辄止，确实是不会受指责的，而比别人多掌握一个领域的知识，别人对你只有赞美！

可是如果深入、严肃地对待这个领域，人就必须要面临挫折、面临困惑、面对批评，会因此感到自卑、质疑自己，越深入进步速度越慢，你是在用80%的功夫磨炼最后那20%的技艺……但正是这些令人痛苦万分的东西，才铸就了成长！可是具有达·芬奇人格的人，只想体验快乐，只想花20%的功夫，获得看起来像是80%的技艺。

【案例 3-4】

樊锦诗：永远的敦煌女儿

敦煌石窟的保护、研究、弘扬和管理，走过不同的历史阶段。20世纪40年代初，常书鸿先生就带领前辈们开始敦煌文化艺术保护和研究工作。老一辈人长年坚守大漠，筚路蓝缕，使莫高窟从满目疮痍到华彩重现。樊锦诗所能做的，就是以前辈为榜样，尽自己之力将工作向前推进。

图 3-13　永远的敦煌女儿樊锦诗(王恩甜创作)

思考 1　何为老骥伏枥，志在千里？

60岁那一年，樊锦诗接受敦煌研究院院长的任命，再次起跑。这一棒，樊锦诗跑了17年。这期间，国家不断加大对敦煌石窟的保护力度，大幅度增加经费投入并引入高科技手段，国际交流合作也逐渐增多。敦煌石窟保护任务也更加繁重：自然侵害造成壁画病害、岩体坍塌等；迅速攀升的游客人数也给莫高窟本体及其所在环境的保护带来严峻挑战。此外，壁画、彩塑不可逆转地在退化，直至消失。文物保护就是在和时间赛跑，而且要从“抢救性保护”过渡到“预防性保护”，最大限度地做到防患于未然。

时代在进步，敦煌保护理念也随之更新。20世纪80年代末，樊锦诗去北京出差，第一次看到有人使用电脑，问对方：“你关机之后，刚才显示的图片不就没了吗?”他说：“不会！图像数字化后，储存在计算机中可以保持不变。”樊锦诗深受启发。长久以来，樊锦诗苦恼于壁画退化和病变。

思考 2 创新=历史+新奇

樊锦诗首先提出“数字敦煌”——用数字技术，让不可再生，不可永生的文物得以永存。让每个人，都可以离敦煌近一点，更近一点。已是年近古稀的她带领敦煌研究院的成员，建立数字中心，为每个洞窟、每幅壁画和每尊塑像建立数字档案，用数字技术让莫高窟容颜永驻。尽管耗资巨大，反对者众多，但她从未犹豫。时间为她证明了一切。

2010 年，樊锦诗们终于做出符合这一标准的洞窟数字档案。莫高窟数字化试验，恰好符合几年后联合国教科文组织启动的“世界记忆工程”理念。

2016 年，“数字敦煌”资源库正式上线。自此，全世界的人都可以通过网络，免费欣赏 30 个洞窟，10 个朝代的高清图像和全景漫游。

《永远的敦煌》一书里写道：樊锦诗们不仅着眼于当代的保护，而且努力做到完完整整、原汁原味地将莫高窟的全部价值和历史信息传给子孙后代，樊锦诗们没有权利将留给子孙后代的文化遗产毁在樊锦诗们这代人手中。

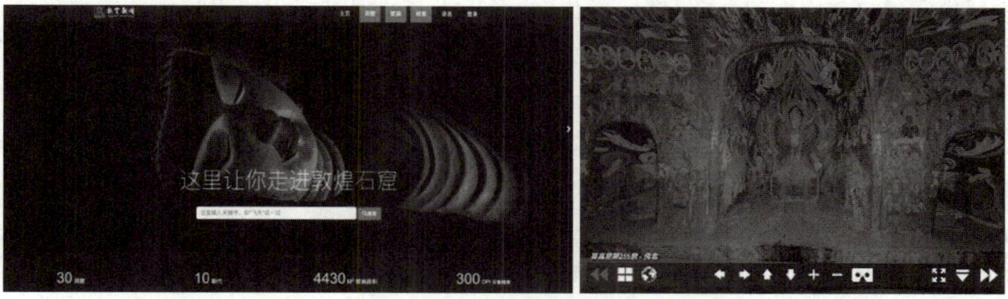

图 3-14 数字敦煌截屏图

第二节 创新自信

一、创新自信的作用

创新自信：为何而奋斗

创新自信，就是相信自己拥有改变周围世界的创新才能，坚信自己所做的事情必有所成。这种成竹在胸的自信，是创新者人格的核心要素之一。

拥有了创新自信，才能推开创意之门，才能感受从前一直拉着手刹开车的状态被解禁，体验到自由驰骋的快感。人们会惊讶于自己所拥有的创意远远超出以往的自我认知。这种发现会激发更多创新自信，渴望更多创新实践。藏族学者图典·金巴 20 多年来从事着将藏语译成英语的工作，他认为，在藏语中没有与“创新性”或“有创意”对译的词汇，意思最接近的翻译是“自然的”，即“natural”，也就是要想更有创意，只需要返璞归真。重拾孩童时期人人都有的创意。这清晰解释了为何我们有可能迅速重新获得强大的创新能力。

一项针对全球1 500多位首席执行官的调查，显示在应对当今全球商业复杂局面时，创新是企业家至关重要的一项领导能力。另一项针对三大洲5 000人的民意调查发现，80%的人认为释放创新潜能是经济发展的关键，但其中仅有25%的人觉得自己的该项潜能在生活中得到释放，很多创意和创新被压抑或是浪费。因此，挖掘创新自信的意义非凡、空间巨大。①

二、创新自信的构成

（一）成长型认知模式

1. 肯定自我大胆尝试

创新自信：钱学森

获得创意自信的一个前提条件是，相信自己的创新技巧和能力不是一成不变的。你必须相信，学习与成长是可能的。这也是斯坦福大学心理学教授卡罗尔·德韦克（Carol Dweck）提出的成长型认知模式（growth mindset）。成长型认知模式与固定型思维（Fixed Mindset）相对，认为个体的智力、能力具有可塑性，指个体或组织以动态适应为核心，通过持续学习、反思与调整认知框架，主动应对环境变化的思维模式。这种模式通过建立“尝试—反馈—优化”的循环机制，促进知识积累与创新能力提升，最终实现自我进化与长期竞争力构建。

卡罗尔·德韦克曾在香港大学一年级学生中做过一项研究，探究与成长型认知模式相对的固定型认知模式的自我设限属性。由于该校的所有课程和考试都使用英语，那些英语水平较低的新生明显处于劣势。对学生的语言水平和思维模式作了评估之后，问了新生一个问题：“如果系里为需要提高英语水平的学生开一门课，你会参加吗？”回答显示了认知模式的差异。具有成长型认知模式的学生果断地表示参加；而具有固定型认知模式的学生则表示不太感兴趣。也就是说，那些受固定型认知模式影响的学生宁愿牺牲长远的成功机会，也不愿让潜在的弱点显露出来。如果以这样的逻辑引导人生的各种选择，长期否定自己的能力，会使这种自我认知潜移默化地变为现实。与此相反，成长型认知模式是开启创新之旅的心理原动力。打开认知大门而非锁死认知大门，会意识到自己的潜力是无限的，才能在心理上做好奔向前方的准备。

2. 寻找创意型社交网络

好的点子、想法往往来自与他人的交流、合作、相互激发。在交流合作中需要有谦逊的心态，承认（至少在心里承认）自己在某些方面的不足和无知，要敢于发现自己的认知盲区，积极寻求他人的帮助，接纳他人的科学建议。通过这样一种合作的信任，来解决原本存在的认知盲区导致的问题。正如孔子所言，“知之为知之，不知为不知，是知也”；且要“敏而好学，不耻下问”！

---

① ［美］汤姆·凯利，戴维·凯利：《创新自信力》，27页，北京，中信出版社，2014。

【案例 3-5】

齐白石：以万物为师

在中国，提到“画马”，人们会想到徐悲鸿，而提到“画虾”，人们会想到齐白石。除了虾以外，齐白石先生还画过很多自然和生活之物，牵牛花、萝卜白菜、锄头和簸箕等。

以自然为师。齐白石先生出生在湖南的小乡村，故乡的小池塘里有很多虾，儿时他便喜欢在池塘边玩耍观察，后来都成了画画的素材。齐白石先生画的蔬菜水果、花鸟虫鱼，有一共同点，生机盎然。画中的虾，虾腿特别有力，透过画面可以感受到虾充满活力。画中的花，热情绽放，画中的蔬菜瓜果，个头大，型态萌。画中的老鼠，也是毛茸茸，让人看了心生欢喜。其实，为画好虾，他在案头的水盆里养长臂青虾，观察虾的形态，了解虾的结构，把虾怎么游泳，怎么前进，怎么后退，甚至怎么打架，统统记录下来。对生活的热爱，对自然的热爱，使齐白石先生常常留心，处处观察，时时思考，创作才游刃有余，作品才栩栩如生。

以历史为师。齐白石先生曾研习中国古代八大山人的画作，受其影响，颇有些相像。但其实二人的画品很容易分辨：画中之笔极具生命力的就是齐白石先生所画；了无生气的则是八大山人所画。齐白石先在观察、学习的基础之上，将天真、可爱、亲切的情感融入创作，为中国画开辟了全新的风格。

三人行必有我师。齐白石先生在全面抗战爆发后，被迫北上，迁居北京，卖画为生。遇见著名画家陈师曾，获其支持，在虚心学习的过程中，他开始探索自己风格独特的艺术发展道路。1920 年，齐白石通过好友齐如山的引荐与京剧名伶梅兰芳相识，此时的梅兰芳醉心书画，他被齐白石的画艺所折服，相识不久后便拜入门下学画工虫。梅兰芳的“缀玉轩”是当时文化名流经常雅集的场所，园中花木令齐白石大开眼界，尤其是梅兰芳从日本引进的牵牛花更是盛开满园，有的花朵竟有碗口大小，他惊叹不已，萌发了画牵牛花的兴趣，几经摸索，牵牛花成为他花鸟题材中一朵艳丽的奇葩。徐悲鸿曾三次亲自到位于跨车胡同的齐白石家中拜访，多次谢绝的齐白石被这份坚持和执着所打动，终于答应到学校任职教课。其实，齐白石并非恃才傲物，而他自觉书底子差，去学堂教书恐应付不来。面对齐白石的顾虑，徐悲鸿当起了“助教”，在课堂外更是亲自接送他上下课。倡导中国画改革的徐悲鸿对他的艺术革新理念十分推崇，齐白石对徐悲鸿的知遇也心怀感恩。

齐白石先生与师友间的交往，无论是雅集间的举荐推重，还是教学相长的师生情谊，抑或是艺术感怀的相互触发，他们始终惺惺相惜，相互成就。齐白石先生以赤子之心、质朴之情、坚毅之举，师法万物、大胆超越，把纯朴的民间风格，融入传统的文人画之中，拓展了中国画的题材空间，达到中国现代花鸟画最高峰。

（二）热爱的力量

1. 对待工作

对待工作，人在以下三种截然不同的态度中必居其一：将其视为一份谋生工具、一个职业，或者一种使命。三者的区别至关重要。第一种态度也许能有效清理生活账单，但绝不会热爱生活。第二种态度会使人花大量的时间获取权力和物质性财富。与前二者截然不同的是第三种态度，这样的人是怀有热爱、坚守使命的人，工作本身不仅仅被作为达到目标而采取的一种工具，而是热爱并追求工作中的意义，为一个更远大的理想付出努力，哪怕艰辛漫长。这一类人会深深感到自己属于一个更广大的、更伟大的群体，如祖国。

把工作视为一个工具、一份职业，还是一种使命？事实上，这都取决于如何看待它，而不一定取决于它本身的属性。

【案例 3-6】

钱学森的热爱和使命："我要尽最大的力量来建设自己的国家"

在新华社对外公布的《钱学森同志生平》中，概括了他的 11 项"第一"——中国第一枚近程地地导弹发射试验、中国第一颗人造地球卫星"东方红"发射、中国第一艘核动力潜艇、中国第一次潜艇水下发射导弹……这些"第一"，划时代地改变了中国，也划时代地改变了世界！

"我们在附中上学，都感到民族、国家的存亡问题压在心头，老师们、同学们都在思考这个问题，在这样的气氛下，我们努力学习，为了振兴中华。"早在中学时代，钱老就树立了振兴中华的信念，立志改变国家任人欺凌的局面。

"我已经考虑了很久，不打算再回到美国，我要尽最大力量来建设自己的国家，让中国人民过上幸福、有尊严的生活。"1955 年 9 月 17 日，被无理扣留 5 年之久，即将登上"克利夫兰总统号"邮轮的钱老袒露了回归祖国怀抱的心愿。

1955 年 10 月，钱学森一家回到祖国。仅仅一个月后，钱学森就深入东北有关厂矿、大学和研究所考察调研。在访问哈军工时，陈赓大将从北京飞抵哈尔滨，与钱学森商谈研制导弹事宜。钱学森和陈赓大将就这样，留下了一段铭刻在新中国科技强国历史上的经典对话：陈赓大将问，中国人搞导弹行不行？钱学森答，中国人怎么不行？外国人能搞的难道中国人不能搞？中国人比他们矮一截?！陈赓大将听了以后非常高兴，说好极了，就要你这句话！

1956 年 2 月，钱学森起草《建立我国国防航空工业意见书》作为我国火箭和导弹技术创建与发展极为重要的实施方案。

1956 年 10 月 8 日，是钱学森回到祖国一周年的日子，这一天，由钱学森受命组建的我国第一个火箭、导弹研究机构——国防部第五研究院成立。

1966 年 10 月，两弹试验成功，从此中国的核导弹具备了威慑与实战能力。

2. 对待生活

对待生活，常有四种态度：一种是沉浸在过去的荣耀中，无法自拔；一种是只关注当下，急功近利；一种是只关注未来，好高骛远；还有一种态度则是立足于当下，且关切未来，常怀赤子之心，不急不躁。

最后这种生活态度是一种开放的态度。它使人更客观，能够注意到并参与周围世界的环境体系中去，使人更能了解环境体系的特性，人就可以用更恰当的方式应对不利的状况，获得更多可能性。这种态度便是中国古代成语“庖丁解牛”的含义所在。

这种态度，事实上源自自得其乐的性格，面对外界环境时从容淡定、不卑不亢，内心笃定、虚怀若谷。一个能从日常生活中找到乐趣的人，和一个被生活压垮的人之间的差别，主要是人对外在因素的综合阐释的差别，前者把挑战视为行动的契机，后者把挑战视作威胁而充满恐惧的压力。自得其乐，或者说常常心怀善意和美意的性格，倾向于把潜在的威胁解释成充满乐趣的、积极的挑战，因此得以维持内在的和谐、有序和坚定。

总而言之，拥有“自得其乐的自我”，能够使人学会确立目标、培养技巧、接受回馈，并懂得如何投入和参与，即使客观情况极为不利，也仍然能找到生活的乐趣。在生活中，绘画、书法、雕刻、攀岩、烹饪、插画、体育竞技活动等，这些需要相当技艺水平的主动式休闲，而非毫无技艺门槛的被动式休闲(如看电视、网购等)，可以帮助人体验自得其乐带来的新发现：自我的控制力、生活的意义感、世界的奇妙！

【案例 3-7】

未来，谁最有可能是创新者？

创新并不像想象中的那么高大上，掌握了方法，人人都能创新。创新的背后，其实最为重要是思维模式的力量，也时具有时代典型特征的人格力量。

思考 1　新时代创新者的特征？

我们先回顾原来的创新创业者的样态。20 世纪 80 年代，市场经济萌芽。那时，是一批极富冒险精神的人率先经商。20 世纪 90 年代，中国实行对外开放，国际市场打开，国内市场也更加活跃。那一代成功企业家很多学历不高，但毅力过人。21 世纪初期，互联网时代到来，这批创业者，大多有国际视野，且受过较好的教育。事实上，每个时代的创新者，都带有时代烙印，具有共同特征。21 世纪 20 年代，谁更可能成为新一代创新者？他们有什么特征？年轻一代关于这一问题的答案，也许五花八门，但有一个共性，就是追求表达自我。在年轻一代看来，“兴趣”定义了你是谁。

思考 2　为什么年轻人这么喜欢表达自我呢？

随着时代变迁和科技发展，表达自我的成本越来越低。从前想广泛表达自我，需要写书写。之后出现了新闻，在报纸上发表文章也可以实现同样的目的。微博诞生之后，写一段文字即可。至短视频时代，不需要文字表达，表演即可。再到网络直播，只要善于口头表达即可。表达的门槛被一次次降低，所以才有更多的人可以表达自我，成了内容的创作者。虽然大多数人无法直接参与科技创新，但在时代发展的过程中，普通人拥有了很多机会利用技术，可以产生很多微创新。

既然人人都能表达自我，大家都在表达自己的兴趣，于是出现了一种新趋势，也就是兴趣越来越细分。这几年的很多创新，往往都来自一个很细分的小众领域。比如有个山西青年小刘，从小就喜欢画画，大学学习山水画专业。毕业后参加工作，被派到越南管理工地。虽然薪酬不错，工作也干得不错，但他却感到特别失落。几年后他最终下定决心，递交辞呈回国创业。此时，他已 33 岁。他开过画室，办过培训，创办过书屋，还做过手工，都不顺利。直到有一天，他在一家私人博物馆里看见一座中国古建筑模型，来了灵感，决定做传统木建筑。

怎么做？他想了一招，中国的古代建筑，大多采用榫卯式拼接方式，一颗钉子都不钉。榫卯又与玩具很像，靠拼接组合，能够创造出各种形式。于是，刘文辉就想，干脆用玩具的形式，开发中国古建筑中的斗拱结构。斗拱其实就是那些古代较大建筑物的柱子和屋顶之间的过渡部分，是榫卯结构的叠加。

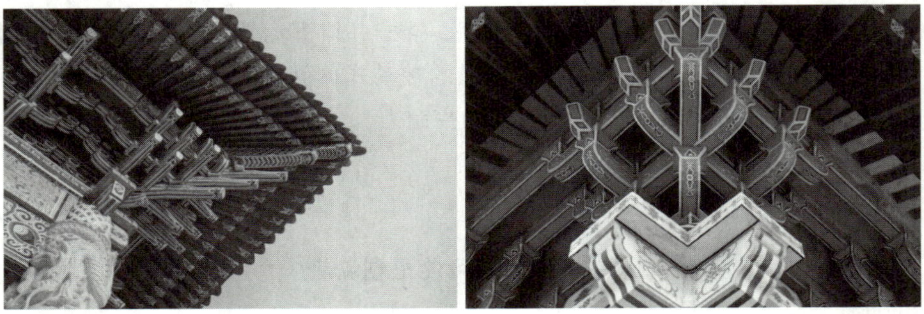

图 3-15 中国古建筑榫卯结构

小刘并非第一个做斗拱玩具的人。那么他又能做出什么花样？与众不同的是，此前做斗拱玩具的厂商，只是在做玩具，他却是用造房子的技术来开发斗拱玩具。他专门把一些做传统建筑的老工匠请来。弄懂了怎么设计斗拱玩具，他把整个生产线从无到有建了起来，用工业化的思路，用标准化、流程化保证产品不走样，提高生产效率。

斗拱玩具看起来只是个小玩意儿，但已投放市场迅速火了起来。在斗拱玩具热卖背后，是每个中国人内心都有的那个古建筑梦，那是我们的传统，我们的文化！

类似的案例还很多，都是年轻人在兴趣引导下，从容不迫地做了前人少有做过的创新。如果我们给这一批年轻一代的创新者画个画像，你会发现，他们大多都是受到兴趣引导，而非被名利驱使。他们大多是在一个小众市场、细分市场做创新，提供更新颖、精致的内容，而且乐在其中。

思考 3　时代为什么会选中这样一群年轻的创新者？这对创新趋势又有哪些指引？

经济学里的一个术语：长尾理论。对一个企业来说，头部用户就是那些 VIP 大客户，对企业的利润贡献最大。传统的企业，都是把主要精力用来服务好这些头部用户。但是还有很多尾部用户，这些用户需求不大，但数量众多，而且，他们的需求可能各不相同，千差万别。过去，传统企业会忽视这些尾部用户，因为服务这些用户费时费力。

时代在发展，表达成本在下降，创新门槛在降低，触达这些尾部用户成本下降了。同时，由于年轻人有自娱自乐的诉求，长尾变得比原来更长，也比原来更粗，这些小众市场，成为了兴趣式创新者的孵化器。经济生态系统在时代的发展中悄然升级。旧有的经济生态系统像亚寒带针叶林，物种相对较少，现有经济生态系统像热带雨林，物种更多，生态更为复杂，创新者的风格也更加多元。

第三节 专注力

一、专注力的作用

专注，能够让我们的精力有效输出。好比汽车行驶在道路上，不管汽车马力多强、火花塞多好，如果不行驶在正确的道路上，是到不了终点的。

提出过心流理论的心理学家米哈里，曾经说过：专注力是我们拥有能够自主控制的最重要的资源，是大脑与外部世界建立的一条通道，能够塑造世界，也反过来塑造人自身。不专注的注意力，就好比是空转的发动机，无法输出能量，人的意识也没有办法得到成长和塑造。

科学家发现，几乎所有的低级动物的双眼都是长在两侧的。它们没有视觉盲区，可以同时看到上下左右、前前后后。这确实是一种极为安全的配置，但是这样的生理配置有什么样的局限呢？这种配置的副作用在于没办法把目光集中在某一处，没有办法仔细、长期观察任何一个点，不能深入思考，长期思考，于是在进化中从未有机会发展出大脑皮层，它们演化出来的是更为强大的繁殖能力。所以，低级动物实际上只有现在，被困在永恒的当下。

在日常生活中，我们会发现有很多自认为无法抗拒的诱惑，有着极其正常、合理的面孔，甚至也会在短期带来诸多好处，如在人群中找到所谓归属感——凑热闹；如省去自己做决策的思考——随大流。但是从长期来看，它们破坏了人获得并积累成长能力的最重要资本——注意力。

与注意力相比，金钱不是最重要的，因为它可以再生；时间也不是最重要的，因为它本质上不属于人们。只有注意力才是人所拥有的最重要、最宝贵的资源。理解注意力的宝贵，最终的目标是如何更好地使用它。将注意力分配在三件事上极为重要：自我成长、热爱的人和事、能够创造社会价值的事。

【案例 3-8】

南仁东：一生为中国“天眼”燃尽

24 年，8 000 多个日夜，500 米口径球面射电望远镜首席科学家、总工程师南仁东心无旁骛，为崇山峻岭间的中国“天眼”燃尽生命，在世界天文史上镌刻下新的高度。

“天眼”是世界上最大、最灵敏的单口径射电望远镜，可以接收到百亿光年外的电磁信号。它有着超高的灵敏度和巡天速度。与美国寻找地外文明研究所的“凤凰”计划相比，“天眼”可将类太阳星巡视目标扩大至少5倍。

20多年前，中国最大的射电望远镜口径不到30米。南仁东在1993年参加了日本东京国际无线电科学联盟大会之后极力主张中国科学家启动“天眼”项目。因为，科学家们在会上提出，在全球电波环境继续恶化之前，建造新一代射电望远镜，接收更多来自外太空的讯息。此时各国已展开激烈的空间竞争。

勇敢：当初没有多少人看好的梦想，南仁东扛起了这个责任。

72岁的“天眼”工程高级工程师斯可克回忆：“南仁东总跟我说，国家投入10多亿元搞这个望远镜，如果因为质量问题或者工程延期导致停工，每天损失将达50万元。花了这么多钱，如果搞不好，就对不起国家。”

执着：为“天眼”燃烧20多年人生。

西南的大山里，有着建设“天眼”极佳的地理条件：几百米的山谷被四面的山体环绕，天然挡住外面的电磁波。

从1994年到2005年，南仁东走遍了贵州大山里的上百个窝凼。乱石密布的喀斯特石山里，没有路，只能从石头缝间的灌木丛中，深一脚、浅一脚地挪过去。选址、论证、立项、建设，哪一步都不易。

“发文章和研发科学重器比较，哪个对科技的实质进步更重要，我选择后者。”南仁东总是这样说。“20多年来他只做这一件事。”中国科学技术大学校长常进说，“天眼”项目就像为南仁东而生，也燃烧了他最后20多年的人生。

他一心想让“天眼”尽快建成启用，“天眼”的英文名字“FAST”，正是“快”的意思。在南仁东看来，“天眼”建设不由经济利益驱动，而是源自人类的创造冲动和探索欲望。“如果将地球生命36亿年的历史压缩为一年，那么在这一年中的最后一分钟诞生了地球文明，而在最后一秒钟人类才摆脱地球的束缚进入广袤无垠的太空。”南仁东的心中，总是藏着许多诗意的构想。“让美丽的夜空带我们踏过平庸。”这是他留给人世间的最后思考。

图3-16　中国天眼团队首席科学家——南仁东(孙瑞海创作)

二、专注力的特性

专注力是一种非常宝贵的人生资源，同时它还有一个特性，就是有限性和易变性。因此在使用专注力时，我们必须对专注力有科学认知，把握它的重要特性，有意识地、科学地使用这一宝贵资源。

(一)注意力限度

1. 人能够注意的目标数量有限

身处于这个世界，我们每时每刻都在不断地将信息输入大脑，有视觉信息、听觉信息、触觉信息、味觉信息，还有其他信息。我们会发现，只要这个世界存在，我们可以注意的目标是无限的。但我们能够注意的目标却是十分有限的！心理学研究显示：我们的大脑每秒可以从感觉经验中接收到 1 100 万比特的信息，在这 1 100 万比特信息中，人脑每次可以有意识地处理、关注多少信息呢？只有 40 比特！

2. 记忆力常常是短时的，存储量有限

大脑暂时储存信息的能力，实际上是一种超强能力，正因为有了这种能力，人在做某件事情时，才能想到自己在做什么。不管是问题解决型任务(如数学运算中的进位)，还是制订未来的计划(比如，计划在健身馆的最佳运动顺序)。如果大脑没有这种记忆“暂时存储器”，不管周围发生什么事情，人都只能不假思索地做出反应。不过，人的大脑的短时记忆能够存储的信息量目前为 4 比特。

人一般都具有这样的记忆结构：短时记忆最多只能保存 7 条具体的信息。只需看看你的周围就能发现证据，明白人是如何将数据组织成大脑中的有序单元的。

例如，记忆很容易同时保存两条信息，成双的组合随处可见，看看各种中外影视娱乐界的双人组合即可知。注意力空间也能很好地容纳数字“3”：奥运会颁发的是三个等级的奖牌；写文章时我们习惯三段论模式，提出问题、分析问题、解决问题；我们有“接二连三”“事不过三”等俗语。通常用来组合信息的数字还有 4 到 7，如四季、五福、一周七天。但是鲜见大于 7 的信息组合的常见例子。

(二)注意力空间

1. 什么是注意力空间

“注意力空间”这个术语，是指我们用于瞬间关注并处理信息的心智容量。注意力空间，就是某个时刻的意识空间——它是大脑的“暂时存储器”，在信息被处理时用来暂时存储信息。

注意力空间可以同时运行信息的存储、处理和建立联系等功能。我们选择关注目标时，该信息会占据我们的短时记忆，注意力空间会确保它处于活动状态，这样我们就可以对它进行持续处理。专注力和注意力空间共同负责大部分意识经验。

2. 元意识

元意识，就是通过如实观察，发现是什么正在占用了自己的注意力空间，也就是觉察自己在想什么，这是注意力管理的最佳训练方法之一。如果越能觉察到占用注意力空间的东西，走神后就越容易回到正轨——47%的时间里，我们的大脑都在走神。

研究表明，觉察到占用注意力空间的内容，可以提升实现目标的效能。其中一项研究，是让参与者阅读一本侦探小说，然后尽力破案。有些参与者没有觉察到自己走神，有些参与者则觉察到了自己走神，该研究比较了这两种参与者的效能。结果发现，觉察到自己走神的参与者，其破案率要高得多。不管是什么任务和目标，只要我们能够觉察，效能就会明显提高。

但觉察占用注意力空间的内容具有难度：一是注意力空间会受到人情绪的影响而扩展或收缩，二是注意力空间中的注意目标来去匆匆，甚至转瞬即逝，其存储时间平均只有 10 秒。因此，日常生活中需要有更多专注力的科学训练和坚持。

3. 注意力空间任务分配

我们的工作和生活中有两种任务：

第一，习惯性任务，无需太多思考，只需极少的注意力空间就可完成；第二，复杂任务，只有专注才能做好。经过研究证实，通常人难以一心多用，同时做多个任务，尤其对于那些需要专注才能做好因而会占用更多注意力空间的任务。但对于习惯性任务而言，通常人可以一心多用并出色地完成。

注意力空间可以很好容纳的任务组合一般有以下三种：

第一，几个小的习惯性任务：我们可以一边呼吸，一边跑步、一边听音乐——这些任务都可以同时做。

第二，一个需要集中大部分注意力的任务和一个习惯性任务：注意力空间虽然很强大，但也非常有限。我们最多可以同时做一个小的习惯性任务和一个需要大部分注意力的其他任务，如一边做家务，一边听广播或有声读物。但这并不是利用多余注意力的最佳方式，因为要避免让注意力空间装得满满当当的。

第三，一个复杂任务：最有效能的任务就是投入的每一分钟都能带给人更多的成就感，人用于这类任务的时间和注意力越多，完成任务所获得的成就感就会越多。

三、发散力与专注力矛盾吗？

（一）发散力是隐秘的创造性力量

专注对于发现问题、深度钻研、节约精力、实现目标的重要。但并不能忽略与之相反的方面，也就是发散的价值。事实上，发散通俗地讲，就是常常说的“走神”“白日做梦”。对它的评价通常是负面的，主要原因是：当我们想专注完成任务时，走神会破坏效能。然而，如果想解决问题、更有创造性地思考或者“充电”，发散就拥有非常强大的力量，能够很好地提升创造力。

获得有创造性的灵感，很可能就是人没有专注于某件事情的时候。比如，人可能在洗淋浴、在午间散步、在参观博物馆、在阅读书籍或者躺在沙滩上吹海风的时刻，一个绝妙的想法犹如一道闪电般冒出来了。

为什么大脑会选择在人休息和“充电”的时候，将脑中运转的很多“信息点”中的某几个连接起来？大脑进入发散模式后的工作机制，就是“随机性”。发散模式会激活大脑的默认网络——你不专注于任何事情时返回的网络，这个网络广泛分布于大脑，就如同被编码为记忆的信息一样。

发散模式之所以能产生那么多的灵感，有诸多原因，其中一个原因是：在发散模式下，人会自然地开始连接分散的既有信息点。就像是在大脑里撒下一张捕捉新奇连接的大网，在休息和计划未来时大脑更容易启动这一机制。

(二)专注力与发散力协同

专注模式是大脑最有效能的模式，而发散模式是大脑最有创造力的模式。在专注模式下，你是有意识地将自己的注意力导向某件事情，将信息和经历编码为记忆，并同周围世界保持联系；而在发散模式下，人是有意识地让自己的思维四处“流浪”，以收集更多有价值的信息点，并让他们奇妙地、富有创造性地连接起来。

在很多方面，专注模式和发散模式都截然相反。在某个时刻，要么在做事情(注意力集中于外部)，要么在想事情(注意力集中于内部)，我们无法同时进入专注模式和发散模式。专注模式下，我们通常在吸收和搜集信息点；发散模式下，我们能够连接这些信息点。专注模式常常记住更多的东西，为发散模式提供更多有价值的连接。发散模式重新“充电”，反过来又为专注模式提供更多的信息和思考素材。发散模式下产生的灵感，可以帮助我们更聪明地工作。

尽管这两种模式各有不同，也有很多方法可以让二者发挥协同作用。但最重要的是用好“元意识”，也就是说通过“觉察”的方式来有意识地管理注意力，切换专注模式和发散模式。

觉察，是留意和反思的过程，即自身保持专注的时间有多长，走神后多久才会发现走神的原因是什么？走神过程中思考的内容是什么？是否有新奇和愉悦的发现？

第四节 意志力

一、意志力的作用

强大的意志力，即良好的自制力，有益于人与周围的世界形成并维持安全、信任、满意的依恋关系。研究表明，具备这种能力的人具有更强的同理心，更擅长换位思考，情绪更稳定，更不容易出现焦虑、抑郁、偏执等问题以及其他疾病，也更少动怒，即使动怒也不会出现言语和身体的攻击行为。

【案例 3-9】

成功最关键的品质是什么

一项研究对大学生的三十多项品质进行统计，发现其中绝大多数品质对学习成绩几乎没有影响，如有的人外向，有的人内向，有的人幽默，有的人严肃，这些人里有学习好的，也有学习不好的，某种品质下学习成绩好坏纯属偶然。真正能左右成绩的只有一个品质：自控力，也就是意志力。能管住自己该上课的时候就去上课，该写作业写作业，多学习少看电视，这就是学业成功的秘密。

这个统计结果表明，想预测一个学生的大学成绩，看意志力比看智商和入学成绩更靠谱。不但大学生如此，在职场上也是自控能力强的人更受欢迎。他们不仅工作干得好，而且更善于控制自己的感情，更能从别人角度思考，更不容易出现偏执和抑郁等心理问题。这项研究进一步发现，排除智力因素，无论你心目中的成功是个人成就、家庭幸福，还是人际关系，决定成功的都只有意志力。

【案例 3-10】

解放军装甲兵工程学院教授臧克茂

中国工程院院士、解放军装甲兵工程学院教授臧克茂，凭着雄伟的胆魄和顽强的毅力战胜病魔，带病主持国家和军队重大课题、重点型号装备科研项目 16 项，使我国坦克炮控系统从落后状态一跃而居世界前列。

20 世纪 80 年代，我军主战坦克炮控系统瞄准时间长、射击精度低，成为制约坦克战斗性能的"瓶颈"。1987 年臧克茂选择了这个"瓶颈"作为科研突破口。他了解到国外一种脉冲宽度调制 PWM 技术，已广泛应用于民用机械，在控制电动机转速上效果很好，决心攻下 PWM 技术应用于坦克炮控系统这道难关。

1991 年，臧教授的研究课题进入关键时刻，但长期超负荷工作使他的身体受到严重的损害。1993 年被确诊为膀胱癌中期。死神的威胁并没有击垮臧克茂的精神，他要抢时间完成"坦克炮控系统"的测试工作。1995 年 1 月，臧克茂被检查出身患另一种癌症。他平静地与医生商量，仍然要求边工作边治疗。

臧克茂凭着超人的毅力，完成了"炮塔电传 PWM 控制装置"的研制，大大提高了火炮的射击命中率，还大大缩短了瞄准时间。身患癌症的 17 年中，他先后攻克多项核心关键技术，荣获国家科技进步二等奖 2 项，军队科技进步奖一等奖 2 项、二等奖 3 项，获得 5 项国防发明专利。

创新活动是一种高强度的智力活动，充满艰难险阻，需要意志坚定、专心致志、披荆斩棘。具有献身精神是一些伟大的科学家和发明家的共同个性特点，一旦建立奋斗目标，就会专注于目标，坚持不懈，甚至不惜牺牲生命。

二、意志力是什么？

意志力如此重要，是否每个人只要在生活中经常强迫自己，把意志力才能发挥到极致，就离目标更近了？事实并非如此，意志力其实是一种有限的资源，是一种生理机能。每一次使用意志力都会损耗能量，过度使用会使人疲惫。这就会出现心理学中的"自我损耗"，即人们对自己的思维感受和行为的调节能力减弱的过程。

科学家做过这样一个实验：让一群学生全都饿着肚子来到实验室，把他们随机地分成三组，然后让大家做几何题，但这些题其实都是无解的，实验测量的是他们愿意在题目上坚持多长时间才放弃。对照组的学生直接做题，他们平均每人坚持了20分钟。而两个实验组学生在做题之前则先被带到另一个房间，面对刚烤好的巧克力饼干以及一些萝卜，实验人员告诉其中一组学生可以随便吃饼干，但是要求第二组学生只能吃萝卜。想象一下自己在饥饿状态时看着热气腾腾的饼干而不能吃是一种什么感觉，你需要强大的意志力才能只吃萝卜！第二组学生抵制了饼干的诱惑。然后两组学生都被带去做题，结果可以随便吃饼干的第一组学生跟对照组一样坚持了20分钟，而只能吃萝卜的第二组学生只坚持了8分钟。该结果合理的解释，是第二组学生的意志力在抵制饼干的时候被大量消耗，用于做题的精力所剩无几。基于以上实验证明了意志力的存在，意志力是一种有限的资源。

三、意志力该如何补充和使用?

在一项科学研究里，研究人员偶然发现，如果给受试者喝一点含糖的饮料，如果汁，他们的意志力就会增加，而且必须用真正的糖，甜味替代品都没用。葡萄糖理论还有很多佐证，如低血糖症患者血液里的葡萄糖含量比一般人低，这部分人的意志力就比较弱，他们很难集中注意力和控制自己的负面情绪。科学家仅仅通过测量即将被刑满释放的犯人的葡萄糖耐受性，就能预测他们是否会再次犯罪，准确率为80%。此外研究显示，给戒烟的人吃糖丸，补充葡萄糖，戒烟成功率大大提高，如果是糖丸与其他疗法配合使用，成功率将更高。

我们都会在某些时候被沮丧和愤怒控制，我们都会在某些时候被解决不了的问题困扰，这是由于葡萄糖水平下降至缺失状态，该怎么办？有效办法是将葡萄糖合理分配。休息不仅能减少身体对葡萄糖的需求，还能全面增强身体利用血糖的能力。为了保持稳定的自制力，可以选择吃血糖指数低的食物，如大多数蔬菜、坚果、水果、奶酪、鱼、肉、橄榄油等，降低血糖释放速度，能提供稳定的能量。

习　题

1. 假如一位同学为解决一个问题，做了50次试验，都失败了，十分沮丧。请你用一句话让他恢复信心。

2. 有一块泡泡糖不见了，屋子里只有4个人，谁偷吃了？A说："B吃了"，B说"D吃了"，C说"我没吃"，D说"B说谎"。4人中只有一人说了真话。那究竟是谁偷吃的呢？

3. 请大家练习使用"舒尔特表格"(如图3-16所示)来提升专注力。表格的使用方法是，准备一张A4白纸，画上5×5的正方形表格。将3～16的数字打乱，训练者按照数字3～16的顺序依次指出数字，打开手机里的秒表计时，统计依次指出数字的时间。

20	12	21	2	22
11	5	19	16	24
14	13	1	23	4
6	8	18	3	9
17	7	10	25	15

图 3-17 舒尔特表格

4. 在生活中试试“放弃全视角”，体验几天。比如，关掉微信朋友圈(或者只看几个朋友的朋友圈)；把手机完全静音若干天；不出门独处若干天；不看大家都看的电视剧、节目等若干天……

5. 你有几个百分之百值得信赖的朋友？和他们在一起的时候，有哪些方面完全不用考虑了？

思维导图

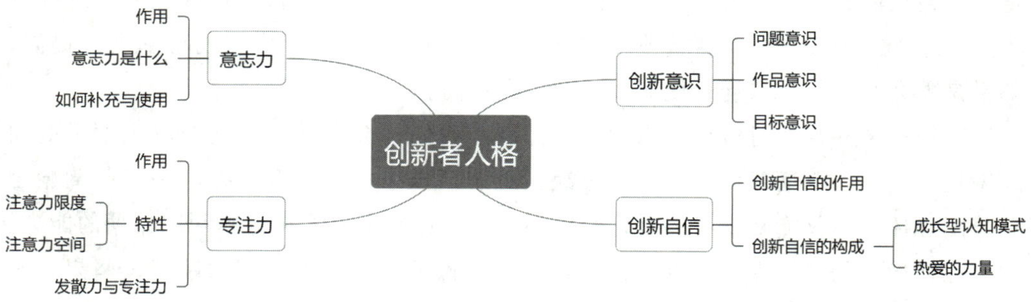

第四章　创新情境

我们坚持以深化改革激发创新活力，推出一系列科技体制改革重大举措，加强创新驱动系统能力整合，打通科技和经济社会发展通道，不断释放创新潜能，加速聚集创新要素，提升国家创新体系整体效能。

——习近平，中国科学院第十九次院士大会、中国工程院第十四次院士大会上的讲话

本章核心问题

1. 什么样的情境最能够激发人的创造力？
2. 创新情境的本质是什么？
3. 我们在生活中如何探寻并营造创新情境？

【导引案例】

马克思的“雨林”

马克思曾被英国BBC评为人类千年最伟大的思想家，他与恩格斯共同创立的马克思主义理论、共产主义理想已成为人类进步的伟大旗帜，并越来越显现出强大的生命力。他年轻时的偶像是普罗米修斯[①]，17岁时写下“为人类幸福而工作”的豪言壮语，并用一生的颠沛流离，全力以赴地奋斗在“全世界无产者联合起来”的荆棘之路上，他的物质生活虽愁云惨淡，但终将其高调诠释为高贵。

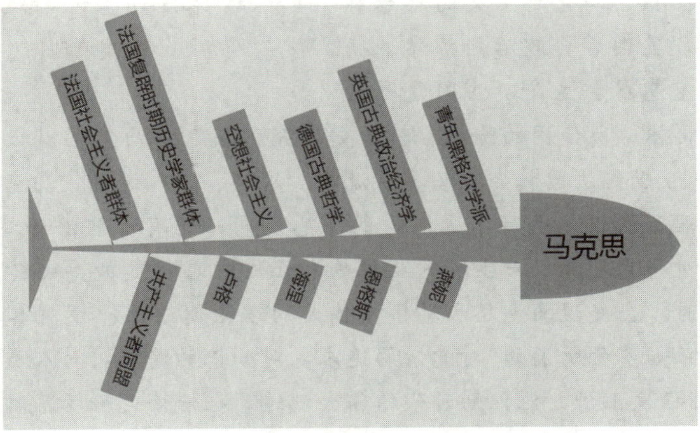

图4-1　马克思的成长历程

① 普罗米修斯(古希腊语：Προμηθεύς；英语：Prometheus)，希腊神话中，最具智慧的神明之一，最早的泰坦巨神后代，名字的含义为“有先见之明”(Forethought)。泰坦十二神伊阿佩托斯与克吕墨涅的儿子。普罗米修斯不仅创造了人类，给人类带来了火，还教会了他们许多知识和技能。

马克思在这条伟大而坎坷的道路上行走，不是形单影只，在他人生的不同时期身边都云集着风格各异、声名显赫的理论家、诗人、作家、当时欧洲各国的工人运动领袖……

恩格斯，马克思最亲密的战友。在生活上与马克思肝胆相照、同舟共济，在事业上也是黄金搭档。1883 年马克思逝世后，他夜以继日的抄写、整理、补充、编排《资本论》的最后两卷。他即使生病，也义无反顾，用 11 年的时间，最终完成了这部伟大作品，而最终再也没有余力完成自己的《自然辩证法》手稿。

燕妮，马克思挚爱的妻子，曾经是特里尔城舞会上的皇后，即使在生活极度困窘的情况下，她也对马克思不离不弃，默默挑起家庭重担，风雨相随四十年，让马克思能“不为稻粱谋”而全心全意研究创作。恩格斯曾经评价燕妮，如果有一个女人把使别人幸福看作自己的幸福，那这个女人就是燕妮。

海涅，马克思的好友，德国诗人，在巴黎的那段时日，这对忘年交(马克思比海涅小 20 多岁)，天天头脑风暴，这段时间也是海涅最高产的时期，《德国：一个冬天的童话》这部德国文学史上的不朽著作就是他在马克思家里创作完成的。

“正义者同盟”，马克思和恩格斯所写的经典著作《共产党宣言》的缘起之地，成员都是从德国流亡到法国的工人和手工业者，国际性的秘密革命组织，“共产主义者同盟”的前身。《共产党宣言》就是为“共产主义者同盟”起草的纲领性文件。

图 4-2　马克思的岁月

(孙瑞海创作)

思考　马克思天才的世界观如何破土而出？马克思所拥有的精神生活，也如“雨林”般营养充沛、物种丰富，让他天才的世界观破土而出。马克思主义的思想有三个重要源泉，英国古典政治经济学、德国古典哲学、空想社会主义。法国复辟时期的历史学家群体，所使用的阶级分析历史研究方法也给马克思以极大的启迪；通过走进并研究 19 世纪法国社会主义各种流派、思潮、工人运动，马克思对无产阶级有了更清晰的理论认识，也有了更温暖的情感认同；还有那些浩如烟海的历史学、人类学著作，对马克思晚年产生了重要影响，让他的思想更加博大精深……所以大家在穿越历史时，会发现马克思和恩格斯伟大的理论创造，源于对真理和人类未来的孜孜以求，正如罗素所说的“对爱情的追求，对知识的渴望，对人类苦难不可遏制的同情”。某种程度上讲，他们划时代的伟大创造，也恰恰是一场跨时空协作，是千年以来人类思想的厚积薄发！

第一节　激发创造力的情境

创新的过程，是创新者个体力量汇聚与显现的过程，创新者是创新的第一资源，而创新情境是聚集创新要素，培育创新者的沃土。

一、激发创造力的时间维度

（一）历史发展对个体创造力的影响

人是社会关系的总和。每一个人，都是一段深邃的历史，是家庭、社会的多重记忆叠加，呈现给世界的是一个界面。这界面之后都存在着一个强大且复杂的系统支撑其一生的运行。创新者也不例外，但创新者的不同之处在于，将人类文明的优秀成果和中华优秀传统文化，作为创新的根脉、汲取创新灵感的宝库。

在人类的历史进程中，曾有无数创新的高光时刻，其中凝聚了关于创造的丰富细节和有益经验。这需要我们常怀赤子之心，用发现的眼睛，用发展的目光，以对未来的期待，对当下的关怀，拂去时间的灰尘，让关于创新的历史瞬间与时代辉映成趣，迸发出新的光芒，创造新的价值。

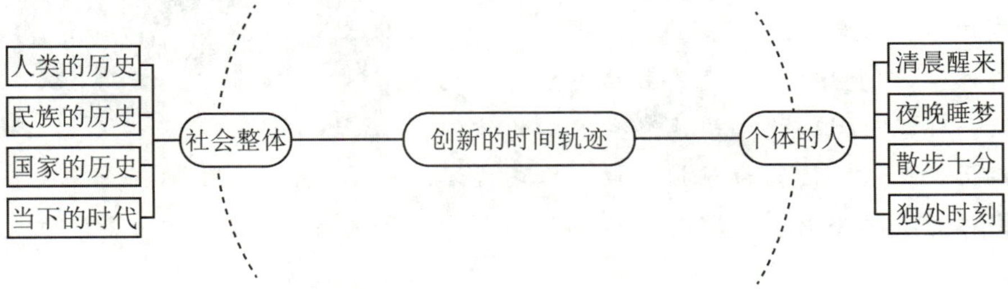

图 4-3　创新的时间轨迹

【案例 4-1】

杨振宁：东西文化交融的天之骄子

1999 年，杨振宁从纽约石溪大学退休的时候，系里给他办了一个隆重的退休晚宴。

好朋友戴森(Freeman Dyson)，在晚宴上发言，说他喜欢看杨振宁在 1983 年出版的论文选集，更喜欢前言中引用的杜甫的诗——“文章千古事，得失寸心知”。

在晚宴最后，杨振宁自己发言时这么说：

“过去一年半中我和杜致礼经历了 4 次手术，所幸每一次都很顺利。但我知道，一个人逐渐老去时，他的哲学观点也必然会随之改变。我想起大约 1200 年以前唐代大诗人李商隐写下的不朽诗句——夕阳无限好，只是近黄昏。而本世纪(20 世纪)初，另一位作家朱自清，也是我父亲的朋友，把那两句诗改写成——但得夕阳无限好，何须惆怅近黄昏。”

即使是在美国，杨振宁也经常这样在演讲中提起中国诗人的名言。他不会因为在座的很多人不知道，而换用其他名人名言表达同样的意思。那些诗句表达的美和含义是中华传统文化特有的，是其他文化无法替代的，正是这样一种深厚的文化自信，让他具有独特的人格魅力和学术成就。在美国，杨振宁成为世界一流的科学家；但是离开了中国、离开了西南联大、离开了儿时的清华园和他的父亲，他便是无根之树。

【案例 4-2】

常沙娜：一条永远流淌在敦煌大漠的河流

“娜，不要忘记你是敦煌人，应该是把敦煌的东西渗透一下的时候了。”——1980 年常书鸿写给女儿的话

“我确实是幸运的。我有一个被称为‘敦煌守护神’的父亲，父亲又把我带到了佛教艺术的圣地敦煌。”——常沙娜

图 4-4 常莎娜的日常创作

常沙娜，“敦煌守护神”常书鸿先生的女儿，与父亲一样，“敦煌精神”是她终生不变的信仰。她曾经历、见证了父辈为守护敦煌，筚路蓝缕、以启山林的艰难岁月。她曾先后得到林徽因①、庞薰琹②、雷圭元③等诸位大师的教诲。

思考 1 创新的根脉在敦煌蕴藏的灿烂文明中！

“我学习素描的基本功就是从临摹壁画开始，绘画基础就是那样打下的。”好时光总是很短暂。因常书鸿日夜忙于敦煌的事情，与妻子的隔阂越来越大，妻子陈芝秀

---

① 林徽因(1904—1955)祖籍福建闽侯(今福建福州)，出生于杭州。原名林徽音，其名出自“《诗·大雅·思齐》：大姒嗣徽音，则百斯男”。后因常被人误认为是当时一位男作家“林微音”，故改名“徽因”。著名建筑师、诗人和作家，人民英雄纪念碑和中华人民共和国国徽深化方案的设计者之一。20 世纪 30 年代初，同丈夫梁思成采用现代科学方法研究中国古建筑，成为该领域的开拓者，奠定了中国古建筑科学研究的坚实基础，并著有散文、诗歌、小说、剧本等，代表作《你是人间四月天》《莲灯》等。

② 庞薰琹(1906—1985)，江苏常熟人。著名画家，工艺美术家，教育家，著有《中国历代装饰画研究》《图案问题的研究》和《庞薰琹画辑》等。1925 年赴法，先后在叙利恩学院以及蒙巴那斯的格朗·歇米欧尔研究所习画。1930 年回国，成为当时进步的新兴美术启蒙运动组织者之一。遵照周恩来总理意见，1954 年筹备四个工艺美术展览会分赴苏联和东欧国家展出。1956 年，中央工艺美术学院(今清华大学美术学院)正式成立，任第一副院长。

③ 雷圭元(1906—1989)，字悦轩。现代著名工艺美术家、书画家、教育家。1927 年毕业于国立北平艺专后留校任教，1929 年赴法学习绘画、染织、漆画等。1931 年回国，于杭州国立艺专任教，著作《工艺美术技法讲话》《新图案学》等。

忍受不了敦煌的艰苦，不辞而别。“画家家庭”①突然没有了妈妈，那一年常沙娜14岁。父亲繁忙，弟弟年幼，常沙娜挑起母亲留下的重担，三人在敦煌相依为命。之后，除了照顾弟弟和偶尔上课，她大部分时间都留在千佛洞，对着五彩斑斓、神圣梦幻的壁画，练字、临摹、学习美术史……常沙娜的艺术之路，由此开启。

思考2 学而时习之，不亦说乎！

1948年，常沙娜在加拿大籍在华支教的叶丽华女士的帮助下，赴美国波士顿美术博物馆附属美术学校学习。之后的几年，她系统接受了西方艺术教育，遍访各大博物馆、美术馆，通过了解希腊、罗马、埃及、两河流域等古老文明，她对敦煌的爱更加深刻，也因此和父亲常书鸿当年一样，放不下敦煌，放不下祖国。

莫高窟盛唐第148窟边饰图案

北京人民大会堂外立面须弥座浮雕装饰（1958）

北京人民大会堂外立面门楣浮雕装饰（1958）

图4-5

回国后，常沙娜在故宫敦煌临摹展览上，遇见了梁思成、林徽因夫妇。常沙娜开始了清华大学营建系的助教经历，将她熟悉的敦煌壁画运用到艺术设计之中，艺术创作生涯的又一扇窗豁然打开。跟随林徽因先生做工艺美术品设计的实践经历，使常沙娜走上了传承、弘扬和创新工艺美术设计和教育的人生道路。在林徽因先生的引导下，常沙娜完成了以隋代藻井图案及和平鸽图案为元素设计的头巾、景泰蓝和平鸽大盘等设计。

1953年，常沙娜被分到中央美术学院实用美术系任教，这里南北人才汇聚。在把敦煌文化应用于教学之外，常沙娜还整理编写了《敦煌藻井》《明锦图案》等著作，并将敦煌图案元素应用于国家重要的设计任务中，如人民大会堂宴会厅的天顶华灯、人民大会堂外立面柱廊琉璃瓦门楣设计、民族文化宫大门装饰等。

① 《画家家庭》是常书鸿1934年的作品。

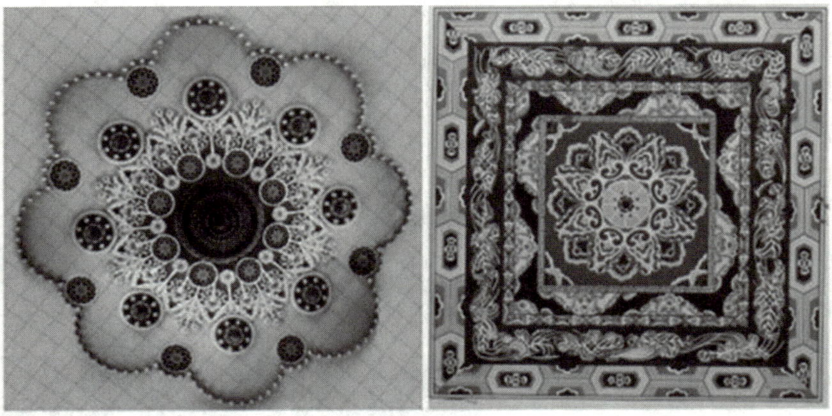

北京人民大会堂宴会厅天花顶装饰（1958） 莫高窟盛唐第31窟藻井图案

图 4-6

图 4-7 以敦煌图案为元素的景泰蓝和平鸽大盘、景泰蓝罐(照片)

思考 3 创新者并不刻意标新立异，更不刻意追逐时尚！

常沙娜对于艺术有着独特的坚守，但这绝不是保守，是深深扎根于传统文化和大自然的奋力向上、大胆创新：“大自然的花卉太美了，大自然根据它的成长，它的品种，它长出来就跟这个不一样，这个兰花跟蝴蝶兰不一样，跟樱花不一样，它的品种不同，它的色调也不同，它的根、杆子、叶子相配的都不一样，不能乱套……”而如今，这位耄耋之年却优雅如初的老人最关心的，依旧是如何保护、传承中华文化，她反对超短裙、反对搞怪设计，反对唯时尚马首是瞻而漠视传统。面对质疑，她凛然反击：“艺术不能赶时髦，要立足自己的文化。”因为她从里到外都“洋”过，所以更知道选择什么，创造什么！她的言语、思想、设计、过往已汇聚成一条奔流不息的河水，在敦煌大漠之间，滋养着敦煌艺术瑰宝，连接着历史与未来……让艺术之花在敦煌和遥远的地方绽放！

(二)日常生活节律对个体创造力的影响

除了宏观的时间对个体的创造力有根本性的影响外，日常生活中每天 24 小时的不同时段也对人的创造力有不同影响。那么哪几个时段人更容易产生创意，更具有创造力呢？

人在工作学习一天之后，大脑中会像计算机一样产生垃圾程序，让运行速度变慢，在此时思考很多问题，是很难得到有效解决思路的，创造力也会降低。但经过一夜的休息，大脑会恢复清醒和活力。这是为什么呢？大脑运行状态和时间节律有什么关系？

睡眠可以很有效地清除人脑中的垃圾程序、无用信息，提升大脑运行效率。睡眠对人保持能量、保持良好的思维状态至关重要。研究表明，人如果18小时没有入睡，反应时间将从0.25秒变为0.5秒并继续变长；大约每2到20秒，就会发现需要重新读一遍刚才读过的东西；眼皮变得越来越重；达到20小时后，将开始打盹。这时正常人的反应速度基本等同于血液中酒精含量为0.08的人，若保持这个数值驾车，很容易违章。

在睡眠中，人的潜意识最为活跃；清晨刚刚苏醒时，人的意识尚未完全清醒，潜意识活跃，左脑对右脑的优势尚未恢复，想象和创造有了更多自由的空间。体力和精力得以恢复，脑细胞重新处于活跃状态。清晨外部环境通常较为安静，经过一夜的沉淀，外界空气相对清新，人处于这样的富氧时段，大脑的注意力、记忆力和思考力都处于良好状态。

所以，大家可以选择这样一种解决问题的时间安排：带着问题入睡，醒来时也许就有新思路。门捷列夫在发明化学元素周期表时，睡梦中的思维活动给了他很大帮助。因为睡眠状态中，人的大脑并非各个部分都处于休息状态，有些部分还是很活跃的，清醒时的一些干扰和抑制因素被解除了，创造力也更容易释放。大家可以从历史中和你的身边寻找更多类似的案例。

二、激发创造力的空间维度

在不同的空间环境中人的情绪和思维状态迥然相异，在空气清新、绿意盎然、远离人声嘈杂的自然环境中漫步，会让人内心平静、放松，创意更容易悄然而至。而现代人更多的是在人为设计的环境中工作学习生活，那么建筑和建筑所营造的空间对人又有何影响呢？

建筑是人对自然空间的再创造，建筑是一种凝固的语言，构造了特定的人文环境，以独特的方式与人交流，表达人的思想和情绪，也影响人心理、塑造人的思维、改变人的行为。建筑可以被设计，用来彰显权力的威严和森严的等级，如金字塔、秦始皇陵、故宫，也可以用来亲近自然、表达谦逊，展现人类灵动的意趣，如中国古代园林、苏州博物馆。建筑和建筑所营造的空间环境，还可以消除人的紧张情绪，激发人的游戏心态，以不计得失、纯粹好奇和好玩的心态去探索和思考，因此世界上很多有创造力的企业都十分注重空间环境的设计。

轻松、自然、有别于常规的环境也有利于创意的产生和创造力的释放。在生活中，大家可以尝试通过转换生活情境来激发创造力，如在紧张的工作和学习之余，留出时间去旅行，在旅行中获取新的素材，与原有的生活经验、原来存在的问题产生碰撞，常常就会产生新的创意，原来困扰自己很久的问题也会迎刃而解。旅行这类通过转换生活空间来改变僵化状态、获得灵感的方式所产生的作用，可以用“山重水复疑无路，柳暗花明又一村”来体会。

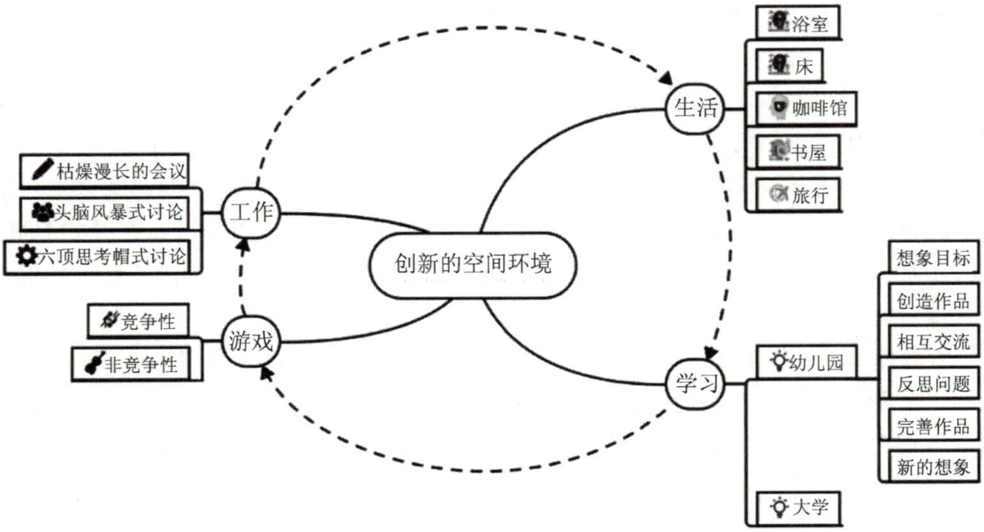

图 4-8　创新的空间环境

【案例 4-3】

幼儿园是一个伟大的发明

幼儿园出现之前，现代学校的雏形可以追溯到 1717 年，普鲁士腓特烈一世发起全民义务教育，由国家拨款办学校，统一教材、教法、学龄、校服，等等。早八点进课堂，40 分钟一堂课，铃声提示上下课，学生上课手背在身后，回答问题先举手。至今，中小学校的办学模式几乎都是如此。了解这段历史，我们就会发现，现代学校的原型不是私塾、学院、书院，更像是工业化时代标准化管理的车间，是为了国家发展目标而培养、储备和动员更多的社会人力资源。

幼儿园则迟来很多。1837 年人类历史上第一所幼儿园出现了。

思考 1　这个发明和当时的学校有什么不同?

现代学校，借助大量的规矩管束年龄稍大的孩子没有问题，但是对于 3 岁到 7 岁的孩子，规矩再多效果不大。低龄儿童根本接受不了太多指令。那怎么办？福禄贝尔的机会就来了，他有机会实验一套和现代学校完全相反的教育理念。在他开办的幼儿园里，他发明了很多种玩具，如像积木、彩色纸带这些东西。这些玩具的发明思路是共通的，用孩子们的双手，亲手创造一个新的世界。它不只是给孩子寻找一个玩伴，更是给孩子一个创造全新世界的工具。当今风靡全球的乐高积木都是从这个系统、这个思路演变而来的。

思考 2　幼儿园的发明究竟有什么重要影响?

让我们切换到幼儿园里的经典场景中来：几个孩子围坐在一堆积木前，想要搭一个大城堡，积木越堆越高，忽然之间城堡就塌了。孩子们刚开始有点沮丧，但很快，就投入到新一轮建设中，甚至周而复始。一堆积木，孩子们能玩整整一个下午。

这样的场景，和中小学生上课最大的区别在哪里？中小学生上课，是在学习，而幼儿园里搭积木，是在玩！

图 4-9 幼儿园搭积木的孩子

思考 3 “玩”和“学”的关键区别是什么？

学，是为了获取知识，而玩的过程也能获取知识。就像搭积木一样，很多人的动手能力，对物体空间结构的了解，都是在搭积木的过程中培养起来的。所以区别不在于知识本身，而是在获取知识的方式上。

思考 4 到底什么是“玩”，玩的本质是什么？

小孩子的玩，不需要很复杂的工具，只需要有一个简单的闭环。也就是他的行动可以确定地得到一个结果，他的努力可以兑现为一个变化，有“从行动到结果的闭环”就是玩了。如小孩子，发现按一下开关，灯就亮，再按一下，灯就灭。就这个发现的闭环，能玩半天。更复杂的玩，本质也一样，从童年时的丢手绢，到成年人的竞技体育、电子游戏，等等，参加玩的人，都可以从行动到结果完成一个闭环。

因此，借助这个闭环原理而发明幼儿园，是很了不起的创造！这个世界混沌而辽阔。人在其中，卑微而渺小。没有什么东西是人能长久控制的。人类“玩”这种行为以及伴随而来的关于“玩”的种种形式的发明，从不确定的大世界中切出了小小的空间，让人的行动可以在这里兑换成确定的结果，人能够通过努力控制这个过程和结果，形成一个闭环。玩，让人感受到自己存在的力量，所以对玩的热爱将伴随一生。人的能力不同，玩的闭环也不同。孩童时期的人，只能控制一个丢手绢游戏那么大的闭环。而一个成年人，如企业家，他玩的游戏，是有更多的人、更多的资金、更多的复杂技术参与进来，甚至可能遍及全球的大闭环。但无论后来的闭环是多么复杂的设计和实施过程，它们的本质都是“玩”！

“学”，是外部任务驱动模式。目标和任务都由老师设定，如学平面几何的某个定理，某篇文言文，学生在这个过程中没有太多选择权，学生的任务只是学好它们，考试过关。

“玩”恰好相反，是内部任务驱动模式。我要用积木搭一个大城堡，我要在球赛中获胜，是我们先自己设定目标，然后自己去找方法努力实现它。

幼儿园虽是 19 世纪的发明，但它揭示了未来社会学习的模样。

在这个快速变化并且变化加速的时代，任何存量的知识，都无法应付不断涌现的不确定性。面对这个巨大的挑战，我们就更加需要创造力！然而，如何培养人的创造力？这本身也是一个巨大的挑战！

思考5 培养创造力很难吗？

其实非也！人在孩童时期，在幼儿园搭积木的过程，就是独立确立目标，接着解决问题的过程。这个过程中，先想象设立目标，如一架战车，然后开始动手尝试，这个尝试的过程就是创造，它以游戏的形式呈现，然后分享、反思怎么做得更好，然后再开始下一轮创造想象。无论是幼儿园里搭积木战车，还是科研人员搞研究，皆是如此。

幼儿园这种社会教育模式的发明，之所以被冠以伟大之名，就因为它给了人从早期开始自己定义目标的权利，它涵养着人类古老的创造力基因。

第二节 创新情境的本质

一、创新情境的本质特征

创新，是一场跨越时空的协作，是不同时空交错中不同类型主体之间的相互影响、塑造与协作。一个创意不论它有多新颖，几乎都是建立在很多人的想法之上，一个创新成果不论它多么划时代，几乎都是建立在很多前导性成果之上的。

创新情境，本质是动态演化的复杂适应系统，其核心特征体现为认知共享、要素整合、风险平衡与跨域创造性，是“要素互动—价值重构—生态进化”的动态过程。

如果打个比方，我们可以说，创新情境就是一种“雨林生态”。说到雨林，我们眼前就会浮现出茂密的丛林，充足的阳光、空气和水分，这里有丰富的物种，但雨林给我们的最大启示是一定不要忽视“野草”，在雨林之中，一棵看似像野草的植株有可能是整个雨林中最有价值的新物种，今天的野草极有可能就是明天的参天大树，用《史记·仲尼弟子列传》中的话讲就是“以言取人，失之宰予；以貌取人，失之子羽”①。

从创意到创新成果最终实现的创新者道路是漫长、曲折和偶然的，有大量改变世界的创意(技术、设计等)从未见天日。因此，我们必须要明确两点：一是要清楚创意，或者说发明仅仅是创新的一个要素；二是创意或者说发明的持有者一定要做自己擅长之事的同时，寻找信赖的环境来孵化自己的创造力和创意。

---

① 《史记·仲尼弟子列传》——孔子闻之曰：“吾以言取人，失之宰予，以貌取人，失之子羽。”意思是仅仅根据外貌或表象来判断人的品质或能力，会出现错误。孔子的众多弟子中有一个名叫宰予，利口善辩。他开始给孔子的印象不错，但后来渐渐地露出了真相：无仁德又懒惰；大白天无所事事，躺在床上虚度光阴。为此，孔子骂他朽木不可雕。孔子的另一个弟子，叫子羽，鲁国人，比孔子小39岁，子羽体态不佳、相貌丑陋，想要侍奉孔子。孔子开始认为他资质低下，不会成才。但子羽师从孔子后，就正心诚意、修身笃行，处事光明磊落。后来，子羽游历到长江，跟随他的弟子有三百人，在各诸侯国中声誉很高。孔子听说了之后感慨：“我只凭言辞和相貌判断人品质能力的好坏，结果对宰予、子羽的判断都错了。”

从生态角度讲，创新是一种团队运动，需要持续的沟通、迭代和改进，需要“聚集、聚合、聚焦、聚变”。这绝不是一个或是少数个体可以完成的，这需要在创新情境中完成。其中“聚合”是创新情境、生态场的核心关键，通过“聚合”推动创新要素的融合。创新要素的物理堆积不会有利于创新。

【案例 4-4】

创新集体激发创造力：北京生命科学研究所

建立北京生命科学研究所是中国政府在发展生命科学技术领域的重要战略之一。该所是采用与国际接轨的管理和运行机制，以国际一流科学家集体为基础的生命科学研究所。北京生命科学研究所的主要任务是：进行原创性基础研究，同时培养优秀科研人才，探索新的与国际接轨而又符合中国发展的科研运作机制。

这是一个无行政级别编制的体制外研究所，成立至今也只有短短十几年的历史，却吸引着一批极具创造力的科学家。

科学家能创造什么？我们无法预测，但是我们用什么激励科学家创造？在北京生命科学研究所里你也许会找到答案。

在这里科学家可以享受长期的资金支持，可以自由选择自己认为重要的研究课题，科技创新课题。研究所的理念就是，不预先设定研究计划和任务，选最好的科学家来，给他们自由，让他们按照自己的研究兴趣做，比如，研究所会支持这样的研究：研究世界上至今无药可治的病毒；捕捉小鼠脑子里的蛛丝马迹，以解读出人类的精神秘密；激发对生命的想象力，关注地球之外的事情。但在让科学家自由放飞的同时，研究所采取了严苛的审核机制，每隔 5 年科学家的研究成果将由国际同行评估，通过评估的科学家可以得到晋升，反之离开。评估的核心标准就是他们的工作——是否推动和引领了同行的研究，是否对大家都造成了影响。

该所的一位科学家曾是哈佛大学医学院最优秀的病毒学家之一，十年前他回到祖国，选择了一个四十年来全球科学家都无法突破的课题，寻找乙肝病毒受体。一个从零起步的挑战。他在长达五年的时间里几乎没有发表论文，但研究所仍然给予了他充足的资金和时间。五年后，他找到了乙肝病毒受体，这可能终结乙肝病毒无法根治的历史，挽救全球 2.4 亿患者的生命，被学界认为是真正在中国做出的生命科学重大突破。

科学，在这里成为真正意义上的游戏，这个工作是不是很有趣？很酷？科学家，在这样的环境中，真正实现了自我，并做出了对社会和人类非同凡响的贡献！真正的科学家，最在乎原创的研究发现，追求的是都走到了边界，看谁能往前推动更多。

中国已经成为世界科技中心之一，中国的未来可能已经远超你的想象，唯一可以肯定的是，生命正在从一段神秘的传说，一些模糊的猜测，变成真正可以触碰的规律。

【案例 4-6】

中国企业的全球创新平台

近年来，中国企业在全球范围内积极搭建创新平台，通过在美国、印度、瑞典、俄罗斯及中国本土等多个国家和地区设立数十个研究所，推动跨文化团队协作与全球同步研发战略。这一模式显著提升了企业的原始创新效率与综合效益。

在战略布局上，中国企业普遍采用“技术高地”与“人才富地”并行的策略。前者聚焦于具备技术优势的地区，便于获取前沿技术创新资源并洞察行业动态，从而突破技术瓶颈；后者则选择人力资源丰富、研发环境优越的国家和地区，充分利用当地高技能人才与完善的科研基础设施，加速创新成果转化。

思考 1　基于不同地区的资源禀赋，企业对海外研发机构的功能定位进行差异化配置，实现互补协同。例如，在印度的研发机构主要专注于软件开发，得益于当地成熟的 IT 产业生态；瑞典的机构则深耕无线通信技术，依托欧洲在标准化与基础研究方面的优势；俄罗斯的团队聚焦数学算法与基础理论创新，借助当地顶尖数学家与工程师的智慧，成功实现多代通信网络的软件化融合，大幅降低运营商硬件升级成本。此外，部分欧洲机构还承担了 5G 等前沿技术的探索任务，形成覆盖基础研究到应用开发的全链条创新网络。

思考 2　在内部全球创新平台的建设中，有企业采用无间断同步研发策略。全球研发机构之间既存在良性竞争，又强调协同合作。具体实践中，多个国家的研发团队在项目初期同步竞标，最终由最优方案的团队主导项目，其他团队则提供技术、人力等支持。例如，在开发新一代互联网协议(IPv6)的高端路由器时，分布于班加罗尔、北京、深圳等地的数百名研发人员，通过统一的配置管理工具实现跨时区协作，确保产品开发的同步性与一致性。

通过全球资源的高效配置与跨时空协同，中国企业的研发体系形成了“优势互补、动态聚合”的创新生态，为技术突破与商业化落地提供了强劲动力。

二、创新情境的作用

创新情境，可以激发个体的想象，消除人过度功利化的行为倾向，让人能够更大程度地容忍失败，在探索中坚持并且变得坚毅。同时，创新情境可以激励社会群体，共同合作，在合作中激发更多个体的创新力。

创新演化到今天，不再是偶然的产物，已经是一个广泛协作的生态化产物。对于国家的创新力而言，单个的创新者无法撑起一个创新的国度，要赢得这个时代的竞争，我们需要努力营造创新的生态。这个生态包含无数的创新个体、创新群体以及让创新源源不断涌现的创新情境，正如习近平总书记在中国科学院第十九次院士大会、中国工程院第十四次院士大会上指出的“要坚持科技创新和制度创新‘双轮驱动’，以问题为导向，以需求为牵引，在实践载体、制度安排、政策保障、环境营造上下功夫，在创新主体、创新基础、创新资源、创新环境等方面持续用力，强化国家战略科技力量，提升国家创新体系整体效能。”只有这样才能使我们的国家成为真正有创造力的国度，才能彻底实现到 2020 年使我国进入创新型国家行列，到 2030 年使我国进入创新型国家前列，到新中国成立 100 年使我国成为世界科技创新强国的“三步走”战略目标。

习　题

1. 请想一想日常生活中在哪些时间和环境内你的好奇心、想象力被激发？是否有这样一个环境让你坚持你的创意？如果有，请描述一下这个环境中你与周围人和物之间的关系、状态；如果没有，也请思考是什么原因导致你没有坚持？

2. 你是否痴迷于一类书籍或动漫，如武侠、科幻等。在阅读中，你的心理体验是什么？头脑中产生了哪些灵光？触发了你对现实有怎样的疑惑、思考？你是否被你所热爱的这些作品的创作者所感动，也想要尝试属于自己的故事创作？

3. 你是否有一些文学、艺术方面的兴趣爱好？你关注这些领域中的佼佼者或是虽败犹荣的行动者了吗？他们对你产生了哪些影响？

4. 学校为了调动学生进行创新的积极性，鼓励学生参加省创新创业大赛，设立创新创业大赛奖金：一等奖 20 000 元，二等奖 10 000 元，三等奖 5 000 元。你认为学校应该在赛前公布奖励制度及金额，还是赛后直接颁发奖金？为什么？

5. 分析你所处的情境：①列出你拥有的所有资源，从最显而易见的资源开始，然后深入挖掘其他有形或者无形的资源。②这些资源你运用了多少？如何运用？已经产生和可能产生的效果如何？③你是否意识到资源优化配置、科学使用的意义？是否重视发掘有些资源隐藏的潜在价值，或者说未来价值？如果意识到了，你是如何做的，用了什么方法？

6. 请坚持 3 周，用心观察身边的人和事，将你发现的有趣、美好、有创意或是有问题的事物，用笔记本电脑或是随身携带的手机备忘录记录下来，同时记下你脑中闪现的灵光。（课程结束时提交你的日常创新笔记）

思维导图

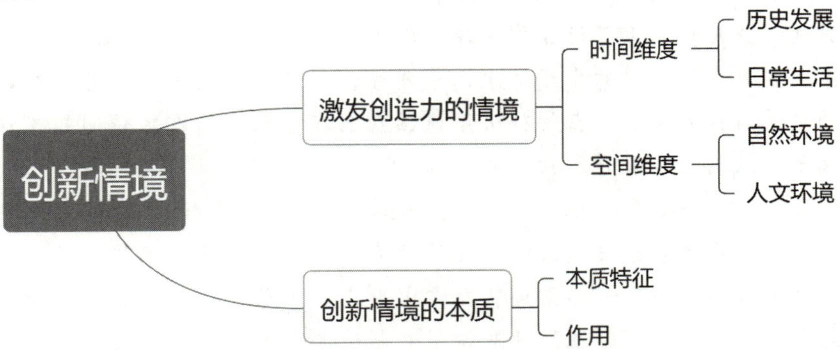

第五章 创新思维

一些陈旧的、不结合实际的东西，不管那些东西是洋框框，还是土框框，都要大力地把它们打破，大胆地创造新的方法、新的理论，来解决我们的问题。

——李四光

在科学上，每一条道路都应该走一走。发现一条走不通的道路，就是对于科学的一大贡献。

——爱因斯坦

本章核心问题

1. 创新思维有哪些？
2. 创新思维之间如何融合？

【导引案例】

中国企业的智能制造实践

2014年前，手机行业中国头部企业的一条手机生产线需配备86名工人。至2020年，从物料上线到成品包装的完整流程仅需14人，且生产效率显著提升，平均每28.5秒即可完成一部手机的生产，整体效率较智能化改造前提升了6倍，年均效率增长率超过30%。这一实践表明，数字化与智能制造的深度融合是推动“精益生产”升级的核心路径，其关键在于构建系统化的数据底座，并优先实现设计环节的数字化赋能。

思考1　如何搭建系统化数据底座？系统化数据底座需实现全量全要素的互联互通与实时反馈。具体而言，“全要素”涵盖人、机、料、法、环五大维度，即人员操作、生产设备、物料流转、工艺流程及环境参数均需被智能系统精准识别与集成。通过统一数据平台，企业可将设计研发、生产制造、供应链管理、售后服务等全流程数据打通，并延伸至上下游合作伙伴。例如，某企业与供应商协同建立物料质量追溯体系，实时获取物料的生产批次、序列号、制造日期及关键工艺参数，结合算法驱动的质量监控系统，可在物料出厂前预判潜在缺陷，精准定位问题工序、设备或操作环节，从而显著提升原材料品控水平。

思考2　为何需要优先实现设计与制造的数字化融合？设计环节是产品制造的源头，其数字化水平直接决定后续流程的效能。若前端设计依赖传统图纸，而后端制造采用智能设备，一旦产品需调整，需中断生产等待设计部门更新参数，将造成产能浪费与效率损失。通过在设计阶段预置制造要素的数字化模型，企业可在虚拟环境中完成产品开发、测试与工艺验证。例如，企业在部署通信基站前可以通过构建数字化虚拟模型，利用VR技术与传感设备模拟不同场景下的安装调试，快速迭代并锁定最优设计方案，大幅减少实地测试成本与研发周期。这种“设计即制造”的数字化融合模式，为智能制造提供了底层逻辑支撑。

图 5-1　5G 智慧工厂场景

（图片来源：倪光南，本卷主编，《中国科技之路·信息卷·智联万物》，人民邮电出版社，2021年。）

第一节　想象思维

爱因斯坦认为“想象力比知识更重要，知识是有限的，想象力概括着世界上的一切，推动着社会进步，是知识进化的源泉。”想象力是创新思维的重要品质，它能使人超越已有知识和经验，使思维插上翅膀，达到新的境界。想象力使人在平凡的事物中发现无限可能。

本节核心问题

1. 什么是想象思维？
2. 想象思维有什么特点？
3. 想象思维有哪些类型？

如何从兴趣中激发想象思维

【案例 5-1】

爱因斯坦相对论的诞生

1895年，16岁的爱因斯坦从书本上了解到光是以很快的速度前进的电磁波，于是他便开始认真思考一个问题：“假如我以光速跟随一道光束飞行，我会看到哪些奇异的景象？比方说，这道光束若是由一座时钟反射出来的，我应该看到一座静止的钟，也就是说，在我的眼中，这座钟的时间是静止的；可是在别人看来，这座钟仍在滴答滴答地走，这是否矛盾呢?”少年爱因斯坦心中的这个“臆想实验”，已经为他日后创立狭义相对论埋下了种子。

1905年，爱因斯坦对这个问题已经苦思十载，在伯尔尼专利局的日子里，爱因斯坦广泛关注物理学界的前沿动态，在许多问题上深入思考，并形成了自己独特的见解。在一次与好友贝索的讨论后，这个有如导火线的灵感终于浮出水面。爱因斯坦突然认识到，解决问题的关键在于必须挑战传统的“绝对时间”与“同时性”等概念；其实“绝对时间”并不存在，而时间与信号速度(光速)之间有着密不可分的关系。值得注意的是，这些领悟与他的那个臆想实验相呼应。这个灵感替爱因斯坦打开了一扇新世界的大门，不出5个星期，他就写好了狭义相对论这篇历史性论文。这一理论被后人誉为20世纪人类历史上最伟大的成就之一，这是一场真正的科学革命。

如果说爱因斯坦与别人有什么不同，那就是他有着非同凡响的好奇心和想象力，喜欢问东问西，并且有一种将别人告诉他的事情付诸实践的能力，以及异于常人的精力和创造精神。

想象是相对论的起源地，是人们前进的动力和方向。它让人们的思想插上翅膀，奔向更加美好的未来。任何科技、艺术等新事物的诞生都离不开想象。

一、想象思维

人类最早的想象力起源于火，没有对火的利用，恐怕就没有人类世界的现状，是火让人类成为地球上的高等智能生物。为什么说人类最早的想象力起源于火？在远古时期，人类还过着茹毛饮血的生活，直到有一天森林中因为闪电而引起了一场大火烧死了许多动物，人类的祖先才幸运地从森林中跑了出来。跑出来的人类觉得肚子很饿，于是就找来烧死的动物享用，发现味道不错。从此，人类就开始把食物烧熟来享用。现在的人们不仅知道熟食的味道鲜美，而且经过高温能够杀死动物体内的寄生虫，这是人类得以发展至今的重要发现。从对如何保存火种的思考，到第三次工业革命的出现，人类的发展始终都离不开想象思维。

想象思维是指人脑对存储的形象进行加工、改造或重组，从而形成新形象的思维活动。它是形象思维的具体化，是人脑借助表象进行加工操作的最主要形式。想象思维是非常重要的，它在科研中超过其他任何思维方式。创新就是要产生新颖的结果，任何创新都不是凭空就能发生的，只有在已有的情形中，通过联想、实践、改进，才能创造出让人耳目一新的产品。在无数发明创造中，都能从不同方面看到想象所发挥的作用。在设计一个产品时，人们往往需要在脑海中构造一个虚拟的模型，将外形、功能一一在脑海中演示直至完善。

【案例 5-2】

管仲买鹿收楚国

有一次，管仲派了许多商人到楚国买鹿，当时鹿这种动物是比较稀少的，只有楚国才有，并且在当地人们只把鹿当作一般的食材，两枚铜币就可以买一头了。

管仲派去的商人在楚国到处扬言："我们国君喜欢鹿，不惜重金前来收购。"楚国商人一看有利可图，赶快到各处采购，纷纷进货，然后再卖给齐国的商人。

鹿的价格迅速飞涨，十几天后就已经涨到五枚铜币一头。而管仲觉得，这个价格还是有点儿便宜，要把鹿价炒到四十枚铜币一头。

管仲为什么要加价买鹿呢？他又是如何通过这招辅佐齐桓公征服楚国的呢？好戏在后头。

这是管仲的一条妙计。在这之前，卫国有个国君叫卫懿公，特别喜欢鹤，结果卫国亡了。诸国国君都认为齐桓公这样喜欢鹿，是步卫懿公的后尘，玩物丧志，所以他们非常乐意齐桓公这样做，就等着坐享其成。对楚国的百姓来说，既然一头鹿能赚那么多钱，农民就不需要种田了，都将手中的农具换成猎具去猎鹿了；甚至一些士兵也放下了武器，偷偷去猎鹿。最后全民皆猎。这样一来，地就荒了，仗也没人打了，枪头都生锈了。

一年以后，楚国土地荒芜，铜币堆积如山，这时管仲封锁了楚国的粮食进口通道，他利用齐桓公是诸侯霸主的身份，向各国发出命令，不准任何国家跟楚国通商、买卖粮食。

于是楚国粮食奇缺，部队没粮食吃，战斗力就大打折扣。此时管仲看时机成熟，组织联军要讨伐楚国。楚成王一看没办法了，自己势单力薄，只好求和，不再侵略周边的小国家，并且听从齐桓公的号令。这样管仲不动一刀一枪，就打了一场漂亮的胜仗。

我们想象的一切并不是都能在现实中实现，客观实际是科学创造的空气，想象力则是科学创造的翅膀，只有通过自己一步一步地努力谋划、思考，才能像管仲一样实现自己的梦想。

在科学史上，想象力创造奇迹的例子屡见不鲜。例如，道尔顿原子论、门捷列夫元素周期律、卢瑟福原子模型、玻尔原子轨道模型等，都是大胆想象的结果。与其说想象力是科学家的专利，不如说它是科学发明的发源地。

【案例 5-3】

凯库勒发现苯环

化学史曾记录过一位富有想象力的化学家凯库勒创建了由 6 个碳原子构成的苯环结构的传奇故事。凯库勒早年受过建筑师的训练，具有一定的形象思维能力，他善于运用模型方法，把化合物的性能与结构联系起来，他潜心钻研当时有机界的难题——苯分子的结构。

1864年冬天，他的科学想象让他获得了重大的突破。他是这样记载这一伟大的创造过程的："晚上，我坐下来写教科书，但工作没有任何进展，我一直无法集中精力。我把椅子转向炉火，打起瞌睡来了。原子又在我眼前跳跃起来，这时较小的基因谦逊地退到后面。我的思维因这类幻觉的不断出现变得更敏锐了，逐渐能分辨出多种形状的大结构，也能分辨出紧密地靠在一起的长行分子，它盘绕、旋转，像蛇一样动着。"

"看！那是什么？有一条蛇咬住了它自己的尾巴，这个形状虚幻地在我的眼前旋转不停，我触电般地猛然醒来，花了这一夜的剩余时间，做出了这个关于苯环结构的假想！"于是，凯库勒首次满意地写出了苯的结构式，指出芳香族化合物的结构含有封闭的碳原子环，并且它不同于具有开链结构的脂肪族化合物。

苯环结构的诞生，不仅是化学发展史上的一块里程碑，还是想象创造历史的典型。对其所取得的成就，凯库勒认为："让我们学会做梦，学会想象吧！那么，我们就可以发现真理。"

二、想象思维的特点

（一）形象性

想象思维是借助形象或图像展开的，不是数字、概念或符号。我们可以根据他人的描述，在头脑中塑造出各种各样的形象。比如，我们可以在读古诗时想象出人物和场景的具体形象。

【案例5-4】

天净沙·秋思

马致远

枯藤老树昏鸦，
小桥流水人家，
古道西风瘦马。
夕阳西下，
断肠人在天涯。

图5-2 《天净沙·秋思》

这首小令寓情于景，生动地表现了一个长期流落异乡的人的悲哀。这首小令句法别致，前三行全由名词性词组构成，一共列出九种景物，言简而义丰。"断肠"二字为诗眼，抒发了一个飘零天涯的游子在秋天思念故乡、倦于漂泊的凄苦愁楚之情。这首小令寄情于物，把凄苦愁楚之情，通过众多自然景物的鲜明形象，浓重的深秋色彩，刻画得淋漓尽致。

我们也可以在读小说时想象出人物和场景的具体形象。

(二)概括性

想象思维实际上是对脑海中已有知识的概括，即从一方面反映了对已有记忆事物的表象，又从另一方面对记忆进行加工和抽象性地发散，组合成新的物体或原理，达到对外部事件的总体把握，所以说想象思维具有很强的概括性。例如，把地球想象成鸡蛋，蛋壳是地壳，蛋白是地幔，蛋黄是地核。科学家把原子结构想象成太阳系，太阳是原子核，核外电子是行星，围绕原子核高速旋转。鲁迅创作的人物阿Q，描述了落后的农民形象以此来反映辛亥革命的不彻底性。

【案例5-5】

《山海情》

《山海情》以展现东西部协作的“闽宁模式”为创作命题，将“闽宁对口扶贫协作、24年如一日的久久为功，开创出一条具有示范意义的扶贫协作道路，为世界提供了一份解决贫困问题的中国方案”这段鲜活历史进行了“源于生活、高于生活”的艺术概括。

图5-3 为电视剧《山海情》剧照

电视剧，对脱贫攻坚中的现实人物进行了想象概括，即文学人物的类型化加工。片中以强烈的对比呈现了墨守成规、阻挠移民工程的人物类型“李大有”，也呈现了勇于抗争、锐意进取的青年人物类型“德宝”等人。

前者，身上那一点农民的狡猾和小自私虽为得福发了不少难，但也为剧情增添了不少“笑料”，这个典型的西北农民在移民过程中所表现出来的各种不配合、不积极背后，实则表达了他这一辈人对脱贫致富的强烈期盼。

后者，年轻、朝气与锐气，打破了阻碍城市与乡村流动性最关键的“闸口”，让新的理想追求、新的生活方式、新的需求信息如潮水涌进贫困地区，让曾经沉寂贫瘠的土地经受知识与文化的“洗礼”。

(三)超越性

想象思维最宝贵的地方可以说是它的超越性，超越原有记忆中的事物，形成许多新的事物或观念，这是人类创造发明的最集中表现。

【案例 5-6】

《流浪地球》

影片《流浪地球》是中国科技馆收藏的第一部电影，将一度被好莱坞垄断的世界科幻电影深深铭刻上中国烙印，揭开了“中国科幻电影元年”序幕。

电影改编自刘慈欣的同名小说，讲述了一个关于未来的故事：在不远的将来，科学家发现太阳正在急速衰老膨胀，可以预见，未来包括地球在内的整个太阳系都将被太阳所吞没，人类文明也将因此走向终结。为了自救，各国通力合作，组成“联合政府”，共同开展了一个名为“流浪地球”的大胆计划。

图 5-4 《流浪地球》科幻电影

《流浪地球》不仅是对中国电影题材的开拓，也是对西方科幻电影既有模式和惯性的超越。其可贵之处在于发掘了中华优秀传统文化，并与时代联结；让我们看到中国电影人能够驾驭的题材更加广泛，表现手法更加多元，制片技术极大提高，显示了改革开放至今，中国电影的工业化水平空前提升。

三、想象思维的类型

(一)无意想象

无意想象是指一种无目的、无计划的不受主体意识支配的想象。这种想象不受思维框架的束缚，是一种非常自由、活跃的思维状态。例如，人们观察天上的白云时，有时把它想象成棉花，有时又像仙女，有时又像野兽等；看到冬季玻璃上的冰花时，就会觉得它像梅花，像树叶等；还有人们在睡眠时做的梦，这些都是无意想象。无意想象虽然是无法控制的，但是有时候也会产生积极的结果，使日思夜想未能解决的问题突然在梦中得到答案。

【案例 5-7】

袁隆平的“梦”

“我做过一个梦，梦见杂交水稻的茎秆像高粱一样高，穗子像扫帚一样大，稻谷像葡萄一样结得一串串，我和我的助手们一块儿在稻田里散步，在水稻下面乘凉，做个禾下乘凉的幸福农民。”这个禾下乘凉梦，袁隆平做了两次。

(二)有意想象

有意想象是事先有预定的目的的，受主体意识支配的想象。它是人们根据一定的目的，为塑造某种事物形象而进行的想象活动，这种想象活动具有一定的预见性、方向性。有意想象又可分为再造型想象、创造型想象和幻想型想象。

1. 再造型想象

再造型想象是根据他人的言语叙述、文字描述或图形示意，在头脑中形成相应的形象的思维过程。例如，我们在学习历史的时候，头脑中就会构想出种种历史场景；阅读文学作品时，眼前便会浮现出各种人物形象；机械工人根据机械图纸而想象出机器的结构和形状；电影演员根据剧本的剧情、对白及导演的启示，想象出该角色当时的心理状态；警察根据受害者的陈述想象出犯罪嫌疑人的长相特征等，这些都是再造型想象。

【案例 5-8】

“一百两银子”的故事

有个商人在外做生意。他的同乡要回家，于是他就托同乡带一百两银子和一封家书给妻子。同乡在路上打开信一看，原来只是一幅画，上面画着一棵大树，树上有 8 只八哥，4 只斑鸠。同乡大喜：信上没写多少银子，我留下五十两，她也不知。

同乡将书信和银子交给商人妻子以后，说：“你丈夫捎给你五十两银子和一封家书，你收下吧!”商人妻子拆信看过后说：“我丈夫让你捎带一百两银子，怎么成了五十两?”那同乡见被识破，忙道：“我是想试试弟媳聪明不聪明。”忙把那五十两银子还给了商人的妻子。

商人妻子怎么知道是一百两银子的呢？原来那幅画上写的意思是：8 只八哥是八八六十四，4 只斑鸠是四九三十六，合起来是一百，所以商人妻子知道是一百两银子。

商人写信不用文字而用图画，商人妻子读信不是认字而是解画，他们两人使用的思维法就是再造想象思维法。

2. 创造型想象

创造型想象是不依据现成的描述和引导而独立创造出新形象的思维过程。在发明创造过程中，那些形成新概念、构思新形象、设计新产品、研制新技术的过程，都是创造想象。例如，作家在头脑中构成新的典型人物形象就属于创造型想象，鲁迅笔下的阿 Q、祥林嫂等都是这样的艺术形象。

3. 幻想型想象

幻想型想象是与生活愿望相结合并指向未来的想象。它是创造型想象的一种极端形式。

巴尔扎克说过："想象是双脚站在大地上行进，他的脑袋却在腾云驾雾。"如凡尔纳的科幻小说《海底两万里》《神秘岛》《八十天环游地球》《地心游记》等，又如科幻电影《哥斯拉》《外星人 E. T. 》等。

习　题

1. "0"像什么？请大家运用想象，把这首《0 的断想》散文诗填充完整。

[提示]有形：数字、图形或物品；无形：象征一个个心愿和对新生活的祝福、实现零的突破勇于夺冠、人间团圆、生命中一切的开始。

《0 的断想》

0 是数的________，向左迈一步，就进入负数的世界；

0 是谦虚者的________，骄傲者的________；

0 是一面________，让你认识自己；

0 是一只________，让弱者随波逐流；

0 是一面________，催强者奋进；

0 是一面敲响的________，叫强者进取；

0 是一块________，任你耕种五谷。

2. 一个三角形画把伞，二个三角形画块三角板，两对全等的三角形可以拼成一个平行四边形，那么四个正三角形可以拼出什么图形？

3. 根据下面出示的字母，你能想到什么？它可以是一句名言，可以是一句诗，也可以是用你自己的话阐明的一个道理。

A　　　C

4. 在未来的社会里，机器人的使用可能十分普遍，每个人都可以有一个以上的机器人助手，你想要什么样的机器人，你和你的机器人各自都干什么。

5. 请用想象力把下面这些图像串联起来，让你的大脑成为导演，相信你肯定会导演得特别精彩。

(1)梳子　布娃娃　冰箱　沙发　菠萝　窗子　小鸟　粉笔　太阳　猪

(2)枕头　菜刀　眼镜　大树　人民币　河流　房子　老鼠　电线　袜子

第二节　多向思维

创新思维是一种从不同的角度思考事物，更新、改造、创造出新事物的高级思维。多向思维是最基础的创新思维，它能帮助人破除思维定势、激发想象力。

本节核心问题

1. 多向思维由哪些思维组成？
2. 多向思维的作用是什么？
3. 如何提升多向思维能力？

【案例 5-9】

反其道而行之

1994 年诺贝尔经济学奖获得者约翰·纳什曾提出这样一个有趣的假设：

如果你是一个在前线作战的士兵，当面对敌方的阵线时你采取什么策略对自己最有益？如果己方获胜，你的贡献不太可能是决定性的，然而你在参战中却有可能受伤或者牺牲；如果敌方取胜，你伤亡的可能性就更大了。

于是，最有益的策略是：逃跑。如果每个士兵都这样想的话，恐怕战争就不会发生了。无疑，纳什在这个假设中使用了逆向思维。

多向思维是一系列思维方法的总称，包括逆向思维、水平思维与垂直思维，关联思维与类比思维。

一、逆向思维

逆向思维就是反向思维，从相反的、非常规的角度思考问题，寻找解决问题的新方法。想要建立逆向思维，首先要打破常规，明确在创新过程中并不存在一条明显正确的思路，对待客观事物可以从相反的方向思考。

【案例 5-10】

环保口号——“保护地球，人人有责！”①

我们经常会看到“保护地球，人人有责！”这样的环保口号。看到这句口号，我们的第一想法往往是，我有责任保护地球。但要如何保护地球，反而会感到很模糊。如果换一种提问的方式：“有哪些行为可以毁灭地球？”日常生活中我们很少会这样提问，但这个提问却可以直接引起我们思考，“我们要怎样保护地球”。正面的口号告诉我们，我们要做什么。而提问式的反向思考能够帮助我们探索更多具体的措施，来防止问题的发生。

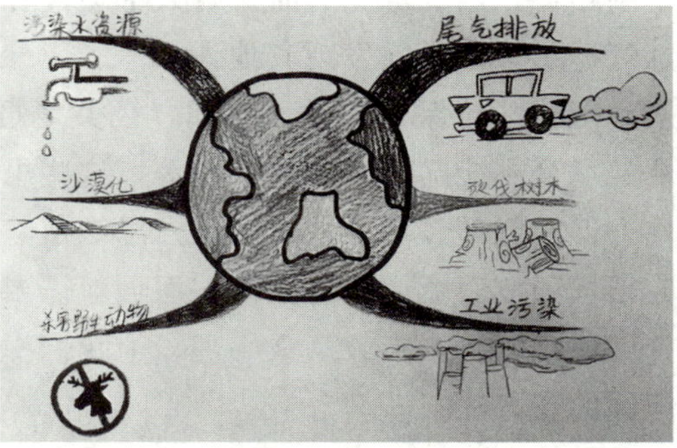

图 5-5 哪些行为可以毁灭地球(邓杰原创)

① 叶丹：《设计思维与方法》，86 页，北京，化学工业出版社，2018。

【案例 5-11】

健康标语——“健康生活每一天”①

现在我们对“健康生活每一天”进行逆向提问：“想生病有哪些方法?”日常生活中，我们是绝对不会这样问自己的，因为我们都想要健康的生活，但这个提问却给我们提供了关于健康生活的新的思考角度。

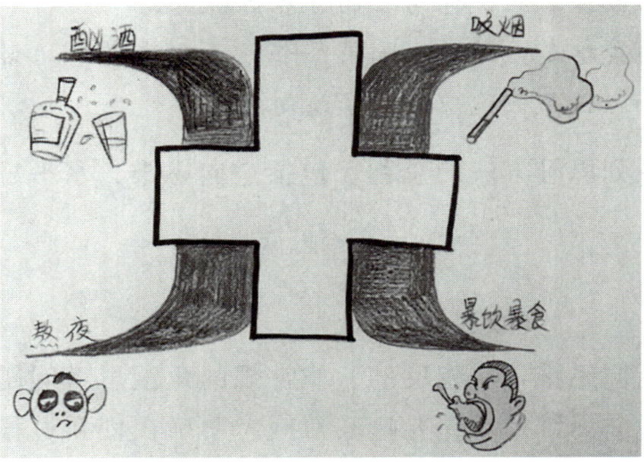

图 5-6　想生病有哪些方法

从众心理与思维定势是我们每个人都具有的心理因素。从众心理、思维定势并不是不好的心理因素。事实上在具有高度规则化的社会中，从众心理、思维定势既可以使社会按照其规则更好地运行，也可以减少个体的试错机会与代价。例如，在十字路口，当红灯亮起时，行人都会停在路口。如果你一直看着手机并没有注意到红灯亮了，但是你发现其他人都停了下来，基于从众心理，你也停了下来，这种从众心理很好地保护了你。再如，公共场合不能随地吐痰，公共场合不能大声喧哗，公共场合不能随地大小便，等等，这些思维定势是维持我们社会文明运行的必要条件。但在创新领域，从众心理、思维定势就是阻碍创新的不利因素。这意味着人云亦云、随波逐流、墨守成规，而创新需要打破常规。逆向思维可以很好地帮助我们打破思维定势、突破从众心理，为我们提供思考问题的新角度，帮助我们找到解决问题的新方法。

二、水平思维与垂直思维

水平思维对应于思维的广度，垂直思维对应于思维的深度。

水平思维也称为水平思考法、横向思维、发散式思维法，是指以一个事物为出发点，从不同角度思考与该事物有直接关联或者没有直接关联的其他结论。水平思

① 叶丹：《设计思维与方法》，86～87 页，北京，化学工业出版社，2018。

维由爱德华·德博诺[①]首先提出，是对应于垂直思维（即逻辑思维）提出的一种看待问题的方法。

垂直思维也称为纵向思维、逻辑思维，是指以一个事物为出发点，根据一步步地推导，按照因果关系产生结论的思维方式。

如果说垂直思维是寻找问题的最优解并沿着这一个解深度思考、深入挖掘，强调逻辑性与推理性，那么水平思维就是寻找问题的尽可能多的解，是一种浅表性思维方法，强调非逻辑性与非因果性。

例如，看到水杯，我们可以想到保温杯、漱口杯、奶瓶等有直接关联的点，也可能想到水泥车、电热水器、足球等没有直接关联的点。

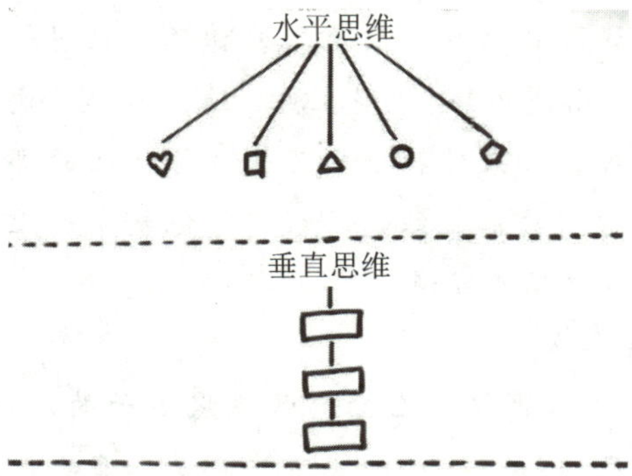

图 5-7 水平思维与垂直思维

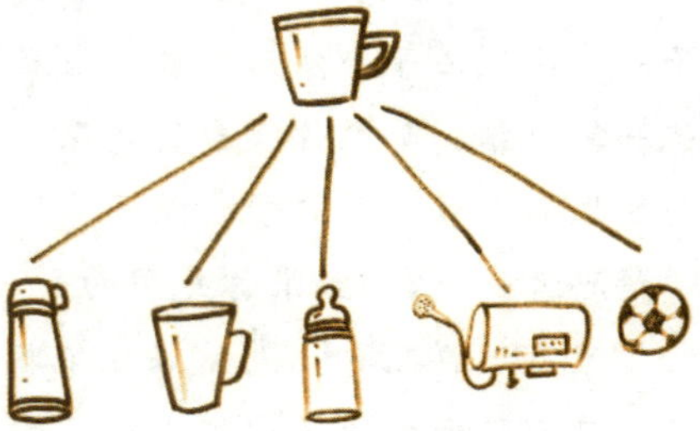

图 5-8 水平思维图

水平思维是创新思维的主导成分，对培养人的创新能力有着重要的作用。在学习和工作中，水平思维可以帮助我们灵活地获得众多有价值的新知识，进而从事创新活动。人们平时说的“举一反三”“以一贯十”“主意多”等都是水平思维的结果。水平思维强调的是思维无定式，套用一句电影台词那就是“让思维飞一会儿”。水平思维在创新活动中是寻求创意以及创意数量的思维方式。

【案例 5-12】

是水平思维还是垂直思维

请回答以下四个选项中哪些是水平思维，哪些是垂直思维？

A. 广告公司的几位创意人员为了策划新的广告项目，召开小组讨论会，集思广益尽可能多地列举创新点子；

B. 某销售精英把自己做销售的流程、技巧、案例，整理成册；

C. 某数学天才通过层层推理，证明了一道几十年来世界上无人能解的数学难题；

① 爱德华·德波诺（Edward de Bono），马耳他人，法国心理学家，牛津大学心理学学士，剑桥大学医学博士。欧洲创新协会将他列为历史上对人类贡献最大的 250 人之一。著有《水平思考：如何开启创造力》《简化：如何简单工作与生活》《六顶思考帽》等著作。被誉为“创新思维之父”。

D. 某公司的高级顾问老王能对一个经营问题进行多方位思考，提出各种不同的新见解。

参考答案：A和D追求不同方案和见解的方式，属于水平思维；而B和C针对一个主题深入分析，属于垂直思维。

那么，水平思维和垂直思维到底有什么区别呢？

【案例5-13】

聪明的姑娘

甲从乙处借了一笔债，如果无法偿还，就得去坐牢。乙是高利贷者，他想娶甲的女儿，姑娘宁死不从。乙对姑娘提出了一个解决办法：“现在我从地上捡起一块白石子、一块黑石子，然后，装进袋里由你来摸。如果你摸出白石子，你父亲的那笔债就一笔勾销；如果你摸出的是黑石子，那你就要和我结婚。”说完，他就从地上捡起两块黑石子放进了口袋。然而，这个动作却被姑娘发现了。

请思考一下，“如果你是甲的女儿，你会怎么办？”

答案有这样几种：①姑娘拒绝摸石头；②姑娘揭穿乙捡起两块黑石子的诡计；③姑娘只好随便抓出一块黑石子，违心地同乙结婚。这些解决方法都是垂直思维的结果，垂直思维能够尽善尽美地就问题进行深入分析，可是想要想出更多的好点子，只有运用新的思维方式——水平思维。

现在，我们如果以水平思维来考虑，就会打破原有的观念，那就是将焦点移向水平方向：由口袋中的石子移到地面上的石子。当姑娘的目光从口袋移到地面上(也就是说，她转移了思维方向)，她想到乙的两块石子是从地上捡起来的。于是，她伸手到口袋里抓起一块石子，在她将石子拿出袋口的一刹那，故意让其落在地上。这时，她对乙说：“呀！我真不小心，我把石头掉在地上了。我抓出来的那一块是白是黑已经无法知道了。但这也无关紧要，看看你口袋里剩下的那一块吧，我抓的肯定与口袋中的那一块不一样……”口袋里的无疑是一块黑石子。乙不敢承认自己的欺骗行为，他只好无可奈何地认定姑娘取出的是一块白石子。就这样，姑娘利用水平思维法将束手无策的局面扭转过来，取得了令人满意的结果。

这个例子充分说明了水平思维与垂直思维的区别。运用垂直思维来思考，关注点在于姑娘需要取出一块石子。而运用水平思维思考，关注点则集中在口袋里剩下的那块石子上。

水平思维和垂直思维不存在优劣，而是各有侧重点。水平思维重在启发我们的创造力，适用于寻找问题的多种解决方案；垂直思维重在提升我们深入分析问题、解决问题的能力，帮助我们在较短的时间内对事物有深刻的认知。对于创新来说，在创新的初期，我们需要丰富的创意，此时需要运用水平思维来思考。在创新的后期，当已经有了明确的创意后，我们需要更多地运用垂直思维来深入思考，进行创造。

三、关联思维与类比思维

关联思维是指将看似不相关的一组事物、问题或想法关联起来思考的思维方式。这种思维方式能够帮助人们看到事物内在的关联性，有助于开启新的思考视角、提升创造力。例如，“雨”和“时间”两个词可以让人联想到“防水手表”。**类比思维**是指通过类比两种事物间的相同或相似属性，推断它们在其他性质上也有可能相同或相似的一种思维活动。

【案例 5-14】

图 5-9 桌面收纳小摆件

在日常生活中，我们总是有这样的需求，回家后钥匙要放在哪里？放在玄关的抽屉里吗？是个不错的选择。但有没有其他的选择呢？耳机是我们常用到的小物件，它该放到哪里呢？床头柜上面吗？可那样做会让卧室显得凌乱。图 5-9 是由设计师精心设计的桌面收纳小摆件，用于满足小物品的收纳需求。它很小巧、灵便，我们可以把它拿到房间的任何地方，形状像企鹅，可以把我们需要收纳的小物件扣在里面。设计师运用关联思维将“下面藏着什么的收纳”“木质的小摆件”“企鹅”这三个看起来不相关的词语关联思考，“企鹅”具有圆柱形状、内部中空的特点，鸟嘴还增加了新的收纳功能(可悬挂小物件)。

关联思维就像“仰望夜晚的星空，然后观察其中的相关性，并最终发现一个一个不同的星座”。关联思维帮助人将看似无关的事物联结，激发创新灵感。

【案例 5-15】

“鸟巢”与鸟巢

国家体育场(鸟巢)是 2008 年北京奥运会的主体育场，位于北京奥林匹克公园中心区南部。国家体育场(鸟巢)先后举行了奥运会、残奥会开闭幕式、田径比赛及足球比赛决赛。奥运会后，国家体育场(鸟巢)成为北京市民参与体育活动及享受体育娱乐的大型专业场所，并成为地标性的体育建筑和奥运遗产。

国家体育场(鸟巢)是由雅克·赫尔佐格、德梅隆、艾未未以及李兴刚等人设计，体育场的形态以“鸟巢”为原型，金属结构暴露在外，自然形成了建筑的外观；“鸟巢”寓意孕育生命的“巢”和摇篮，寄托着人类对未来的希望。

图 5-10 国家体育场“鸟巢”

图 5-11 树上的鸟巢

类比思维是创新实践中比较常用的一种方法，也是一种比较简单的方法，很多创新活动都基于类比思维。

【案例 5-16】

世界上第一只自由行动的深潜器

瑞士科学家运用类比法发明创造了世界上第一只自由行动的深潜器。

他设计的平流层气球，曾飞到过 1.569 万米的高空。后来他又把兴趣转到了海洋，研究海洋深潜器。尽管海和天完全不同，但水和空气都是流体，因此，皮卡尔在研究海洋深潜器时，首先就想到利用平流层气球的原理来改进深潜器。

在这以前的深潜器，既不能自行浮出水面，又不能在海底自由行动，而且还要靠钢缆吊入水中。这样，潜水深度将受钢缆强度的限制，钢缆越长，自身重量就越大，也就容易断裂，所以过去的深潜器一直无法突破 2 000 米大关。

他由平流层气球联想到海洋深潜器。平流层气球由两部分组成：充满比空气轻的气体的气球和吊在气球下面的载人舱。利用气球的浮力，使载人舱升上高空，如果在深潜器上加一只浮筒，不也就像一只“气球”一样可以在海水中自行上浮了吗?

他和儿子设计了一只由钢制潜水球和外形像船一样的浮筒组成的深潜器，在浮筒中充满比海水轻的汽油，为深潜器增加浮力，同时，又在潜水球中放入铁砂作为压舱物，使深潜器沉入海底。如果深潜器要浮上来，只要将压舱的铁砂抛入海中，就可借助浮筒的浮力升至海上。再配上动力，深潜器就可以在任何深度的海洋中自由行动。这样就不需要拖上一根钢缆了。第一次试验，这只深潜器就下潜到 1 380 米深的海底，后来又下潜到 4 042 米深的海底。这对父子设计的另一艘深潜器——理雅斯特号下潜到世界上最深的洋底——1.091 68 万米，成为世界上潜得最深的深潜器，他们也因此获得了“上天入海的科学家”的美名。

类比思维在运用时就要寻找事物的相似点，并且要对“相似性”保持敏感，以达到触类旁通的目的。

习　题

1. 请用“否定视角”思考下列现象[①]

(1)天下无贼。

(2)房价暴跌。

(3)找到一份好工作。

2. 请用“肯定视角”思考下列现象[②]

(1)经济低迷。

(2)大病一场。

(3)朋友背叛。

3. 尽可能多地思考筷子的用途

4. 用水平思考方式回答下列问题[③]

(1)20 种以上回形针的用途。

(2)20 种以上雨伞的用途。

(3)20 种以上螺丝刀的方法。

(4)20 种以上纸杯的用途。

(5)20 种以上与钥匙圈组合的东西。

5. 以小组为单位制作思维卡片，小组成员每人制作 3 张卡片，每张卡片上写一个名词，每张卡片上的名词无规律、无关联。将卡片放到一起，打乱顺序，每人从中抽出 2 张或 3 张作为组合进行关联思考，组长记录关联思考结果。

6. 运用类比思维思考[④]

(1)什么车像条蛇？

(2)什么车像大象？

(3)什么动物像挖掘机？

(4)什么动物像货运车？

第三节　系统思维

人体就是一个系统，其中还包括消化系统、神经系统、血液循环系统等子系统。如果你现在觉得头痛，你可能会认为是头出了问题，然后去吃头痛药，但事实上，很有可能是消化系统出了问题，从而导致的头痛，这就需要从整体上看待人体系统

---

① 叶丹：《设计思维与方法》，92 页，北京，化学工业出版社，2018。

② 同上书，94 页。

③ 同上书，103 页。

④ 叶丹：《设计思维与方法》，116 页，北京，化学工业出版社，2018。

中各个子系统相互的关系，不能犯头痛医头、脚痛医脚的错误。也就是用系统思维来有效定义问题、解决问题。

本节核心问题

1. 系统的三个构成部分是什么？
2. 什么是系统思维？
3. 系统思维有哪些特征？

【案例 5-17】

盲人摸象

有一天，四个盲人坐在树下乘凉。有个赶象的人走过来，大声喊着："象来了，让开点儿！"一个盲人提议说："象是什么样儿的，咱们来摸一摸吧。"另外三个盲人齐声说："对，摸一摸就知道了。"

他们向赶象的人说了，赶象的人就把象拴在树上，让他们摸。

一个盲人摸了摸象的身子，就说："我知道了，象原来像一堵墙。"一个盲人摸着象的牙，说："象跟又圆又光滑的棍子一样。"第三个盲人摸着象的腿，就反驳他们，说："你们俩说的都不对，象跟柱子差不多。"第四个盲人摸着象的尾巴，就大叫起来，"你们都错了！象跟粗绳子一模一样。"

四个盲人你争我辩，都认为自己说的对，谁也不服谁。赶象的人对他们说："你们都没说对。一定要摸遍象的全身，才能知道象是什么样儿的。你们每个人只摸到象的一部分，就断定象是什么样儿的，怎么能说得对呢？"

盲人摸象的故事能带给我们什么样的现实启示呢？

盲人眼中的象显然不符合实际，他的错误在于以局部代替了整体，如果四个盲人能够真诚沟通的话，他们就能判断出完整大象的样子，就由局部走向了全面。这就是由盲人摸象引发的系统思考。

简单讲，系统思考就是站在山顶找出路，站在山顶的最高处，才可能找到出山的路，如果站在半山腰或者山脚下，纵然是天才也很难找到走出大山的路，因为你的视线完全受阻。在当今复杂多变的互联网时代，信息泛滥，各种说法良莠不齐。在这种情况下，只有拥有"一双慧眼"，才能"把这纷扰看得清清楚楚、明明白白、真真切切"。因此，系统思考是应对复杂性问题的"旷世奇功"，有着广阔的用武之地，小到日常生活与个人发展，大到生态系统与社会公共事务，系统思考可以成为人们有效解决当今时代所面临的诸多动态复杂性问题的有力武器。

一、系统构成

系统并不仅仅是一些事物的简单集合，而是一个由一组相互连接的要素构成的、能够实现某个目标的整体。从这个定义可见，任何一个系统都包括三个构成部分：

要素、连接、功能或目标。因此，并不是所有的事物都是系统，我们判断一个事物是否是系统，需要去考量这个事物是否包含这三个部分——要素、连接、功能或目标。例如，一个用乐高拼好的小汽车就是一个系统，而一堆散落的乐高积木就不是系统。足球队就是一个系统，足球队里面的要素是球员、教练、场地和足球等；连接是通过游戏规则、教练指导、球员技能、球员之间的交流等产生的连接；目标是赢球、娱乐、锻炼或者赚钱。

（一）系统的要素

系统的要素是指系统内的组成部分。系统是有层级性的，所以系统内的某个组成部分里面可能还包含许多更加细微的组成部分。系统的要素不必是系统的最小组成单位。公司作为一个系统，它的要素既可以是公司内的各个部门，也可以是公司里面的员工。小米的智能家电与 APP 的组合系统当中，饮水机、APP 是这个系统里面的要素，APP 里面不同的模块、饮水机里面的滤芯也是这个系统里面的要素。总之，系统的要素是一个抽象的概念，它既可以是系统里面很微小的单元，也可以是各个单元组成的一个部分。

（二）系统的连接

系统要素和要素之间存在连接关系，这种连接关系就像是黏合剂，把一盘散沙进行了有机的组合。系统的要素一般都是名词，而要素与要素之间的连接关系就是动词，动词连接了两个名词。我们可以用“＋”来表示正相关，用“－”来表示反相关，这样的表现形式在下一章系统循环图章节中会大量用到。

（三）系统的目标

任何系统都有它的目标，这个目标就像是为这个系统指明方向的灯塔。系统并不是一盘散沙，系统应该有着明确的目标。

公司就是一个很典型的系统，公司的存在有着它的商业目标或社会目标。员工是组成公司的最小单位，可能公司里面的每位员工都有着自己的目标，但是公司通过它的制度和架构将这些员工有机地组合在一起进而为公司的整体目标服务。不同的软件和硬件也可以组成一个系统。小米的智能家电产品与小米的 APP 就有着很好的配合和连接关系。用户可以通过 APP 查看饮水机的使用情况，当饮水机的滤芯快要到期的时候，用户可以通过 APP 来购买滤芯。这个软件和硬件相结合的系统也为同一个目标而服务——为用户提供纯净的饮用水。

对一个系统来说，要素、连接和目标都是必不可少的，它们之间相互联系、各司其职。通常，在系统中最不明显的是功能或目标，只有通过分析系统的行为，才能推断出系统的目标，而这常常是系统行为最关键的决定因素。目标的变化会极大地改变一个系统，即使其中的要素和内在连接都保持不变。当然，由于系统中嵌套着系统，所以目标中还会有其他目标，而一个成功的系统，应该能够实现其构成整体的个体目标和系统总目标的一致。

二、系统思维

系统思维本质上就是一种整体性的思维方式，它要求我们用整体的观点观察周围的事物，看清事件背后的结构和各要素之间的互动关系，并主动地提高“建构”和“解构”的思维能力。

系统思维有三方面的重要作用：第一，系统思维能转变人的单向思维模式，从全局看待问题；第二，系统思维能让人透过现象看本质；第三，系统思维能看清事物之间存在的延迟现象。

【案例 5-18】

切尔诺贝利核电站爆炸

切尔诺贝利核电站是苏联最大核电站。1986 年电站四号机组发生爆炸，引发目前为止最严重的核电站事故。切尔诺贝利核电站的灾难性大火造成的放射性物质泄漏，污染了欧洲大部分地区。2013 年 2 月，核电站因结构性损伤导致屋顶坍塌。现在该核电站已经停止使用。

为什么当时所有操作人员都坚守工作岗位，甚至前一段时间刚刚因为核电站长时间不间断供电而获表彰，可核反应堆依然会发生灾难性事件？

发生核事故的根本原因，是核电站工作人员在进行一项实验时，相互之间沟通不畅。当时，工作人员打算对第四核反应堆进行一次检修，在将该反应堆关闭时，核工厂管理部门决定做一个实验，研究当反应堆关闭、蒸汽不再向涡轮发电机传送能量时，涡轮的惯性旋转能否产生新的电能。然而，基辅能量公司并不清楚这个实验，一名能量公司官员命令反应堆工作组立刻启动第四核反应堆。而此时尚不知情的涡轮发电机工作组却已经关闭了涡轮机。反应堆产生的蒸汽是供给涡轮机的，在关掉涡轮机时，一般自动保护系统会自动关掉反应堆。但是，涡轮发电机工作组，在做该实验之前已先切断了自动保护系统。这样反应堆不断工作产生蒸汽，却没有排泄出口，引发热能爆炸。

人类在面对复杂系统时，既有经验和直觉已无法应对。复杂系统之所以复杂，是因为它是动态发展的，对人类而言，系统内的一些变量并不是显而易见的，甚至几乎是一无所知，而这些变量又相互影响，彼此构成各种复杂关系。

三、系统思维的特征

（一）整体性

系统思维的首要特征是整体性——这也是系统思维最根本的特性，它存在于系统思维运动的始终。要想了解一个系统，预测并影响、控制其行为，你必须将系统作为一个整体来看待。将系统割裂开来，无论是从时间上还是空间上，都是非整体性思考的。

（二）结构性

结构性强调从系统的结构去认识系统的整体功能，并从中寻找系统最优结构，进而获得最佳系统功能。系统结构是与系统功能紧密相连的，结构是系统功能的内部表征，功能是系统结构的外部表现。系统思考是一种深层次的思考，它可以让人们看清潜藏在事件或趋势背后的“结构”，而不是仅仅停留于关注个别事件的表面层次上。

（三）立体性

系统思维方式是一种开放型的立体思维。它以纵横交错的现代科学知识为思维参照系，使思维对象处于纵横交错的交叉点上。在思维的具体过程中，系统思维把思维客体作为系统整体来思考，既注意了解思维对象与其他客体的横向联系，又能认识思维对象的纵向发展，从而全面准确地把握思维对象。

（四）动态性

系统不是静止的，而是不断发展变化的，是动态发展的系统。它可以让人们看清事物发展变化的动态，而不是只看到一个个静止的片段或侧面。

（五）综合性

综合是人的思维的一个方面，任何思维过程都包含着综合的因素。系统思维方式的综合已经是非线性的综合，是从“部分相加等于整体”上升到“整体大于部分相加之和”的综合。系统思维方式的综合，要求人们在考察对象时要从它纵横交错的各个方面的关系和联系出发，从整体上综合地把握对象。

习　题

1. 在一盘纸牌游戏中，某个人的手中有这样的一副牌。

(1)正好有十三张牌；

(2)每种花色至少有一张；

(3)每种花色的张数不同；

(4)红心和方块总共五张；

(5)红心和黑桃总共六张；

(6)属于“王牌”花色的有两张。

红心、黑桃、方块和梅花这四种花色，哪一种是王牌花色？

2. 如果你看到时钟上面的时间是3:15，那么其时针和分针之间的角度是多少？

3. 请思考：下列系统是由哪些要素构成的？它们之间的关键连接有哪些？其功能或目标是什么？

一头大象　　一支球队　　一家企业　　一条河流　　一个国家

第四节　简化思维

对于简单的事物，人类大脑更易于理解、学习和掌握，因此会产生愉悦，愉悦的状态则可以有效激发大脑的创造力。简化本身也是一种创新。

本节核心问题

1. 为何提倡简化思维？
2. 如何运用简化思维？

宋朝美学，为什么那么高级

【案例 5-19】

“从 1 加到 10”“从 1 加到 100”，哪一个更容易？

我们很自然地会想到，当然是从 1 加到 10 更加简单了。只需要 10 个数字相加就可以了。从 1 加到 100 看上去要难一些，也更加麻烦，需要 100 个数字相加。事实只能如此吗？有没有更简单的方法来计算从 1 加到 100 呢？同学们不妨先想一想，再接着往下看。

设想我们有两组数字，分别为 1 到 100，和 100 到 1。

1，2，3，…，98，99，100

100，99，98，…，3，2，1

同学们看到这两组数字时有没有受到一些启发呢？我们分别把上、下两组数字对应相加，就得到 100 个 101 相加，也就是 100×101＝10 100，那么从 1 加到 100 的答案也可以更加简单获得，显然从 1 加到 100 的结果为$\frac{100\times101}{2}=\frac{10\ 100}{2}=5\ 050$。

这就是简化思维，它可以帮助我们解决复杂的问题。

一、简化思维

简化思维是使事物变得简单化的一种思维方式，由爱德华·德博诺最先提出的。

（一）简化的优点

1. 简化可以让生活变得简单

居家生活中，我们总是会发现衣柜中放着已经好久不穿的衣服，堆积在衣柜中占据着空间。在我们的床下、书柜中堆积着初中、高中时期的作业本、练习册，已无用处却徒增收纳的烦恼。及时清理掉这些“废弃物”，会让我们的生活更加简单、更加怡然自得。

2. 简化使行事变得轻松

曾经，我们出门坐公交车需要准备零钱、点餐必须要有服务员、看病总是要带上就诊卡……这些都让我们的生活显得烦琐。而现在，我们身处无现金支付时代，一部手机、一个“二维码”，支付问题就可以轻松解决。无现金支付简化了支付流程，使我们的生活变得更加轻松。

3. 简化系统易于建立、易于监控、易于修复

我们首先要了解什么是简化系统，简化系统是相对于复杂系统而言的。复杂系统发生故障，通常很难发现到底是哪里出现了问题。简化系统是指一种模块化的系

统，将几个模块拼装在一起组成一个产品。将一个大系统分成几个小模块的拼装，显然更易于诊断与修复问题。检查时只需检查每一个模块，并对问题模块进行修复即可。

4. 简化程序能够节省时间、金钱和精力

想想在 ETC 还没有普及之前，如果我们想要通过汽车收费站，我们需要怎么办？首先，我们的汽车必须停下来，然后我们将钱交给高速公路收费员，可能还需要找零，当这些都结束之后，我们才能继续行驶。车辆的一停一起，以及收费站交钱的时间，都造成了时间的浪费。现在，ETC 的普及简化了通过高速公路收费站的程序。我们不需要把车停下来，直接通过就可以实现自动缴费，这极大地节省了我们的时间与精力。

(二)简化的挑战

我们都知道简化的好处，为什么日常生活中还是有很多复杂的事情?

1. 简化不易

简化的结果是将复杂问题简单化，但是从复杂到简单的简化过程有时并不容易进行。数学就是对客观事物高度抽象和简化的过程。例如，积分表达式，可以用于求解物理问题，也可以用于求解经济学问题。显然这个简化的过程是不易的，经历了漫长的岁月，数学家才将相应的实际问题抽象成为一个积分表达式。这里就会有一个误区，简化的过程不易，是否代表不能简化，答案显然是否定的。如果数学家从一开始就放弃将实际问题抽象成数学表达式，那么数学将无法发展，人类认识客观世界的脚步也将无法前进。

2. 容易满足

当我们遇到一个问题时，我们会想尽办法解决它。当我们想到解决办法之后，我们会非常开心于问题的解决，不会停下来思考问题是否还有其他更简单的求解方法。我们满足于问题的解决而不是满足于寻找解决问题的更简单方法。“良好是卓越的大敌”，我们需要养成寻找更简单解决问题的习惯，把“简单”与“成本”当作是同样需要努力的方向。

【案例 5-20】

如何给猫称体重?

猫是十分好动的一种动物，如果我们现在想给猫称体重我们需要怎么办？我们可以把猫放到一个盒子里称重，之后再称一下盒子的重量，用之前得到的重量减去盒子的重量，只不过我们需要先去找一个能装下猫的盒子。我们也可以等猫睡着之后，把猫放到秤上称重，只不过我们需要等待。我们还可以在秤的旁边放上猫粮，在猫吃饭的时候称重，不过我们需要去拿猫粮，还需要等猫想吃饭的时候才能称重。再想想还有没有其他办法？我们还可以现在就抱上猫，站到秤上，得到重量后再减去自己的体重就可以了。

方法总是有很多，我们既需要发挥想象，充分思考各种不同的解决问题的方法，又需要思考在众多的方法中哪一个最为简单。“简化”在某种程度上确实可以与“成本”等同。在经济学中有机会成本这个概念，机会成本指做出选择时失去的收益。在“鱼与熊掌不可兼得”时，如果“舍鱼而取熊掌”，那舍掉的鱼就是此时付出的机会成本。在相同的时间段内，解决某一问题，你可以选择更简单的方法，你也可以选择稍微复杂的方法，选择简单的方法你付出的机会成本就会相对较少。

二、如何实现简化

（一）简化的第一要求

想要实现简化，首先我们需要对目标问题了如指掌，对所要实现的价值十分清晰。

我们需要明确地知道我们所进行的创新设计的核心目标是什么，有了目标就有了方向。我们需要知道我们所进行的创新设计是为哪一群体而设计，会产生什么样的预期价值。爱德华·德波诺博士在《简化》一书中把核心目标比作树干，把预期价值比作果实。从核心目标到预期价值的实现之间，我们需要有实用、详细、具体的实现体系。实现体系就是树枝，通过树枝提供的机制，我们可以收获果实。简化的过程最有可能适用于实现体系，从树干到果实之间可以有多个树枝，我们需要选择更简单的那个。

（二）简化规则

1. 关注主干、兼顾例外

图 5-12　树

如果我们只需要处理主要问题，那么问题的解决就会变得简单很多。事物的简化过程往往需要设计一个系统来应对“主干”情形和大多数人，然后再做出特殊规定来应对“特殊”情况或主干用户之外的那些人和情形。例如，现在大多数服装店只提供“主干”尺码，但如果你需要特大尺码，则可以去特大码服装专卖店。这样关注主干、兼顾例外的模式非常高效，普通服装店的店主，不用担心因特大码服装不好销售导致货物的积压。对特大码服装有需求的客户，也可以有专门的店铺为他们服务。主干部分就是统计学上的“钟形曲线”的中心部分，例外部分就是“钟形曲线”的两边。概率论与数理统计中有一个 3σ 原则，满足“钟形曲线”分布的事物会以 99.73% 的概率落在“钟形曲线”中轴左右两边正负 3σ 的范围内。这告诉我们，我们关注主干部分可以解决我们所面对问题的绝大部分情况，这样我们就可以用很少的成本实现最大的收益，同时要注意我们也不能忘记剩下的例外情况，而对于例外情况我们只需要特殊问题特殊对待即可。社会生活、自然环境中大多数事物都满足“钟形曲线”分布，事实上“钟形曲线”分布不

仅有 3σ 原则，还有 1σ 和 2σ 原则。1σ 和 2σ 原则分别为满足“钟形曲线”分布的事物会以 65.26％的概率落在“钟形曲线”中轴左右两边正负 1σ 的范围内，以 95.44％的概率落在“钟形曲线”中轴左右两边正负 2σ 的范围内。因此，关注主干、兼顾例外非常具有现实意义。

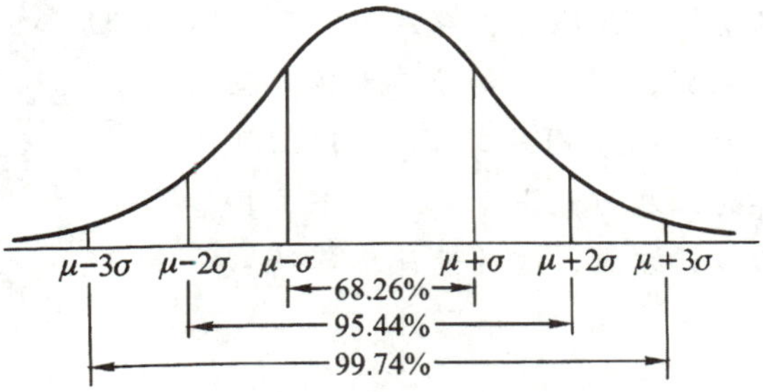

图 5-13　3σ 原则图

但要注意，在简化过程中我们要避免“简单但不公平”。如果我们只是针对目标人群的大多数进行的简化，那么对少数人群而言简化就变成了一种不公平的行为。因此我们在设计时要进行全方位的考虑，运用模块化思维，既要针对大多数人群进行简化，又要针对少数人群的例外情况进行特别设计。

2. 善于组合

不同事物的功能往往是各自独立的，因为它们是被独立设计的。将不同的功能和操作组合起来就可以创造出一个全新的产品。组合可能只是把几样东西或几种功能放到一起，却可以让事情变得简单。

【案例 5-21】

坦克的发明

坦克是现代陆上作战的主要武器，有“陆地巡洋舰”之称，是一种具有强大的直射火力、高度越野机动性和强大的装甲防护力的履带式装甲战斗车辆，主要执行与对方坦克或其他装甲车辆作战，也可以压制、消灭反坦克武器、摧毁工事、歼灭敌方有生力量，是战争中威力极大的武器。

图 5-14　坦克

坦克最早发明于一战时期，在第一次世界大战时，英国随军记者斯温顿提出用铁皮将履带式拖拉机“包装”起来，留出适当的枪眼让士兵射击，然后让士兵们乘坐它冲向敌军。在战况僵持的英法联军与德军的战场上，坦克的出现为英法联军最终战胜德军立下了汗马功劳。坦克成为第一次世界大战中最有影响力的发明。

【案例 5-22】

最精彩的组合发明——工具刀

图 5-15 工具刀

大刀、小刀、木塞拔、开罐器、螺丝刀、开瓶器、电线剥皮器、钻孔锥、剪刀、钩子、木锯、鱼鳞刮、凿子、钳子、放大镜、圆珠笔等 31 种工具组合而成。携带这样的工具刀相当于带了一个工具箱，但物品所占空间极大缩减，这种设计堪称精彩的组合发明。

3. 学会剥除

一件事如果找不到存在的理由，就扔掉它，与其担心扔掉之后可能产生的问题，不如大胆尝试，再看看会产生怎样的效果，依照现实状况进行相应的调整。如果一个东西，你认为是多余之物，但你去掉它之后，反而多出更多的麻烦，那么这个东西或许应该保留。

【案例 5-23】

剥除带来的价值

某国一名铁路工程师办事很认真，凡事喜欢动脑筋。有一次，他在铁轨上行走，发现每一颗螺丝钉都有一节露在外面。为什么必须有多余的这一节呢？不留这一节行不行？他问过许多人，都说不出个所以然。经过试验，他发现，这一节完全没有存在的必要。于是，他决定改造这种螺丝钉。同事们都笑话他小题大做，说历来都这样做，谁也没说个不字，何必标新立异，多操闲心。这位工程师不为所动，坚持做自己的。结果每个螺丝钉节约 50 克钢铁，每千米铁轨有螺丝钉 3 000 个，节约钢铁 150 千克；他所在的公司拥有铁路 1.8 万千米，总共有 5 400 万个螺丝钉，总计节约了 2 700 吨钢铁。事实令同事们信服了。

剥除涉及用人、用财、用物、用时等生活工作的各个方面，是一篇永远做不完的大文章，需要我们认真去观察、仔细去思考。掌握了剥除的要义，你会发现生活中许多问题都迎刃而解了。

【案例 5-24】

葡萄酒的旋转式瓶盖①

多年前，有人提议在葡萄酒瓶上使用旋转式瓶盖来代替传统的木塞。这种旋转

① 爱德华·德波诺：《简化》，朱邦芊译，102 页(电子书)，北京，中信出版社，2017。

式瓶盖的密封效果极好，由葡萄酒专家进行的盲品鉴定表明，使用旋转式瓶盖的瓶装葡萄酒要优于使用瓶塞的葡萄酒。然而在市场上，旋转式瓶盖酒的销量惨淡，原因一方面是人们认为使用旋转式瓶盖的都是廉价葡萄酒，另一方面是人们还喜欢将瓶塞拔出酒瓶这一传统。

有时，我们总会发现一些可以被创新简化的地方。但有时，“传统”本身具有价值，需要去保护、尊重与传承。这就要求在剥除的过程中，要有选择地剥除。

简化意味着取舍，我们必须全面清晰地了解我们的目标、了解我们所要实现的价值，明确该“取”什么、“舍”什么。简化要注意适用的场景，否则可能会使最终的结果变成过分简单，而不是简化。简化是经过精心设计后的取舍，舍掉多余冗杂的部分，而过度剥除意味着某些重要的部分被丢弃了。

4. 善于将事物分解

当整个组织系统越来越庞大时，将其分成一个个较小的单位更有利于整个组织的运转。小单位和子系统的组织运作相对简单和可控，从而提升系统整体的运作效能。

【案例 5-25】

在流水线上生产的汽车

1913 年，世界上出现了第一条汽车生产流水线。它的产生对世界汽车制造业有重大影响，它精简了汽车制造工序，实质上是管理过程的优化。流水线的原理就是将整个生产过程，分解成若干流程，每一个流程中的人专注于该流程的生产。这样做的好处是每一个流程都将更加专业，若出现问题也将更容易排查与修补。流水线是整个管理层的简化优化，极大地提升了生产效率。

（三）简化实用小技巧

1. 善于使用备注；
2. 同一时间，只做一件事；
3. 尝试将思路讲出来；
4. 学会分类和整理；
5. 善于分析问题和分解问题；
6. 将问题分解成小步骤，逐个解决；
7. 使用逆向思维和水平思维，寻找解决问题的非常规思路；
8. 不要过分关注细节；
9. 适当的放慢速度做事，轻松愉悦的氛围有助于创造力的产生；
10. 时刻对问题保持清晰的认知。

习　题

1. 请尝试将下列情绪词汇进行分类

孤独、愤怒、紧张、敬佩、无聊、痛苦、愉悦、骄傲、感动、愧疚、失望、畅快、漠然、忧虑、压抑、欣慰、焦急、兴奋、害羞、后悔、无助、烦乱、吃惊、为难、惊喜、激动、平静 、眷恋、舒适、困惑、愤怒、开心、满意、愉快、迷茫、轻松、悲伤、幸福

2. 组合练习题

(1)主体＋附加＝新产品

(　)＋(　)＝(　)

如：灯＋煤油＝煤油灯，灯＋电＝电灯，灯＋节能＝节能灯，灯＋彩色＝彩色灯

(2)玩一玩组合小游戏

班内同学按座位分成3人一组，每人一张小纸条，各组成员分别写出姓名、地点与事情。指派同学按姓名——地点——事情的顺序大声读出来。(张三——在操场——睡觉)

(3)请同学们列举出多种物品后，再选出其中几种物品，并将它们巧妙地组合，比一比，看谁能得到实用的新发明?

第五节　设计思维

设计思维就是设计师的思维吗?设计思维只有设计类相关专业的学生才需要学习吗?设计思维的本质是“以人为中心”的创新，狭义的设计思维就是指设计师的思维，广义的设计思维是指运用“以人为中心”的创新理念进行各种形式的创新实践。

本节核心问题

1. 设计思维的本质是什么?
2. 设计思维包括哪些?
3. 怎样获得设计思维?

【案例5-26】

图5-16是一款生活中常见的便携式咖啡杯盖。其设计是以“以人为中心”的理念为核心，通过多维度功能优化，全面提升用户体验，精髓体现为以下两点：一是饮用口设计根据人体工学定位，开口位置契合自然持杯时嘴部对接轨迹。二是杯盖上设计了微孔气压阀，可以实现在啜饮瞬间自动调节杯内外压差，同时主排气道配合辅助导流槽，有效解决因负压导致的滴漏问题，也可以极大降低意外泼洒的风险。

图5-16　便携式咖啡杯盖

一、设计思维的本质

【案例 5-27】

母亲的礼物①

一位经常到海外出差、工作非常繁忙的母亲，每个月在家待不了几天，她一直觉得很愧对 9 岁的儿子。因为儿子喜欢飞机模型，于是这位母亲每次出差时都尽量抽出时间去当地的商店逛一下，看到有最新的飞机模型就买一个带回去给儿子。又是将近一个月的在外奔波，这天母亲刚下飞机就急忙往家里赶，手里拎着特意从瑞士带回来的飞机模型，想到儿子见到这个模型一定会乐坏的，母亲脸上泛起微微的笑容。她按了门铃，期望看到儿子拿到飞机模型后惊喜的表情。儿子打开门，看了一眼飞机模型，并没有伸手去接，反而向前抱住妈妈，眼泪簌簌地往下掉。母亲惊愕了，忙问儿子："怎么了？不喜欢这个模型吗？"儿子用手抹了一下眼泪说："妈妈，以后不用给我买模型了，我只想要你在家多陪陪我。"听到这样一句话，母亲的眼眶顿时湿润了，她好像明白了什么。

以上案例呈现了"以自我为中心"不能真正了解他人需求的现象。就像妈妈认为飞机模型可以满足孩子的需求，而事实上孩子更需要妈妈的陪伴。如果这位母亲把关注点从飞机模型上移开，而是通过陪儿子一起玩飞机模型来增进母子之间的感情，是不是更有意义呢？设计思维的本质，就是"以人为中心"，是明确、理解和满足人的需求，让人的生活变得更好。

设计思维的运用不仅是设计师的专利，它具有更普遍的意义，人人都应该掌握设计思维。那么怎样才能实现以人为中心的创新呢？首先，设计要关注人的需求。其次，设计要方便人的使用。产品的功能显而易见，操作简便易行。最后，设计立意要高远，能够正确引导人。真正的设计，绝不是流行时尚，不是商业策划，而是具有思想性、战略性的设计，是蕴含智慧，而非充斥功利性的设计。设计应当是定义未来、引领需求、共创美好，而非占有和消耗。正如中华民族的伟大复兴，中国道路的选择，中国方案的设计，是基于人类命运共同体利益的战略谋划，是共生共创共赢共享的长远设计。

二、设计思维种类

"以人为中心"关注的是人的感受，是运用右脑思维的结果。应用设计思维，我们需要充分地开发、锻炼右脑。右脑支配着情感，善于感知并且富于想象。基于右脑的思维特点，想要提升设计思维能力，我们可以通过提升图像思维、直观思维、同理心思维与情景思维来实现。

---

① 张凌燕：《设计思维——右脑时代必备的创新思考力》，36 页，北京，人民邮电出版社，2015。

(一)图像思维

图像思维给人的第一印象就是画画，想到什么就画出什么。

图 5-17 是一幅工业设计草图，创新设计者通过绘画的形式，将自己脑海中的创新设计想法，绘制在纸上或者手绘板上，来完成创新设计。那不擅长绘画的人或者不会进行专业的设计绘画的人就无法使用图像思维吗？答案是否定的。绘画只是狭义的图像思维，更广义的图像思维指的是思维视觉化，也称为视觉思维。简单地说，就是运用图像的方式来表达想法。

图 5-17　工业设计草图

【案例 5-28】

开始装修吧

设想一下你现在已经毕业 2 年了，拥有一份不错的工作，有了一些积蓄，为自己买了一套心仪的房子，现在你打算装修它。那么你需要怎么办？找装修公司吗？你感觉有些费钱并且不太放心。所以你打算自己一点一点地装修。那你要怎么办呢？你可能会考虑到厨房要放置哪些电器、卫生间要怎样合理布局、家中空调要放置在哪里，还需要考虑一下你想要什么样的装修风格，需要在哪里做一些独特的设计(如果不会设计的话还是把它交给专业人士吧，这个钱还是得花的)。接下来，房子的水电得找工人来合理布局；得找泥瓦工来铺地，铺地的话还需要买沙子、水泥，当然还有瓷砖；还得找工人进行吊顶和贴壁纸等。这样基础的装修应该就差不多了。你还得考虑买家具、家用杂物……

上述文字你是否看得有些辛苦？我们还可以换另一种表达方式，看上去更加简洁，更加有趣。

这就是广义的图像思维，是用如图 5-18 所示的思维导图等图像工具来表达想法的一种思维方式。思维导图是常见的图像思维工具，其具体绘制方法将在下一章详细讲解。

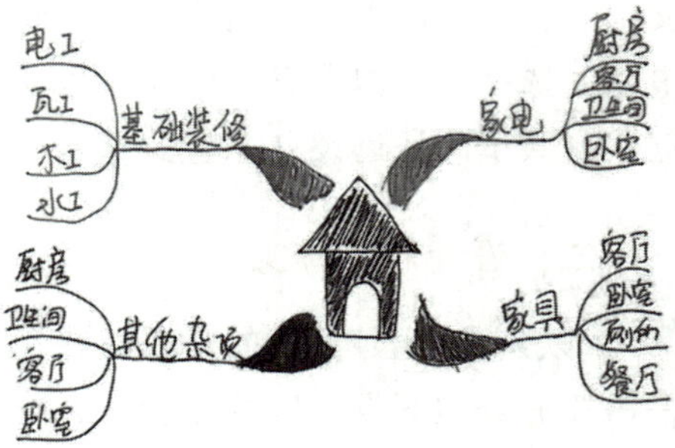

图 5-18　家庭装修思维导图

人类的大脑更喜欢处理图像类信息，图像类信息可以更容易被大脑接受、记忆与理解。图像表达具有直观、有趣、促进共识(促进他人理解)等优点。绘制思维导图等图像工具，可以加深我们对目标问题的理解，有助于创新想法的产生。文字语言的描述，就像是一座高山，我们一字一句地去阅读并理解，就像是一步一步地登山，难免辛苦。思维视觉化后就像是一幅景区的全景景观图，哪里有哪些景观一目了然。常见的图像思维工具除了草图、思维导图外还有概念地图、认知地图、模型等。提升图像思维能力，需要通过不断地练习，提升用图像工具来表达想法、创意、思维过程的能力。

(二)用手思考

苏联著名教育实践家和教育理论家瓦·阿·苏霍姆林斯基曾经说过："手是意识的伟大培育者，又是智慧的创造者。"动手探索可能性是设计思维非常重要的特点。

【案例 5-29】

以鲁班锁为灵感的创新设计

鲁班锁，也称为孔明锁、八卦锁，是广泛流传于中国民间的益智玩具，相传是三国时期诸葛孔明根据八卦玄学的原理发明的一种玩具，其原理来源于古代中国建筑的榫卯结构。在不使用任何其他物品粘连固定的情况下，完全靠自身结构的契合来支撑固定。榫卯结构蕴含着中国匠人的不凡智慧。

鲁班锁有三柱、六柱、九柱等之分，每一种柱形又有多种形式。利用鲁班锁原理可以设计出各种不同材质、不同构造的鲁班锁。

图 5-19　多种多样的鲁班锁图

图 5-20　三柱鲁班锁

图 5-21　鲁班锁造型玩具

图 5-22 与图 5-23 所示的两件作品，其灵感均来源于鲁班锁。图 5-22 是一个咖啡桌，桌子是由玻璃桌面和鲁班锁结构的桌腿构成。图 5-23 是鲁班锁凳子，这把鲁班锁凳子由若干铝条相互交织穿插而成，座位像一个鸟巢，凳子腿则通过类似鲁班锁的结构固定。

以鲁班锁为灵感的创新设计，动手实践为其重要特征。在动手实践的过程中，通过不断地调整与尝试，寻找灵感与创作思路。鲁班，春秋末期人，中国木匠的祖师，是中国民间"英雄崇拜"的一个对象，代表了技艺，代表了中国古代工匠精神。他是一个传说中的人物，一个被理想化的英雄和崇拜对象，他的身上集中了我国民间工匠的智慧：规矩、墨斗、锯、钻、刨、凿子、铲子等木工工具的发明。中国制造要实现转型升级，由大变强，弘扬工匠精神是核心要义之一，2016 年我国首次正式将"工匠精神"写入《政府工作报告》。

图 5-22　以鲁班锁为灵感创作的咖啡桌

图 5-23　鲁班锁凳子

【案例 5-30】

用意大利面和胶带搭出最高的建筑物——谁成功了？①

有这样一个有趣的设计挑战，让不同的团队比赛，看谁能够在规定的时间内用 20 根意大利面和胶带搭建出最高的建筑物，且建筑物要足够稳固(保证一颗棉花糖放在上面都不会倒塌)。究竟什么样的团队能够搭建出最高的建筑物呢？比赛结果出乎所有人的意料——表现最糟糕的竟然是商学院刚毕业的学生，而公司管理者的表现甚至不如幼儿园的小朋友们。原来，大多数人在接到这个任务的时候，会先想一下自己在团队中的角色，然后开始讨论如何去做，每个人都在脑海里构建着模型，一些人则开始在纸上画起了草图，着手实施，所有人的注意力都集中在如何搭建一个完美的建筑物上。开始倒计时了，有人拿出了棉花糖，轻轻往建筑上一放，不幸的是，看似分量很轻、不起眼的一颗棉花糖竟然使整个结构变形并倒塌！幼儿园的小朋友们是怎么做的呢？就像平时搭积木一样，他们不会像成人一样去想那么多，只是不断动手搭建着造型“奇特”的建筑，中间还不时地把棉花糖放上去，看看会怎样，就这样反反复复地，他们竟然完成了挑战！也许他们搭建的不是最高的建筑，但是，他们的建筑却是最稳固的。

作为成年人的我们早已经习惯了“三思而后行”。而“三思而后行”也意味着要花大量的时间思考。这很有可能使你错过一闪而过的灵感，也很有可能使你错过本可以实现的创新构思。一个创新想法，从想法的诞生到将想法付诸实践形成创新作品的过程，总是伴随着不断地调整与改进。现在我们需要适当地调整一下我们的思路，将这种手脑联动的设计思维应用于创新实践中，在动手实践的过程中，勇敢试错、不断改进。

① 张凌燕：《设计思维——右脑时代必备的创新思考力》，95 页，北京，人民邮电出版社，2015。

(三)同理心思维

设计思维的本质是"以人为中心"的创新，"以人为中心"的创新需要创新者设身处地地理解他人所思、所想，这就要求创新者需要拥有同理心。

同理心是指站在他人的角度看待和理解事物，在精神和情感上与对方产生共鸣，真切体会到他人的情绪和感受，并做出符合对方期望的回应的能力①。同理心不仅是运用设计思维需要具备的能力，而且是在日常生活中与他人相处时，在工作中与领导、同事、下属相处时以及与客户沟通时需要具备的重要能力之一。同理心与同情心是不同的，同情心是指对他人的遭遇感到遗憾与惋惜，心生怜悯、好言安慰，并不是以己度人的去理解他人。同理心重在理解他人，并且这种理解是放下自我的，去关注、倾听他人的真实需求，理解他人并且做出符合他人需求的回应。

应用同理心思维的第一步是学会识别情绪，自己的情绪、他人的情绪。识别出情绪后需要准确的描述，常用的情绪词汇有：悲伤、失望、孤独、愤怒、无助、烦乱、紧张、无聊、痛苦、迷茫、轻松、愉悦、骄傲、感动、愧疚、畅快、漠然、忧虑、压抑、焦急、害羞、后悔、吃惊、为难、敬佩、惊喜、欣慰、激动、平静、安逸、眷恋、惆怅、疑虑、开心、兴奋、舒适等。第二步是共情，共情指的是体验相同的情绪情感，也就是在理解对方情绪的基础上，在情感上产生共鸣。常用的描述词汇有我知道你现在很悲伤、困惑、愤怒、开心、满意、愉快等。第三步是回应。根据已经捕捉到的情绪情感，以及共情后感受到的情绪共鸣，做出符合对方预期的回应。

同理心是温暖的力量也是坚强的力量，这种温暖体现在直触人心的理解，这种坚强体现在被理解的一方所获得的心理力量。每个人都希望被人理解与认同，作为消费者的大众对产品的要求则更为严苛，该产品是否符合我的心理预期？该产品是否能让我用着特别便利？该产品是否能给我带来其他使我满意的使用体验？将同理心思维应用于创新设计中，就能够全方位多角度的理解目标客户群体，为目标客户群体设计出使其满意的产品。对于创新者而言，运用同理心思维去思考，理解一部分人的真实需求，并为其进行创新设计，是一件非常有意义的事情，这种意义不仅仅是体现在创新产品所带来的收益上，还有可能造福于社会。

【案例 5-31】

一位具有同理心的设计师②

某国一位工业设计师，同时也是老年病学家和作家，在一次针对新型冰箱设计的头脑风暴会议上，她问了一个很简单的问题："我们难道不能设计一种让双手有关节炎的人也能轻易打开的冰箱吗?"上司看着她，不以为然地说："我们不为那些人设计。""什么叫作那些人?"愤愤不平的她很不甘心，在自己的脸上涂上乳胶，看起来显

---

① 张凌燕：《设计思维——右脑时代必备的创新思考力》，75 页，北京，人民邮电出版社，2015。

② 张凌燕：《设计思维——右脑时代必备的创新思考力》，77 页，北京，人民邮电出版社，2015。

得衰老而布满皱纹，然后戴上厚重的眼镜来模糊自己的视线，并且戴上耳机让自己听不清楚，还在身体上绑上支架，在腿上缠上夹板，穿上高低不平的鞋子，把自己假扮成一个驼背、行动不便、必须依靠拐杖才能行走的85岁的老太太。接着，她以这种装束亲自走访了该国100多个城市，找出老年人每天所遭遇的现实困境，例如，在陡峭的地铁楼梯爬上爬下、费力地推开百货公司厚重的门板、赶在信号灯变换之前穿过马路，以及艰难地打开冰箱门等。正是这场假扮老年人的体验，让她成为“为大众而设计”的开创者，她所设计的产品的使用者年龄段覆盖了5岁到85岁的人群。比如其中一个产品——橡胶把手的削皮器，使得患有关节炎的人群也能轻松使用，如今这个产品几乎已成为她所在国家每个家庭的标配。后来，她还推动政府通过了本国《残疾人法》成为年长民众的代言人。她已经不仅仅是一位设计师了，更是一位社会变革家。

这位设计师是一位非常具有同理心的人，它将自己尽可能地扮作老人，设身处地地去理解他们，最终创造出使老人们真实受惠的产品。从本例中我们可以看到，将创新实践与同理心相结合以及不与同理心相结合，产生的不仅仅是收益的不同，更是人生价值以及对社会贡献的不同。运用同理心思维进行创新设计，或许我们也可以使社会朝着更加美好的方向迈进。

（四）情景思维

情景思维也称为场景思维，是一种“以场景中的人”为思考对象，以及交互关系为思考核心的思维方式。古有“孟母三迁”也强调了环境的影响对一个人成长的重要性，割裂环境去考虑人的需求是不科学的。人不单单是个体的人，也是其所处的场景中的人，人影响着场景，场景也影响着人的需求。人与场景、人与场景中的物、场景与物、场景中的物与物构成动态系统。我们需要充分了解、掌握、甚至在某些情况下创造某一特定场景来进行创新设计。

情景思维的应用需要掌握三个方法：观察、讲故事和造景。

观察，是指创新者要具有敏锐的洞察力，能够感知场景中人的需求，首先要做到对场景的客观真实反映，要尊重事实。观察可以用眼笔和本来记录，还可以借助照相机和录像机等工具，帮助人在观察之后更准确详细的整理记忆。

讲故事，是富有感染力的场景描述，可以应用于创新团队成员的邀请、创新项目资金的申请以及创新产品的宣讲中，具有事半功倍的作用。完整的故事，包括人物、场景、场景中人的行为和需求。讲故事，可以通过口述、书写、绘画等方式来展现。

造景，就是设计场景，如布置宿舍、策划迎新晚会、修剪园林等。造景，需要依据人在不同场景中的需求进行设计。

【案例5-32】

伟大发明源于创新思维组合拳

19世纪70年代后期，一名妇产科医生与动物园家禽饲养员合作，借助小鸡孵化器模式，发明了婴儿恒温箱。这一发明将早产或体重过轻的新生儿死亡率从66%降至38%，挽救了无数人的生命。二次世界大战后，婴儿恒温箱逐渐成为全球许多国家和地区的医院标配，使新生儿死亡率在1950年至1998年近50年间降低75%。研究认为，婴儿恒温箱的发明对人类公共健康发挥了巨大的推动作用，在生命之初提供帮助，使更多新生儿拥有了人生的无限可能。

婴儿恒温箱，最先源于多向思维，通过发现不同事物和不同领域的"相邻可能"，使之建立关联，进而运用系统思维整合关键资源，通过医疗机构、媒体、金融机构和其他社会各方的全面关注，推动新产品的市场化和更深远的传播普及。

而婴儿恒温箱的迭代发展中，设计思维功不可没。二战后，婴儿恒温箱等技术的广泛使用，已显著提高欧美国家初生儿存活率。但诸多发展中国家，由于该类产品的技术复杂且成本高昂，难以推广使用，如利比亚和埃塞俄比亚的初生儿死亡率仍居高不下。

思考　在这类地区推广使用婴儿恒温箱的关键是什么？如何能够基于本土化场景设计迭代产品？

事实上，原有产品的复杂技术，对使用环境的供电情况、技术人员支持情况、维修背景情况的要求更高。而在发展中国家各项条件水平相对较低。产品推广应当放弃还是改进？

这款产品的发明人，没有轻言放弃，而是重新定义发展中国家的环境和需求，进而重构和迭代了产品。新产品的需求：应该性能稳定、造价便宜，且出现故障时稍加修理即可恢复。

产品基础功能没有改变：为初生婴儿提供恒温、透气的保护性空间。产品迭代的核心变化，是对外部协同资源进行了再定义和设计整合：在当地社会条件下，确保高效修复，找到维修人员；找到维修备件。

新的婴儿恒温箱的新名字是育婴器，外观和婴儿恒温箱相同，但它内部是用汽车部件拼接完成的：育婴器由旧车头灯前聚光灯提供主要的供暖；用汽车仪表盘的风扇，保持空气流通；用车门蜂鸣器做报警系统，供暖设备出现问题时鸣响，提醒护理人员；动力主要是来自标准的摩托车电瓶。

利用汽车零部件做育婴器有双重好处：可直接利用当地供货充足的汽车零件；同时当地有充足的汽车维修人员，甚至不需阅读维修手册就能胜任维修产品的维修和护理工作。用于培育小鸡的器皿，汽车、摩托车的零件，用新视角和新需求去衡量，便具有新可能，给予数以亿计的人生命。

创新，某种意义上源自对生命的敬畏与关爱。婴儿恒温箱的设计恰是源于设计者看到小鸡在孵化器中蹦蹦跳跳时的怦然心动，源于对人类弱小生命的爱，源于对不同文化背景、生活境况中的人的关注与理解，进而才有可心的设计和产品的重构。

习　题

1. 以"眼睛是心灵的窗口"为题进行创新创作，并尝试将你的想法画出来。

2. 识别人物情绪。要求：以两人小组为单位，一人绘制10张人物情绪图，另一人准确地描述这10张图中的人物情绪。

思维导图

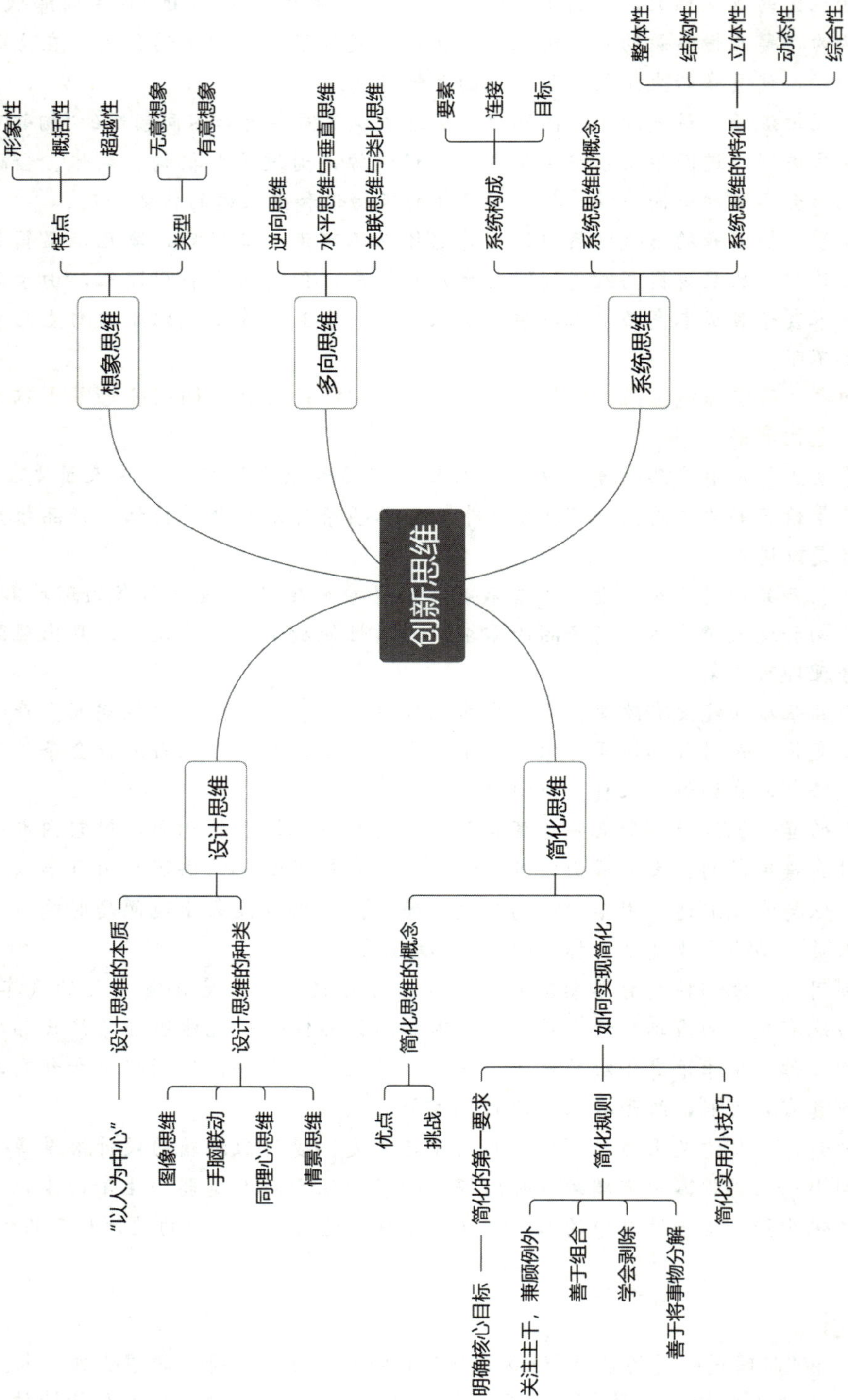
创新思维
想象思维
特点
形象性
概括性
超越性
类型
无意想象
有意想象
多向思维
逆向思维
水平思维与垂直思维
关联思维与类比思维
系统思维
系统构成
要素
连接
目标
系统思维的概念
系统思维的特征
整体性
结构性
立体性
动态性
综合性
设计思维
设计思维的本质
“以人为中心”
设计思维的种类
图像思维
手脑联动
同理心思维
情景思维
简化思维
简化思维的概念
优点
挑战
如何实现简化
简化的第一要求
明确核心目标
简化规则
关注主干，兼顾例外
善于组合
学会剔除
善于将事物分解
简化实用小技巧

第六章　创新工具

力行而后知之真。

——王夫之

本章核心问题

1. 创新工具有哪些？
2. 创新工具如何使用？

【导引案例】

中国制造企业的工具创新

对产品研发而言，工具意味着效率。但其实“工具”本身的创新才能提升其作业效率和效能。比如研发手机，要做跌落试验，看每次跌落有没有损坏手机。如果手机坏了，那就得判断它坏到了什么程度，有了试验结果，调整手机设计才有方向，才能确定一部手机是不是符合设计质量标准。最初做跌落试验，工具是机械臂，一下一下真实跌落。

思考 1　传统作业方式的弊端？

人在真实使用手机时，不知道何时掉落，掉落场景非常复杂，是落在水泥地面，还是木质地板？是手机屏先接触地面，还是边缘先接触地面？掉落高度是多少？掉落瞬间外推力多大？综合分析后，可拆分为基于不同场景下的 11 个维度和 3000 多个测试用例。按照传统的方式，用机械臂一下一下地测试，效率低，成本高，因为这样的测试方式需要报废大量手机，且还需配备一定数量人员在跌落后不停地测试。

思考 2　机械臂作为工具的效率效能有待提升，如何实现？中国手机制造企业在整合新技术要素、结合测试场景进行工具使用系统的再设计之后，即采用仿真模拟技术建模和优化，模拟各种场景，仿真跌落行为，无需全部通过真实实验验证。从开始做一次跌落试验到拿到所有的跌落仿真结果，只需 8 小时，节省了时间、人力、物力等各种成本，极大加速了手机的研发进程。

第一节　六顶思考帽

本节核心问题

1. 什么是六顶思考帽？
2. 六顶思考帽有什么特点？

3. 如何运用六顶思考帽？

【案例 6-1】

神奇的六顶思考帽

“唉！今天太糟糕了！开会讨论了一整天，却没有得到任何有意义的结论，冗长低效率的会议讨论已让我的忍耐达到极限，这个该死的会议讨论不仅浪费掉了大量时间，而且无法解决问题，另外讨论过程中快要爆炸的气氛还在破坏团队的凝聚力！”

“决策计划迫在眉睫，已经不能再次推迟了！可是依然没有讨论出最终的实施方案。我不明白会议到底是要解决问题还是要巩固某人在公司的领导地位。他们到底何时才能明白，当一条大船即将沉没的时候，船员们需要的是发号施令的船长，而不是一天又一天的开会！”

这样的会议讨论在生活中并不鲜见，不同的人有不同的视角、不同的思维、不同的目标，讨论过程难以形成共识，得到有意义的结论。这些原本能够产生生产力的时间，都浪费在了冗长而低效的会议上，这些会议通常充斥着令人厌烦的气氛，不知大家是否深有感触？

为解决这个问题，爱德华·德博诺博士开发了“六顶思考帽”思维模式。

“六顶思考帽”的思维方式在当今世界被广泛运用，并产生出巨大效益。

一、六顶思考帽

“六顶思考帽”思维方式是怎样的一种思维方式？

六顶思考帽思维方式的实现简单易行，它只允许思考者在同一时间内做一件事情。思考者从不同颜色的“思考帽”的视角进行思考，理性的蓝帽、客观的白帽、创造思考的绿帽、积极肯定的黄帽、否定批判的黑帽、感性的红帽等。通过这样的方式实现了特定思考角度下讨论者出发点的一致性，几种思考方式交替开展，保障了问题思考角度的全面性。思考者可以在不同时间对问题的不同侧面的思考达到极致，最终形成全面且深入的思考结论，大大提高思考效率。

图 6-1　六顶思考帽（胡志帅创作）

“六顶思考帽”并非带上戴上帽子去讨论问题，而是以帽子颜色作为客观提示，进行不同规则的思考。通过转变不同颜色的“帽子”提醒思考者转换思维方式。

（一）白色思考帽

白帽思维： 白色代表中立、不偏不倚。白色思考帽隐喻“客观”，强调“中立”和“事实”。戴上白色思考帽后，思考者唯一要做的就是中立客观地提出事实和数据。使用白色思考帽时，我们只关注某个现象和数据本身，而不能掺杂未经证实的这种现象或数据背后的解释。白色思考的原则是思考者不能任意提高事实层次，应该区分被相信的事实和被验证的事实。

【案例6-2】

法庭审判

法庭审判时，法官最希望证人戴上白色的思考帽。

证人：如我所述，他是在早上7点整才回到公寓的，因为他整晚都在赌博。

法官：哈利先生，你真的看见被告在案发当日晚间进行了赌博吗？还是他告诉你他一直在赌博？

证人：没有，法官阁下。但是他几乎每晚都去赌博。

法官：哈利先生，如果你现在戴上白色思考帽，你应该怎么说？

证人：我看到被告在案发日后一天早上7点整回到公寓。

法官：好的，谢谢。你可以离席了。

法庭上，律师总试图证明某个对委托人有利的观点，他们设计问题的出发点就是为了支撑自己的论点，推翻对方的论点，这与白帽理论是背向而行的。法官需要白帽的引导，才能维持法庭审判的客观公正性。

（二）红色思考帽

红帽思维： 红色代表情感、感情，丰富多彩，红色思考帽隐喻“情绪”，强调“直觉”和“预感”。戴上红色思考帽，思考者有机会表达自己的感受、情绪和直觉，而且不用进行任何解释和修正，它是关于情绪、感觉和非理性的思考。“红帽思维”使得情绪和直观感受得到了坦率地表达，同时控制于会议议题之中，降低了思考者第一视角情绪的沉溺感，避免了被强烈情绪支配而带来的冲突和对立。

【案例6-3】

情感的影响

20世纪80年代，某国一位神经学家接待了一位病人A，他的问题是无法做决定。对于一些普通人习以为常鸡毛蒜皮的事情，他需要不断地斟酌才能做决定，如用蓝笔还是黑笔写字，看电视哪个频道，去哪家餐厅吃饭——他要考虑餐厅的菜价是否合理，停车位是否充足，灯光如何，卫生环境怎么样，上座率等，可以想象等待这一切完成，不用吃饭了。他不是患有一般意义上的强迫症，无法决策的状况已经到了病态的程度，因为这个原因他的工作丢了，妻子也和他离婚了，生活一团糟。

神经学家了解到，A 几个月前做了一场手术，在大脑皮质上摘除了一个小肿瘤，于是帮他做检查，检查结果显示他的智商没有任何问题，相反还高于绝大多数人，但是在和 A 沟通过程中，发现他没有一点情绪，仿佛一个旁观人在描述他的经历。

最后答案是，手术没有伤害他的智力，却夺走了他体验情绪的能力。按照我们惯常的理解，如果无法体验情绪，这个人应该可以做出更加理性的决定啊。但这位神经学家做了更多类似案例的研究发现，情感在我们的决策中占据着重要的地位，好的决策包括理性与感性，如果你不去体验自己的感受，你永远无法做出一个决定。

【案例 6-4】

红帽的语境

“我反对任命她，因为我嫉妒她，她升职太快了。”估计没有人会这么坦白自己嫉妒别人，红帽的语境提供了一种类似迂回的表述方式。

“如果戴上红色思考帽，我会说我之所以反对安妮升职，部分原因可能是出于嫉妒。”这样的思考环境，使得思考者的情绪通过一种合理的方式浮出水面，同时避免陷入情绪化而引起争执。

（三）黑色思考帽

黑帽思维：黑色代表忧郁，黑色思考帽隐喻“悲观”，强调“谨慎”与“冷静”。戴上黑色思考帽，应该小心谨慎，它可以阻止我们去做“危险”的事情，其重要功能就是识别风险。在思考的这一阶段，我们需要考虑风险，黑帽思考法重新将思考者的注意力集中到值得警惕的事情上。同时还应该注意，黑帽思考法是逻辑性的思考法，任何判断都应有其逻辑基础。

【案例 6-5】

黑帽思考

小王：“我不喜欢降价这个主意。”

小张：“那是红帽思考。我想让你给我一点黑帽思考的结果，希望你给出符合逻辑的理由。”

小王：“好吧。根据我们过去的经验——我已经把销售数字都提供给你了——降价并没有导致销量上升到能够抵消利润率下降的地步，此外竞争对手们过去也曾通过降价来与我们展开竞争。”

我们总能戴着黑色思考帽指出错误、不合适的地方，它保护我们不至于做出错误决定，浪费时间和精力，甚至触碰法律底线。同时，黑帽思考法是始终符合逻辑的，必须有合理的逻辑理由才能进行批判。如果是单纯情绪上的否定，那是思考者戴着红帽子下的言论，而不是戴着黑帽子下的言论。

（四）黄色思考帽

黄帽思维： 黄色代表阳光，黄色思考帽隐喻“乐观”，强调“正面思考”与“远见”。在黄色思考帽下，它促使人们去花时间寻找价值，它引导思考者将注意力集中于事物的正面，专注于所有情况的积极一面，促使我们不放过任何机会。正面的评估建立在经验、可靠的信息、逻辑推断、暗示、趋势、猜测和希望的基础之上。黄帽思考法，要求思考者尽其所能地为自己的乐观提供有力支撑。如果在黄色思考法下都无法提出逻辑证明，那就再也没有地方能够提出来了。

【案例 6-6】

黄帽思考

在一次讨论供水方案的会议上，在黄色思考帽环节，大家发言如下：

“为改善供水，可以在埃尔金河上建一座水坝，这样就能形成一个水库。”

“50 英里外的山间有充足的水源，是否有可能铺设一条管道?”

“一般的抽水马桶每一次的抽水量大约是 8 加仑。现在有些新设计只需 1 加仑。那样一来，每人每天能节省 30 加仑，每天共计节省 900 万加仑。”

“循环用水怎么样? 我听说有些新的生物膜方法能以更经济的成本进行水的循环利用。这样一来，污水处理问题也会有所缓解。我能否深入考察一下这个方案?”

大家围绕讨论主题提出了具体的建议，发言主题明确，很快就得到了可供选择的方案。黄帽方案不需要多特别或多聪明，它们可能包括处理这类问题的常规方法，也可能是其他领域中使用过的方法，或是几种方法相互融合产生的新方法。黄色思考帽就是引导思考者发现新方案。

以下几种发言思路也是黄帽思维的典型表达：

“知道他很忙，出场价很高，但还是跟他联系并邀请他来参加会议开幕式吧。他可能会接受邀请啊，最多也不过是拒绝嘛。”

“每个女孩都希望当演员，获得成功的却是极少数人，因此成功概率并不大。然而毕竟有人成功了，所以如果你愿意，不妨一试。”

“你不可能在乡下的古董铺子里找到什么珍稀的艺术瑰宝。不过说起来，大多数珍稀的艺术瑰宝都出现在它们不大可能出现的地方。”

（五）绿色思考帽

绿帽思维： 绿色代表生机，绿色思考帽隐喻“创新”，强调“发展而非判断”。绿色思考帽促使每个人留出专门的时间进行创造性思考。绿色思考帽注重锻炼新的思考角度和解决方法，思考者必须进行创造性思考，将一个想法加以发展，以得出新的想法。

【案例 6-7】

绿帽思考

如何将 200mL 的水装入 100mL 的水杯中？

从 200mL 水的角度思考，改变水的形状，如冻成冰或先装入特定形状容器，再放入水杯中。

从水杯入手，改变水杯形态，如水杯是否可以像气球一样具有可塑性。

从外界客观环境入手，水装满了会流出来是因为重力的作用，如果在外太空没有重力的环境中，水就不会流出来了。

绿帽思考方式下，为创新思维提供了保障空间。传统讨论中，很多创新观点由于难以考虑全面而因为现实问题被否决，无法得到发散思考的机会。创新思考中，局部思想的发展也可能成为最终的有效解决方案。绿帽思考方式为创新的观点护航，因为绿帽思维就是要谈突破和创新。

【案例 6-8】

绿帽思维

某牙膏企业每年的营业增长率为 10%～20%，不过，业绩进入第十一年后便停滞下来。董事局对此感到不满，便召开全国经理级高层会议，以商讨对策。传统的广告、促销方案大家提出很多，有一名年轻经理提出绿帽思维，建议将现有的牙膏开口扩大 1mm。最终经过讨论，采纳了他的建议并下令更换新的包装，这个决定，使该公司第十四年的营业额增加了 32%。

案例中年轻经理提出的绿帽思维，通过扩大牙膏开口等方式不知不觉中增大消费者对牙膏的用量，从而间接地达到代价更小效率更高的提高营业额的目的。

(六)蓝色思考帽

蓝帽思维：蓝色代表深沉、冷静，蓝色思考帽隐喻“控制”，强调“运筹”与“组织”。蓝色思考法让思考者可以自己组织思考，安排使用其他思考帽的顺序，是思考的“战略安排”或者“流程”。蓝帽思维要明确讨论焦点，管控讨论流程，把控讨论时间。在会议开始阶段，帮助明确会议历程，描述目标和预期成果；在会议当中，帮助维持纪律，确保每位发言者都是在按照指定的思考模式进行思考；在会议结束前，对会议进行总结。蓝色思考法决定下一步做什么，是采取行动还是进一步思考。

【案例 6-9】

蓝帽思维

用一个例子来说明：美国黑人的犯罪率比白人高 23%。

当你看到这样的信息，你会怎么想？那就意味着美国每100个白人罪犯中就有123个黑人罪犯。我们会直接想到，黑人受教育程度低，素质低，犯罪率高。这个就是直觉带来的偏见，我们看到的信息又进一步强化了我们的偏见。

我们用上推思路，来锁定讨论焦点。

为什么黑人犯罪率高？因为美国青少年犯罪率高，而黑人青少年的数量比白人青少年数量多，所以导致了最后黑人罪犯比白人多。

再来，为什么黑人年轻人多？通过查找信息，发现再往前二三十年前，黑人有一个比较大的生育潮。

通过这种向上推的方式，逐渐接近事情的真相和问题的本质。问题就从"加大对美国黑人的治安监管"转变到"如何降低青少年的犯罪率"，其实和白人还是黑人没有关系。

二、六顶思考帽的特点

在传统的讨论中，不可避免地存在两种思维：对抗性思维和局限性思维（见图6-2和6-3）。

图 6-2 为对抗性思维（胡志帅创作）

图 6-3　局限性思维（胡志帅创作）

对抗性思维容易引起争论，破坏讨论关系，讨论内容缺乏建设性、计划性和创新性。在局限性思维中，每位思考者都有特定的立场和角度，不同立场和视角加剧了不同思维的对抗性。

你试过这样做吗：把一本大书放在你的头上使它保持平衡，你的左手要摆弄两个球，右手要打开一块巧克力的包装纸？这太高难度了。的确如此，在同一时间内做很多事情，总是非常困难并且令人手足无措。

传统的对抗性思维就像这样，有多个不同的争论焦点，每一个争论焦点的感性的思考、理性的思考、创新的思考等问题。场面混乱，讨论效率低下，难以得到有价值的结论。思考的最大障碍在于混乱，我们总是尝试同时做太多事情，感情、信息、逻辑、希望和创造性都蜂拥而至。平行思维是我们解决各种问题的有效思维方法，它将我们的思维从不同侧面和角度进行分解，分别进行考虑，而不是同时考虑很多因素。六顶思考帽是行之有效的平行思维工具，思考者的六种思考方式用不同颜色予以划分，在全局视角的指引下，将从理性、感性、积极、否定、创造等方面展开讨论。讨论的各方同一时刻用同一种方式来思考，肯定则一同找出提案的优点，否定则大家共同批判，这样就避免了人与人之间的直接冲突，发挥群体的思考效率，同时让各个视角的思维都有展示的机会，使团体中无意义的争论变成集思广益的创造，使每个人变得富有创造性。

综上，六顶思考帽有如下特点：

1. 分离思维：思维最大的痛点是混乱、纠结，我们总是试图同时做很多事，情感、信息、逻辑蜂拥而来，而且这件事越重要，越与我们的利益相关，我们就越纠结，不知道如何决策。六顶思考帽能帮助我们将千头万绪的信息按六个维度分离开。

2. 平行思考：六顶思考帽代表六条平行思考线。平行代表所有人在同一时间在一个方向深入的思考。比如，我告诉你，“注意所有红色的东西”，你就会格外注意红色的物品，发现红色的物品多了很多，这就是同一时间只做一件事情，大脑的敏感度会大大加强。

3. 自由转换：不同颜色代表的思维方式，可以通过主持人的引导或发言人表述进行转换，从不同思维角度全面讨论问题。

三、如何运用六顶思考帽

使用帽子的顺序和数量并不唯一，可以单独使用某种思考法，也可以按照自定义的顺序组合使用多种思考法，也可以在某种顺序中循环使用某顶或某几顶帽子。

下面介绍一种讨论顺序：

1. 提出会议讨论主题与讨论流程(蓝色思考帽)
2. 陈述事实(白色思考帽)
3. 提出如何解决的问题？(绿色思考帽)
4. 评估建设优点(黄色思考帽)和缺点(黑色思考帽)
5. 对选择方案的直察(红色思考帽)
6. 总结陈述得出方案(蓝色思考帽)

蓝色思考帽在讨论的开始和结束时都必须使用，蓝色思考帽可以随时打断争论与不合时宜的发言，或者提出新的问题，白色思考帽可以随时对事实进行补充。

同样在个人思考问题的时候，“六顶思考帽”的方法也是极其有效的。

可以先使用白色思考帽列举出与之相关的所有事实和数据；然后再使用红色思考帽说出自己对此的想法；接着用黄色思考帽来分析这个问题的所有积极的地方；接着用黑色思考帽找出问题的不足之处；最后用绿色思考帽分析是否有其他不同的看法或者方法。

【案例 6-10】

六顶思考帽应用

讨论议题：讨论是否如期召开集团质量创新 QC 活动。

参加会议人员：甲(主持人)、乙、丙、丁、戊、己。

甲：我安排了这个会议让大家考虑 12 月 20 日能否如期召开集团质量创新 QC 大赛，大赛如何成功举办？我将戴上我的蓝色帽子来建议我们如何进行这个会议。

首先我将这个课题再定下定义。我们要讨论和将要做决定的课题是：是否照公司制订的日期正常召开并成功举办。我提议我们先用白色帽子开始。乙，我可否从你那得到一些关于白色帽子的思考？我们能按时、成功召开吗？

乙：今天是10月24日，距离召开日期12月20日，还有两个月的时间，我们可以充分准备，会议能够按时召开。

戊：已经有11个单位成功举办了这项活动，并且大部分公司比我们公司规模小得多，我们可以借鉴他们的经验，并结合我公司实际现状找到适宜我公司的办法。

己：我们有可容纳150余人的大型会议室，各种功能齐全，完全具备组织集团级会议的硬件条件。

甲：我提议我们再用黄色帽子思考，举办QC大赛能给我们带来哪些收益？

乙：我们可以积累举办集团级大赛的经验，同时可以培养优秀人才。

丙：通过举办此次大赛能够充分展示我们公司品质管理特色，烘托公司品质氛围，营造品质意识。

丁：通过大赛能够支撑质量指标的有效达成。

戊：加深集团内各层领导对华北公司的认识。

甲：通过运用白色帽子和黄色帽子，我们对于能够按时召开及收益已得出充分的肯定，下面我提议我们试用绿色帽子思考法，考虑如何能够比前期举办的案例大赛更加成功，能否较前期再创新，如何展示华北特色，让领导给予充分肯定？

戊：首先我们应该加强宣传氛围，我们可以利用海报、全员征文形式，带动全员参与。

丁：大赛中增加故障件案例展示，加强参会人员的视觉冲击感。

乙：提前识别重点项目进行攻关，作为参赛案例。

丙：会议中表演几个与品质相关的小品或相声。

甲：刚才我们从各个角度思考了具体可操作方法，下面我们再戴上黑色帽子思考上述情况是否还存在不足及风险点？由我起头。本次大赛投入项目太多，但人力不足。

乙：以往组织的集团级活动，策划不充分，风险识别不全，经常存在有头无尾、领导不重视等问题造成问题解决缓慢。另外主持人口齿不清、口才差、没经验，易造成会场氛围差，达不到预期效果。

丙：12月20日临近元旦，公司面临盘点、总结、制订计划等项目，与我们会议时间存在冲突，可能人力、时间不足，重视度下降。

丁：我们与其他公司不同，距离市中心有70多千米，而我们大部分兄弟单位都在市内，交通是个问题。

甲：通过运用黑色帽子我们识别出不少问题，那么让我们再戴上绿色帽子思考如何解决上述风险点？

丁：我们可以成立项目小组，集中办公，实施脱岗作业，这样便可以解决时间不足、问题解决慢及会议冲突等问题。

丙：关于主持人方面，我们可以聘请主持年终大会的主持人或有集团中级讲师资格的人员。

乙：交通问题我们可以安排车辆接送，可以做两手方案，抽调公司的通勤车或到专业公司租赁。

甲：我们运用了白色帽子、黄色帽子、黑色帽子和绿色帽子思考法，现在我们再戴上红色帽子谈谈对于此次会议的讨论感觉如何？

乙：这种思考方法很全面，它能全方位带动大家的思考。

丙：我很赞同这个工作方法。

己：我喜欢这个工作方法。

丁：我们的大赛一定能够成功。

戊：我们的大赛一定会让集团各层领导耳目一新。

甲：我将戴上蓝色帽子了。对于举办集团大赛，我们列出了很多方法及建议，这些都是我们已经认同的。所以接下来由丙根据讨论结果，首先制订初步计划方案，我们将在两天后对初稿进行评审决策。

点评：这是一个比较成功的使用六帽讨论问题的案例，主要体现在主持人对整体会议的把控非常得当，尤其是在使用绿帽后，经过黑帽又再次启发大家使用绿帽，使得我们感觉对这个问题探讨得非常全面和彻底，相信对问题的解决一定会有帮助。

习　题

1. 在应用“六项思考帽”方式进行讨论时，在以下几种情况下，应该用哪种帽子思维引导发言？

(1)一种观点被负面理解了。

(2)会议进入了一个有争议的主题，无法停止的争执。

(3)所有的人都对同一种想法过度乐观。

(4)同样的老观点重复出现。

(5)没有清楚会议流程和会议规则。

(6)主要的竞争对手正在模仿你的产品和经营模式。

(7)想了解各部门对新流程的想法。

2. 请大家采用“六项思考帽”的思维方式来讨论一下我校如何有效地开展“大学生创新基础教程”课程教学。

第二节　思维导图

思维导图是一个非常简单又实用的思维工具。思维导图具有思维形象化的特点，可以有效地帮助我们学习、梳理、记忆各种知识、信息。

本节核心问题

1. 什么是思维导图？

2. 如何绘制思维导图？

一、思维导图

【案例 6-11】

我的大学目标

这张由内向外扩散的像树枝形状的图形就是思维导图，我们可以看到思维导图是图像与文字的结合。我们的左脑负责语言和分析，右脑负责视觉和感知，思维导图能够充分调动善于逻辑分析的左脑与富有创造力的右脑协同工作。

图 6-4　我的大学目标

(一)思维导图的诞生

思维导图诞生于 20 世纪 70 年代，由英国东尼·博赞发明。东尼·博赞在上大学期间，希望寻找一种好的学习方法，可以有效地记忆、整理、分析知识点，在遍寻图书馆也没有找到相应的方法之后，东尼·博赞立志自己研究发明一种方法。他先后学习了心理学与科学概论、神经语言学、神经生理学及语言学、信息论、记忆与记忆技巧、感知与创造性思维，并且在充分理解人类大脑的工作原理之后，发明了思维导图。东尼·博赞认为**思维导图**是一种图像技术，基于人类思维的放射性这一功能，可以有效地激活大脑，让人类的思维方式更具逻辑性，从而提高学习能力，改善行为方式，并普遍适用于人类的生活和学习。

思维导图的魅力在于它简单却又高效。绘制思维导图可以充分调动我们的触觉、视觉，有效地刺激大脑皮层工作，引发进一步思考，激发创意、增强记忆力、整理思绪。思维导图可以应用于日常工作、生活、学习等各个方面，具有广泛的适用性。

(二)思维导图的绘制规则

1. 四大核心操作

在绘制思维导图前，我们需要明确思维导图的四大核心操作：发散思维、关键词、色彩、图像。

发散思维是绘制思维导图的核心思维，我们需要根据中心主题，运用发散思维找到一级主题、二级主题、三级主题的关键词并且绘制与主题相关的图像。

关键词是指一个主题中的核心词汇，该词汇可以充分表达主题的中心概念。在思维导图中我们需要以图像为主，尽量少地使用文字，因此需要高度概括主题的关键词来作为每个子主题的语言描述。

灵活而丰富的色彩的运用，能够有效地引起我们的注意；极大地加深我们对中心主题的理解；激发我们的想象力与创造力；增进大脑对图像的处理与存储能力；有利于沟通与交流。在进行思维导图的制作中，可以参考六顶思考帽进行色彩的选择，白色表示充分收集到的数据与信息；黄色表示价值、好处和利益；黑色表示缺陷以及问题所在；绿色表示寻找解决办法，想点子；红色表示情绪与感受；蓝色表示对上述结果的客观分析。白色枝干的绘制可以用黑色的笔，绘制出两根交汇于一点的曲线来实现，枝干上方的字也可用镂空字体来表示。

我们的大脑对于图像的处理要比文字快得多，恰当而丰富的图像可以有效地刺激大脑皮层，促使大脑快速运转，激发想象，产生丰富的联想。图像与颜色运用有助于激发我们的思维潜力。

2.“三招七步”构图法①

在绘制思维导图前我们需要做好如下准备：一张大白纸，白纸要求纯白、没有边框和字；一些彩色水笔或铅笔以及一个想要探究的主题。我们还需要开启我们的想象思维、发散思维。做好这些准备，我们就可以学习如何绘制思维导图了。

第一，绘制一幅中心图。要根据我们想要探究的主题，确定该主题的关键词。在图像中心绘制与关键词相关的图像或写出关键词。画思维导图并不需要专业的绘画技巧，是为了帮助自己启发思考、厘清思路或者加强记忆，记住最终目标，不要纠结于绘画技巧。当然如果你感到绘画十分有困难，也可以只写出关键词，不过绘制图像可以更好地刺激大脑，激发想象，加速大脑思考。

第二，由中心图延伸出若干主干。这些主干代表与中心主题紧密相关的一级主题，一级主题要用不同的颜色来绘制，这样可以在脑海中形成有效的分类。绘制出一级主题后，可以在一级主题之后继续延伸出新的枝干形成二级主题，在二级主题之后继续延伸出三级主题。每一个一级主题下面的二级主题、三级主题都要使用与一级主题相同的颜色来绘制。

第三，每条分支都保证有一个关键词或者与关键词相关的图像。

以绘制思维导图的核心“三招”为出发点，来详细了解思维导图的“七步”构图法。

第一步，需要将准备好的白纸横向放置，在白纸中间绘制中心主题的中心图或写出关键词，当然也可以只写出中心主题的关键词。

① ［英］东尼·博赞：《思维导图完整手册》，31～37页，北京，中信出版社，2018。

图 6-5　我的大学目标(一)

中心图的选择是自由的，可以选择自己认为合适的图像。如可以绘制箭头、人物卡通头像或者如图 6-6 所示“我的大学目标”这样的艺术字体为中心图。

图 6-6　我的大学目标(二)

第二步，从中心图出发，选择一种颜色来绘制第一条主干。主干需要绘制成由粗至细的线条，就像是树枝的枝干由粗至细，线条要自然流畅，并且线条的颜色要填满。自然流畅的线条，展示了思维的流畅性；由粗至细的线条体现了一级主题与中心主题的密切相关性；色彩鲜明的线条，会使大脑印象深刻。

图 6-7　我的大学目标(三)

第三步，需要在主干上方写出一级主题的关键词或者绘制相关图像来加深记忆与理解。注意，字或者图的长度要与线条长度的视觉比例均衡，不可过长或者过短，否则画面会缺乏美感。

图 6-8　我的大学目标(四)

第四步，需要在绘制好的一级主题之后延伸出二级主题、三级主题等。并且在二级主题、三级主题的线条上标注相应的关键词或者绘制相关图像。注意：要留适当的空白方便后续填写，并且从二级主题开始用细线条就可以了。

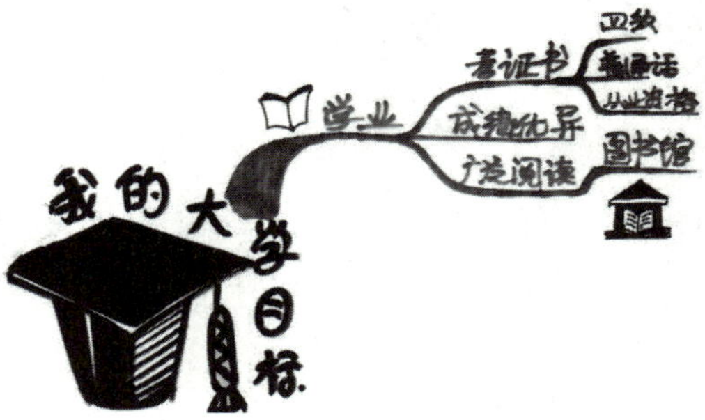

图 6-9　我的大学目标(五)

第五步，选另一种颜色的笔，按照第二、第三步的要求绘制下一个一级主题，按照第四步的要求绘制相应的二级主题、三级主题。注意：围绕中心图按顺时针方向绘制每条主干，阅读起来会更为方便，当然你也可以选择用逆时针方向或者左右两边双方向绘制，但枝干上的排列要从上方到下方；一般情况下主干的数量达到五、六条即可，五、六条主干既方便大脑整理、记忆、处理信息，画面也较为整洁。

图 6-10　我的大学目标(六)

第六步，根据新的想法和关联增加新的子分支，围绕主题在思维导图的枝干上自由地跳跃，填补空白。注意：绘制思维导图时要活用色彩，相邻主干之间颜色对比要强烈，枝干上方的图像要色彩丰富，丰富的颜色搭配可以增强记忆力、激发创造力。

第七步，在主干之间绘制连接线来强调它们之间的关联。

绘制思维导图需要左脑与右脑同时工作，它可以调用我们的记忆力、创造力、学习力等各种思维形式对中心主题进行深入思考。思维导图被形象地比喻为“大脑的瑞士军刀”，它简单、实用并且有趣。

（三）思维导图的作用和好处

1. 思维导图的作用

思维导图有助于问题的分析与整理。思维导图可以帮助我们将大脑中通过发散思维获得的杂乱无章的信息进行逻辑性梳理，最后获得有效信息。在绘制思维导图的过程中，我们需要对各层级主题提取关键词，提取关键词的过程实质上是逻辑思维梳理的过程。绘制思维导图会使我们的思路变得更加清晰、更加有层次感，这一过程充分调动我们的左脑与右脑，有助于我们的脑力开发，提升思维品质。

思维导图有助于创造力的激发。思维导图的绘制过程会用到丰富的色彩，这些色彩会刺激大脑，使大脑更具有创造力。思维导图可以帮助我们实现头脑风暴，在运用思维导图进行头脑风暴时，至少需要绘制两张思维导图。

2. 思维导图的好处

思维导图可以有效地帮助我们解决思维、学习、专注力、组织、计划、沟通、讲话、判断等问题。

思维导图运用发散思维与逻辑思维，可以充分调动左脑思考与右脑思考协同进行，有助于激发思维活力。

思维导图是强大的辅助学习工具，运用思维导图整理知识点，可以帮助我们发现重点，加深对知识体系、知识内容的理解，并且有助于知识的记忆。

绘制思维导图意味着把注意力全部集中在对中心主题的分析上，有助于提升我们的专注力。

思维导图非常适合设计活动与计划。例如，迎新晚会、生日聚会、学习计划、工作安排等，思维导图呈现出的组织与计划，层次分明并且易于增添与修改。

比起文字大脑更容易接受图片传递的信息，因此思维导图所传达出的信息易被识别与接受，这有助于不同人之间的交流与沟通。

如果你现在需要准备一个演讲，那么绘制思维导图形式的演讲稿会更好。制作文字形式的演讲稿，你不得不把文字都背下来，而思维导图形式的演讲稿你只需要记住关键词，并且导图中的图片有助于激发演讲的灵活性。

如果你需要进行一场谈判，那么思维导图可以帮助你罗列出所有可能的选择、可用的策略以及可能的结果。思维导图会帮助你取得双赢的谈判结果。

二、思维导图的应用

（一）创意型思维导图

在进行创新实践时我们可以通过绘制思维导图来帮助我们进行创意的激发与思维的整理。

【案例 6-12】

手机新品开发①

第一阶段，列出希望手机具备哪些功能，越多越好，这一阶段为头脑风暴阶段。

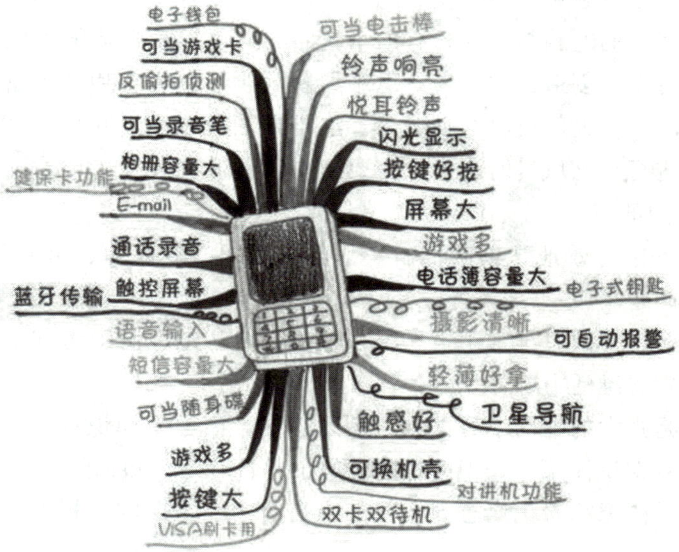

图 6-11　手机新品开发的第一阶段

第二阶段，把刚才列出的点子进行分类整理，把属于一类功能的点子放到一起。在分类整理的过程中产生的新点子也一并分类整理。

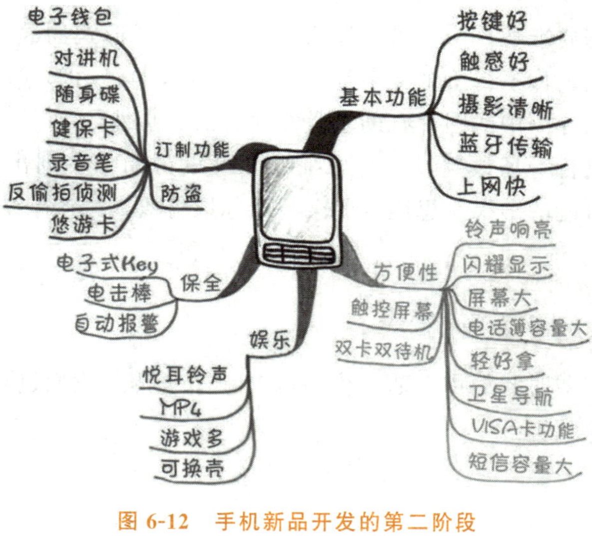

图 6-12　手机新品开发的第二阶段

① 胡雅茹：《我的第一本思维导图入门书》，142～146 页，北京，北京时代华文书局，2014。

第三阶段，分析这些想法的重要性。选出我们想要做的内容，去掉我们不需要做的内容。若产生新的想法，可随时增减。

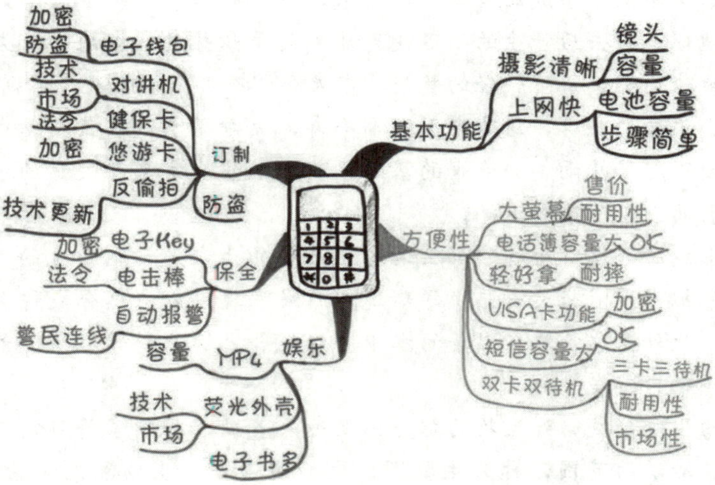

图 6-13　手机新品开发的第三阶段

第四阶段，分析每个点子的可行性。例如，有哪些是我们现阶段技术做不到的？我们需要什么样的技术来辅助完成？需要多少经费？需要什么样的人才来完成？需要多少时间去完成？

(二)整理型思维导图

在日常学习中，我们希望能够有一些工具帮助我们整理阅读思路，整理教材知识点，有效记录课堂笔记等。思维导图就是这样一种有效、实用的工具。思维导图具有非常广泛的的应用性，可以帮助我们整理和分析。

1. 阅读笔记

一边阅读一边绘制思维导图，可以帮助我们加深对阅读材料的理解与记忆。那么如何将阅读的材料整理成思维导图呢？你需要提取关键词，并对关键词进行逻辑梳理。在阅读过程中要时刻思考每一段内容的关键词是什么？关键词之间的逻辑关系是什么？通过思维导图来记录阅读材料，不仅在初读的时候有助于理解，在重温阅读材料时也可以迅速帮我们回忆其主要内容。

【案例 6-13】

生命的起源与分布①

阅读材料：

地球大约诞生于 46 亿年前，在漫长的岁月中，曾经历了无数次的变动，才形成

---

① 胡雅茹：《我的第一本思维导图入门书》，186～188 页，北京，北京时代华文书局，2014。

今天的样貌。现在所见的地球与刚形成时有很大的不同，以下是科学家根据现在发现的证据，对于地球形成初期演变所提出的推论。

有许多岩块所聚合而成的星体——地球，在形成初期，经常有小岩块因引力的作用而撞击地球，撞击后产生的高温使地球到处是炽热的岩浆海。岩浆中比较重的物质下沉到地球内部，留下较轻的物质浮在表层，而部分的水及气体则蒸发至空中。随着陨石撞击次数的减少，地球表面渐渐冷却，大量的水汽汇集凝结成浓密且厚的云层，接着便下起了暴雨。一连串的暴雨逐渐在低洼地方累积大量的水形成汪洋大海，使地球表面有了陆地和海洋。

地球刚形成时并没有生物，那么地球上最初的生命是如何产生的呢？科学家在实验室中，模拟早期地球大气与海洋环境，结果发现可以自然合成许多构成生命体的重要物质；此外这些物质在温暖的水中可以组合。因此科学家认为最初的生命可能就是在海洋中自然发生的。

从最初的生命形成，到生物的踪迹遍及地表各处，科学家将目前在地球上，生物能够生存、活动的范围，称为生物圈。生物圈由许多生物和无生物组成。那么，在我们的生活周边，哪些是生物？哪些是无生物呢？让我们由“校园走透透”的活动，熟悉我们的校园环境，学习如何辨认生物，并了解生物所表现出来的生命现象。

在校园中，我们可以看到树木枝头发出新芽，植物开花、结果和麻雀鸣叫、觅食等现象，这些生物的活动，使得校园处处充满活力。生物可以表现生长、生殖、对环境的刺激产生反应及体内进行的各种生理作用等生命现象，是生物和无生物的不同之处。

生物圈是生物栖息的空间，这些生物必须依赖环境中的空气、水、日光和养分，才能展现出种种生命现象，维持个体生存，使种族延续。由于地球各处的水、日光、空气和养分等分布的量并不相同，导致生物的分布也不平均，如温暖多雨的地区，生物的种类和数量较多，但在阳光不足的深海中、干燥的沙漠，或空气稀薄的高山，生物的数量和种类较少，生活在这些地区的生物，通常具有特殊的构造，才能适应比较恶劣的环境。

思考　如何提取关键词并进行逻辑关联？

关键词提取：第一段：地球的诞生，46亿年；第二段：地球形成初期，岩石所聚合形成的星体，岩浆海，水及气体，暴雨，陆地和海洋；第三段：生命，海洋中自然发生；第四段：生物圈，生物，非生物，生长，生殖，反应，生理作用；第五段：生物圈，栖息空间，依赖空气、水、日光、养分，温暖多雨、生物多，日照不足、生物少。关键词抽取出后，需要对关键词的内在逻辑关系进行梳理，当然这个过程可以与提取关键词同步进行。

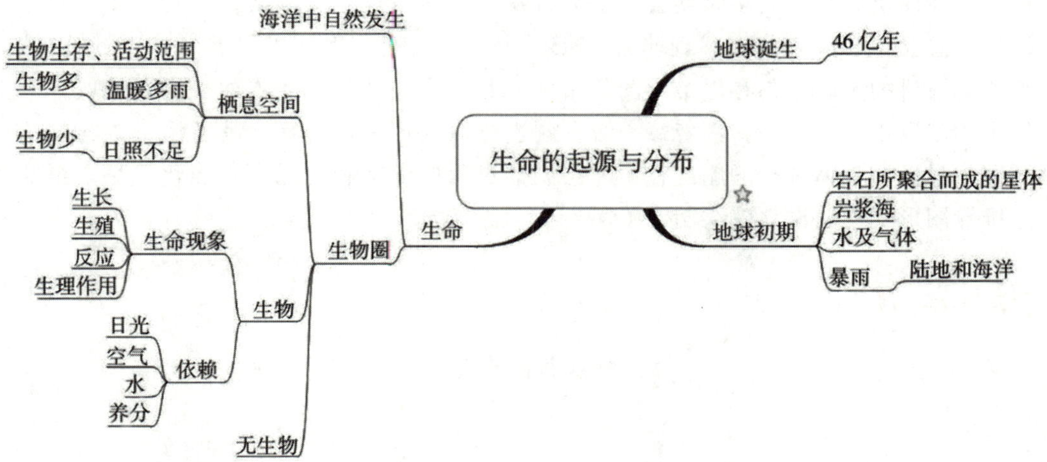

图 6-14 生命的起源与分布

2. 听课笔记

老师上课会使用 PPT 课件或者手写板书，无论是 PPT 课件还是手写板书，总会展现课程内容的大标题或者其他重点内容的关键词。我们需要做的就是记录这些“标题”与“关键词”，找到课程中知识点之间的逻辑关系体系，并且以思维导图的形式记录下来。传统的笔记，记录内容较多，上课经常会出现记笔记来不及听课，听课来不及记笔记的情况，或者记笔记不思考、记录的笔记从来不看等情况。思维导图只需要记录关键词，大大节省记笔记的时间，并且在绘制过程中需要集中、专注地思考各知识点间的内在逻辑，一边绘制一边思考。思维导图会将重点内容直接呈现并且兼具趣味性，因此笔记的回看率也会大大提高。最初尝试用思维导图来记笔记可能会觉得困难，但我们一定要经常练习，熟能生巧，相信思维导图会让你的课堂学习变得轻松起来。

【案例 6-14】

概率论与数理统计课堂笔记

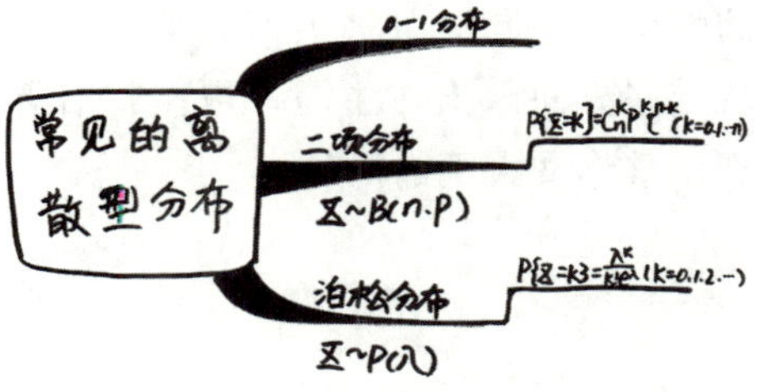

图 6-15 常见的离散型分布

3. 演讲提示

我们经常会遇到需要上台演讲的情况。例如，学生会竞聘、英语课上演讲、面试等。在演讲时我们大多时候会准备演讲稿，不得不把冗长的演讲稿背下来，开始演讲时总会担心遗忘，而感到非常紧张。让我们改变一下演讲稿的形式吧。首先，需要把演讲的主题绘制在思维导图的中间；其次，思考从哪些方面来讲述主题，一级主题就诞生了；再次，沿着每一级主题进行深入挖掘，提炼出准备演讲内容的关键词；最后，整体进行增删调整。在绘制的过程中配上相应插图，强化记忆。至此思维导图形式的演讲稿就绘制好了。

【案例 6-15】

你喜欢怎样的自己①

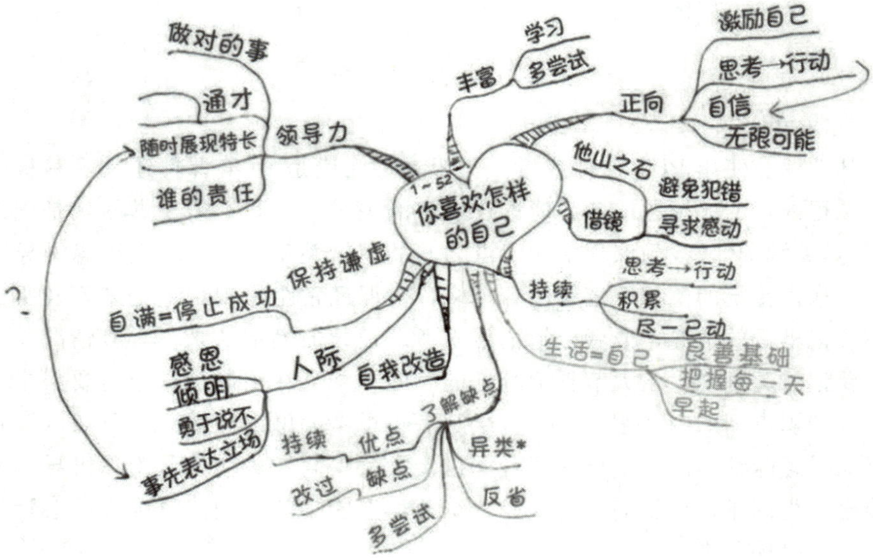

图 6-16 你喜欢怎样的自己

4. 作文大纲

英语课上我们会遇到写英文作文的情况，参加四、六级考试时也会进行英文写作。在写作之前，同学们不妨先画一幅思维导图的作文大纲来帮助自己整理写作思路。绘制思维导图形式的作文大纲同演讲稿类似，首先，把作文主题绘制在思维导图的中间；其次，思考从哪些方面来描述主题；再次，沿着每一个一级主题进行深入挖掘；最后，整体梳理调整作文大纲的脉络。

① 胡雅茹：《我的第一本思维导图入门书》，204 页，北京，北京时代华文书局，2014。

【案例 6-16】

Important Things to Do for a College Student

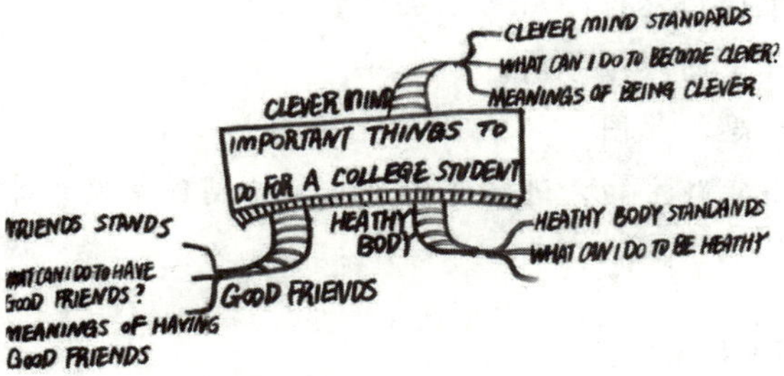

图 6-17 作文提纲

5. 个人简历

在绘制个人简历思维导图之前同学们可以先思考一下，如果这是一份求职简历的话，那么你的优势在哪里？你简历中的哪些内容是希望被人力资源部门看到的？你认为哪些内容是需要主要体现的？尝试绘制一份你的个人简历思维导图吧。

（三）计划型思维导图

在生活中，经常需要制定某一个目标的实施计划。例如，制定某一周、某一月、某一年的学习计划，英语四级考试学习计划，会计从业资格证学习计划，迎新晚会组织计划等。这些计划都可以通过绘制思维导图来制定。

【案例 6-17】

日程表规划①

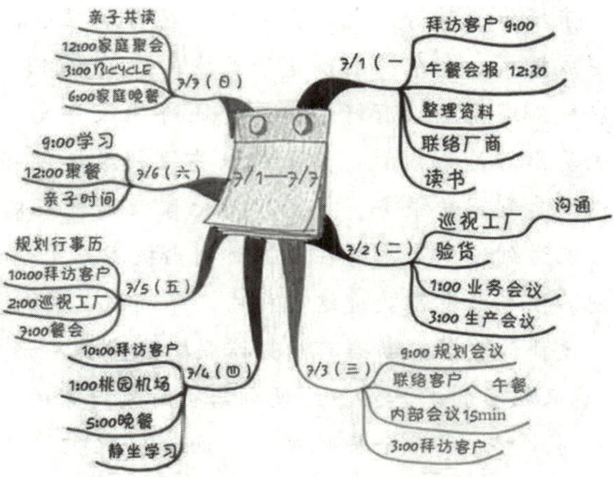

图 6-18 日程表规划

① 胡雅茹：《我的第一本思维导图入门书》，155 页，北京，北京时代华文书局，2014。

习　题

1. 自选一门你正在学习的课程，尝试用思维导图总结某一章节的知识点。
2. 制定一周学习计划，并绘制思维导图。
3. 尝试在课堂中使用思维导图来记录课堂笔记。
4. 绘制英语课作文的思维导图。
5. 制作个人简历思维导图。
6. 根据小组创新实践主题，进行头脑风暴，绘制创意思维导图。

第三节　系统循环图

通常，我们遇到问题会用碎片化的解决方法，这些方法对于简单的事情很好处理，但是对于复杂的事情未必有效。正确的方式是采用系统思维的思考方式来解决问题。本节介绍系统思维的一个有效工具，系统循环图。

本节核心问题

1. 回路的基本构成要素有哪些?
2. 系统循环图的三个基本模块是什么?
3. 如何绘制系统循环图?

【案例 6-18】

“莲雾大王”是怎样炼成的①

莲雾是一种热带水果，中国台湾的屏东是莲雾的重要产地，当地有很多人种植高品质的莲雾。由于市场价格很好，大部分农民都在当地摆个摊子来卖，虽然卖得也不错，但是难以形成规模，也容易削价竞争或被水果商盘剥，收益并不大。

但是，有一个农民知道不能只有好的水果，还得积极开发销路，让消费者吃到高质量的水果，才能卖出好价钱。于是，他和一些便利店签订直销协议，省掉了中间商的盘剥，并提供送货到家的服务。接着，由他家注册商标的莲雾，在最佳熟度时被采摘下来，直接配送到便利店，并在最短时间内被客户买到、食用，口感颇佳，受到很多客户的欢迎。便利店也很欢迎这种模式，不断追加订单。

一段时间以后，便捷的服务和新鲜可口的水果，在客户中形成了“一传十、十传百”的“口碑效应”，越来越多的客户到签约便利店去订购他家的莲雾，也有越来越多的便利店和他签约，因此形成了一个良性循环。而这位聪明的果农，也因此赚到了丰厚的利润，不断扩大产能和供应能力，逐渐发展成为当地知名果农。

---

① 邱昭良：《如何系统思考》，3～4 页，北京，机械工业出版社，2020。

上面案例的主人公是一位果农，他发挥创造性思维，改变传统营销及供应模式，启动了两个相互增强的“成长引擎”(见图 6-19)。

在图 6-19 中，R1 代表的是客户因莲雾质量优异而竞相购买，并引发了“口碑效应”，从而导致客户数量进一步增长的循环；R2 代表的是公司因销量、收入增长，从而更有实力进一步扩大供应能力、满足更多客户需求的循环。这两个循环相互促进、紧密联结，共同推动了这位果农的业务成长。

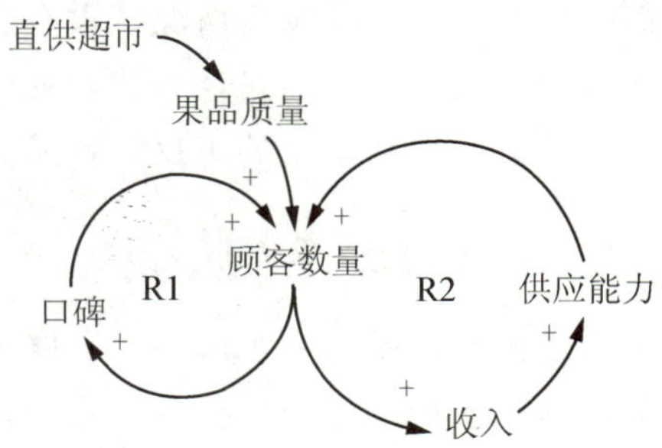

图 6-19 果农的“成长引擎”

系统循环图也叫因果回路图，因为它用因果关系链表示系统的结构。从本质上看，因果回路图由变量和连接两类要素构成，它们构成一系列闭合的回路，反映了影响系统行为的各种关键因素(变量)及其之间的相互关系。同时，任何一个闭合的回路要么是增强回路，要么是调节回路。不同类型的回路组合起来，使得系统变化出各种不同的动态。本节先从回路入手，介绍回路的基本构成要素；然后详细介绍系统循环图的三个基本模块：增强回路、调节回路和时间延迟；最后给出了如何绘制系统循环图。

一、回路

在系统思考领域，人们通常用一系列相互连接的变量所构成的闭合回路来表示系统中关键影响因素及其之间的相互联系、重要反馈，从而反映复杂事物之间的因果关系，即系统的结构与本质。比如说，先有鸡还是先有蛋的问题，是由于鸡的数量增加导致蛋多了，还是蛋多了导致鸡的数量增加了呢？这两个就是互为因果的关系，这样就构成了一个因果回路。

在现实生活中，真实系统通常由很多相互作用的回路共同构成，但从结构上看，所有的回路均由两类要素构成：变量和连接。

(一)变量

变量是系统中的实体、属性或要素，它们有不同的状态和特性，会影响其他变量，也受其他变量的影响。

(二)连接

连接反映的是变量之间的关系及其变化方向，以有向箭头(由原因指向结果)及其极性(正反馈或负反馈，+/−)来表示。正反馈指的是一个变量如果表现出增强，另一个变量也表现出增强的状态。比如，鸡多了，蛋也就增加了；销售量增加了，收入也就增加了。而负反馈就是一个变量增强导致另一个变量衰弱。比如，成本增多了，利润就减少了。

了解反馈和回路有什么作用呢？我们知道，学习需要反馈，工作需要反馈，没有反馈就是闭门造车。反馈就像航行在大海的游船，发射声波到海底，通过声波的反馈来判断水深以及海底情况，没有反馈的探测，就会像泰坦尼克号一样触礁翻船。而所有基于反馈形成的路径，我们就可以理解为回路，在我们的生活中就是要找到有利于我们工作和学习的正反馈，从而构建增强回路。

二、基本模块

系统循环图是由一个或多个回路构成的，所有的回路要么是增强回路，要么是调节回路，它们的不同组合就是系统的结构，会影响系统的行为；而回路又由变量和连接构成；与此同时，在某些变量之间的连接上可能存在时间延迟，也会改变系统中相关变量的变化态势。因此，人们往往把增强回路、调节回路和时间延迟视为系统循环图的三个基本构造模块。

（一）增强回路

增强回路，指的是具有自我增强特点的回路。正是由于增强回路的存在，才驱动了系统行为的成长。根据触发情况的不同，所有的增强回路要么表现为指数增长，要么表现为指数衰减(见图 6-20)。也就是说，增强回路将强化其自身的变化趋势：如果表现为增长，则增长会以加速度的方式持续得到加强；如果表现为衰败，则衰败会以加速度的方式持续恶化。

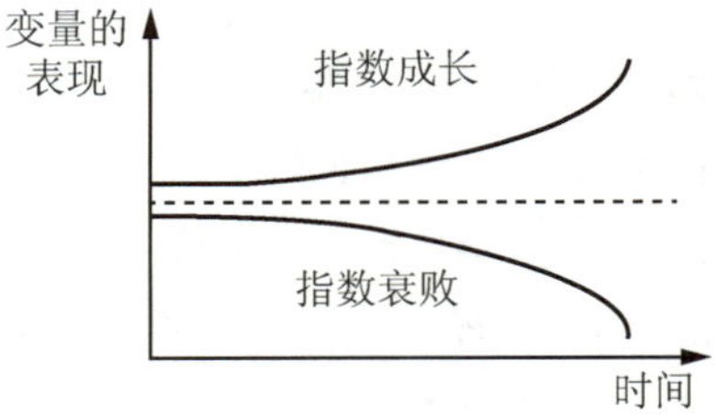

图 6-20 增强回路的行为特性

想象一下滚雪球，起初雪球很小，但是越滚越大；再想象一下以复利方式计息的存款，随着时间的增加，存款也随之增加；还有 2020 年发生的新冠肺炎疫情，由于病毒可经由密切接触或呼吸道传播，使得感染的人越多，传染性更大，从而导致感染的人更多，最终酿成一场全球性的疾病。这些都是增强回路在起作用(见图 6-21)。

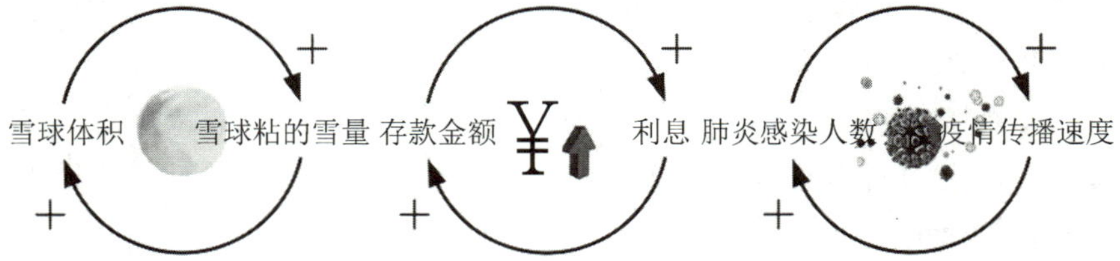

图 6-21 滚雪球、银行存款、肺炎感染人数的增强回路(胡志帅创作)

从上述几个案例来看，其系统循环图具有一个共同特点，即它们都没有反向(“－”)连接。事实上，如果一个闭合的回路上没有或有偶数个反向(“－”)连接，该回路就是一个增强回路。

在现实生活中，我们常能从这些字眼中找到增强回路的“身影”，如越来越……，良性循环，恶性循环，连锁反应，再次/进一步……

增强回路能够不断推动局势的强化，不管是好的还是坏的，一旦回路形成，就会开始不断增强。事件本身朝着好的方向发展，就会越来越好，要是朝着不好的方向发展，就会越来越差。有什么方法可以阻止呢？这时候就需要调节回路来发挥作用了。

【案例 6-19】

繁忙的交易处理中心[①]

某证券公司的交易处理中心负责执行所有客户的各种交易。在“牛市”时，每天要处理的交易量大而且种类繁多，这导致大家的工作负荷都很大，由于熟练的交易员人数有限，交易需求超出了有效的处理能力，导致错误频发。大家不得不花费额外的时间去处理和纠正错误，而这进一步加大了管理压力和工作负荷，导致更多错误发生……一时间，整个交易处理中心如同战场一样，忙乱无序。

等到股市进入“熊市”时，交易量小且种类少，业务需求在有效服务能力之内，因而大家工作负荷小，错误极少，管理压力也不大，还可以组织员工培训和业务技能研讨，提升交易员的能力，从而导致工作负荷进一步减少……一时间，整个交易处理中心一派太平盛世景象。

在以上案例中，无论是“牛市”还是“熊市”，虽然具体的表现迥异，但其内在的系统结构是一致的（见图 6-22），导致二者差异的只是触发条件的不同。

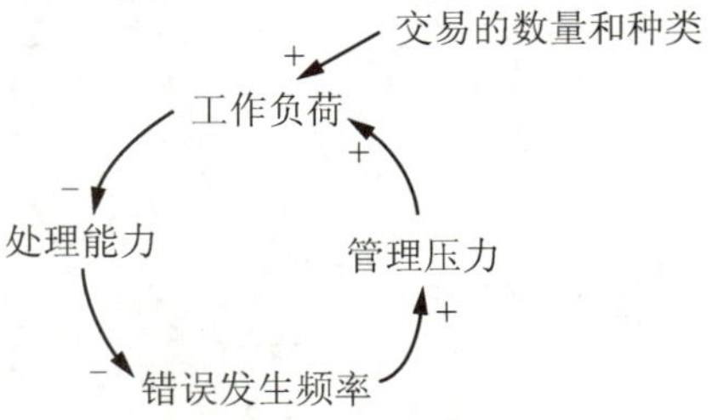

图 6-22 交易处理的系统循环图

在图 6-22 中的回路上有两个“－”号，因而其是一个增强回路。由增强回路的行为特性可知，根据触发条件（“交易的数量和种类”）的不同，它要么表现为指数级增长，要么表现为指数级衰败——在“牛市”时，“交易的数量和种类”很大，因而该增强回路会导致“工作负荷”“错误发生频率”“管理压力”越来越大；在“熊市”时，“交易的数量和种类”很小，因而该增强回路导致“工作负荷”“错误发生频率”“管理压力”越来越小。

因此，系统结构是客观存在的，不存在什么纯粹的“好的回路”或“坏的回路”。所谓“良性循环”或“恶性循环”，只是回路的运转方向是否符合人们的期望或价值导向而已。

【案例 6-20】

科技公司的生态系统与增长机制

一、生态系统的构建

某全球科技公司通过推出一系列革命性智能设备，重塑了消费电子行业格局。

---

① 邱昭良：《如何系统思考》，102～103 页，北京，机械工业出版社，2020。

其核心战略在于构建闭环生态系统：以高端硬件为载体，整合软件服务与内容平台，形成用户、开发者、供应商深度绑定的协同网络。例如，智能手机与平板设备共享供应链与操作系统，用户可无缝衔接多终端体验；同时，开发者依托统一的应用商店与分成机制，持续为平台注入优质内容，进一步吸引用户留存。

二、系统循环图分析

（注：下文以“＋”表示增强关系，“—”表示抑制关系）

1. 产品领先回路

机制：精良的产品设计（＋）→用户满意度提升（＋）→品牌忠诚度增强（＋）→利润增长（＋）→研发投入加大（＋）→产品迭代加速（＋）。

效果：形成“设计驱动增长”的正向循环，持续巩固技术壁垒。

2. 口碑扩散回路

机制：忠实用户群体扩大（＋）→自发传播效应增强（＋）→潜在用户转化率提高（＋）→市场份额扩大（＋）。

关键节点：通过情感化营销与用户体验优化，将用户转化为品牌“营销者”。

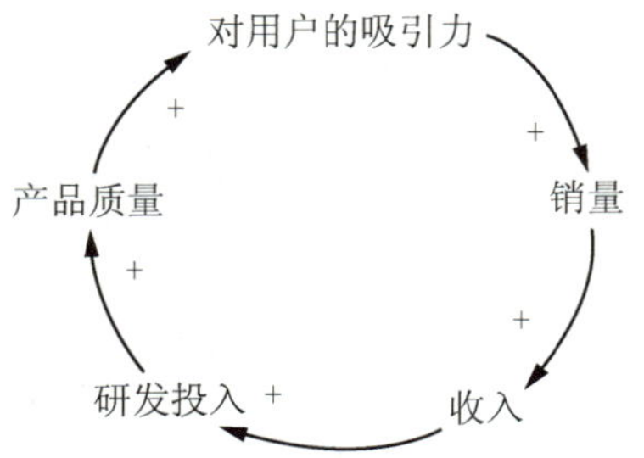

图 6-23　成长引擎 B

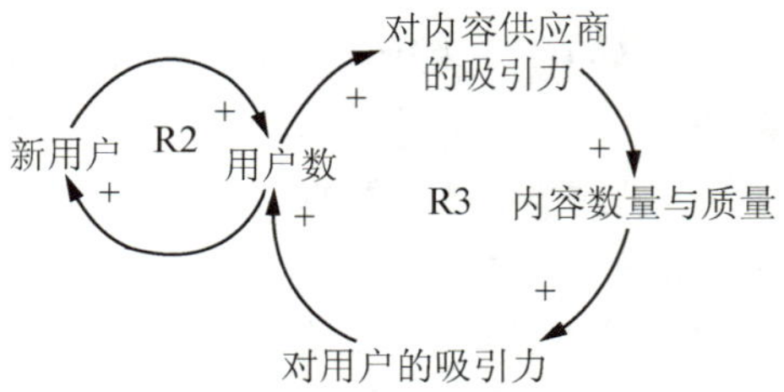

图 6-24　成长引擎 A

3. 平台生态回路

机制：用户基数增长（＋）→开发者/内容商入驻意愿增强（＋）→平台内容丰富度提升（＋）→用户黏性增强（＋）→硬件销量增长（＋）。

协同效应：硬件、软件、服务三端相互赋能，形成“飞轮效应”。

4. 转换成本壁垒回路

机制：多终端互联功能（如无线快传、云端同步等）（＋）→用户习惯依赖度加深（＋）→更换其他品牌的适应成本升高（—）→用户流失率降低（＋）。

隐性控制：通过独家技术专利与生态绑定，构建“软性垄断”优势。

三、系统动力总结

上述四大回路相互交织，构成复合增长引擎：

短期：产品创新与口碑效应驱动用户快速扩张；

中期：平台生态积累资源，提升竞争门槛；

长期：突破成本壁垒锁定用户，确保可持续收益。

这一模型揭示了科技企业如何通过系统化设计，将技术、市场与用户行为转化为自增强的商业动力，最终实现“时间复利”效应。

(二)调节回路

没有一个增强回路可以独立存在，在不同时间或者条件下，它都会碰到一些限制因素，而这些限制因素，就是调节回路。调节回路就像是汽车中刹车的作用，当你觉得车速太快的时候，踩下刹车，速度就会慢下来，最后停下来，达到一个稳定的状态。所以，调节回路被当成解决问题的机制。

调节回路可以导致系统向某一目标靠近。具体而言，如果某一变量上升，它上升的幅度随时间的推移而越来越慢，最终达到一种相对稳定的状态(目标)；如果某一变量下降，其下降的幅度随时间的推移则会越来越小，最终达到预期目标(见图 6-25)。

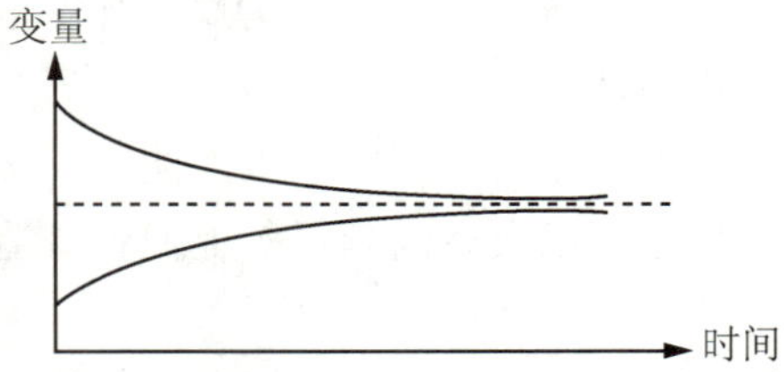

图 6-25 调节回路的行为特性

与增强回路相反，调节回路上“－”型连接的个数为奇数。这是快速辨别调节回路的方法。由于调节回路上“－”型连接的个数为奇数，使得调节回路每运转一圈儿就会产生一种与原有变化趋势相反的力量，使得系统的变化方向被修正或调节了。

【案例 6-21】

波动的门诊部①

某社区医院门诊部开业初期，患者不多，医护人员对待来就诊的病人非常热情、服务精心而周到，赢得了患者的交口称赞。一些患者开始推荐其他人来就诊。慢慢地，来就诊的人员多了起来，诊室也变得拥挤，医生不得不快速处理一个又一个病人，而护士们在繁重的工作压力下也失去了往日的热情。来就诊的患者开始有了怨言，一些人就到其他地方就诊去了。慢慢地，诊所又恢复了往日的平静。

在这个案例中，系统自身具有自我调节功能(见图 6-26)，并使得就诊人数维持在与诊所的服务容量相称的水平上。“诊所的服务容量”是一个外在的约束条件，也就是系统追求的相对稳定的状态。

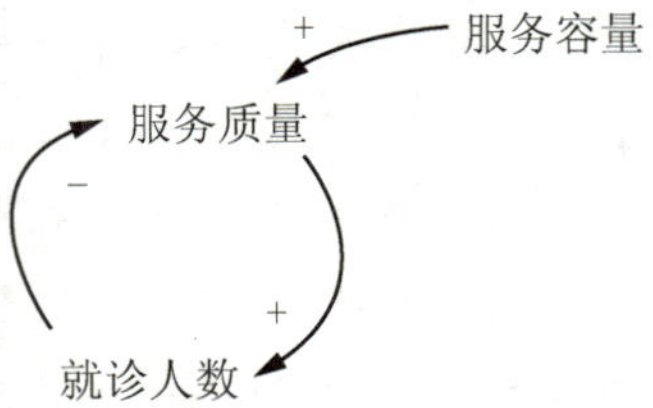

图 6-26 就诊人数受制于服务容量

当然，这种波动不仅出现在上述案例提及的医院门诊部，还广泛存在于饭店、商场、银行、加油站、航空公司等服务型企业中。

(三)时间延迟

在动态系统中，变量之间的相互影响或作用在时间上或多或少地有一定延迟，也就是说，这种反馈或作用需要经过一段时间之后才能表现出来。其中，有些延迟会明显改变系统的行为。对此，我们将其称为“时间延迟”。在因果回路图中，人们

① 邱昭良：《如何系统思考》，109～110 页，北京，机械工业出版社，2020。

经常在两个变量的连接箭头中间画一条短的平行线（"＝"）表示时间延迟。

延迟不是一个孤立的东西，它附着在增强回路或者调节回路上，人们在干预系统时，如果一开始变化不是特别明显，就会出现矫正过头的措施。就像用冷热混合的热水去洗澡一样，开始流出的水是凉的，如果想要冷热混合的温水，就要调节热水的阀门，因为延迟的关系就要分别多次调节冷热水的阀门之后，才能流出温度适合的水。所以，我们要实现系统思维，就需要考虑时间延迟的因素，避免出现调节过头的情况。

因此，掌握系统思维的能力，必须认清增强回路和调节回路在系统运作中的各自作用，以及时间延迟对他们各自造成的影响，具体实现的工具就是系统循环图。

【案例 6-22】

新业务"功亏一篑"①

某咨询公司拟拓展企业内部培训业务。为此，他们聘请了一位很有能力与激情的合伙人，并很快明确了一个能持续发展的业务模式（通过深入了解企业的培训需求，为企业提供长期的深度服务和综合解决方案）。于是，公司开始招聘人才，进行市场开拓。但是，由于一些客户还不接受此项理念，加上新业务知名度低，因此，一开始，业务进展并不顺利。半年多过去了，除了少数几次利润不高的培训之外，未能成功地签订长期的客户合同；而收入和投入（成本）相比非常悬殊，亏损严重。由于公司承受风险的能力偏弱，鉴于这种状况，公司合伙人决定中止这项新业务。

具有讽刺意味的是，半年之后，原来培训业务团队接触的一些客户开始找上门来，并有意向签订数单长期合作协议，这将为企业赢得长期而丰厚的利润。但可惜的是，由于原有人才已经遣散，该公司再也无力开拓此项业务，可以说是"功亏一篑"。

思考　上述故事背后的系统结构，以及如果你作为新业务负责人该如何应对？

几乎所有变量之间的反馈或相互作用都会存在一定的时间延迟。但是，有些变量之间的时间延迟比较明显，或者会在很大程度上影响构成系统的实体的决策与行为，从而对系统行为产生较大影响。此时，我们就应对此倍加小心。

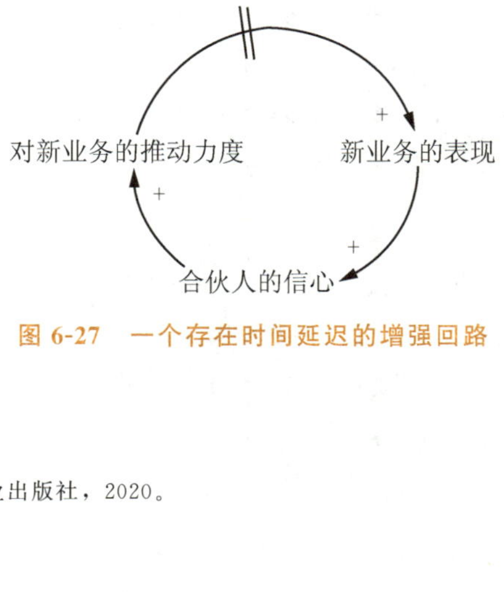

图 6-27　一个存在时间延迟的增强回路

就像案例中所显示的那样，把一项新业务做起来，当然需要花费较多的时间。因而，虽然新业务团队花了不少力气去拓展业务，也有一些作用，但由于在"对新业务的推动力度"和"新业务的表现"之间存在着显著的时间延迟（见图 6-27），因此，新业务的营收等表现一开始并不亮眼。

当然，从本质上看，新业务的表现未达

① 邱昭良：《如何系统思考》，145 页，北京，机械工业出版社，2020。

预期的原因，并不必然是新业务本身的成长不够快，也和公司合伙人的心理预期是直接相关的。如果合伙人团队并未认识到时间延迟，比较乐观，或者希望快速见效，就有可能出现这一问题。

这样，因为公司合伙人认为新业务的表现不好，所以影响到大家对新业务的信心，从而减少了对新业务的推动力度，导致新业务增长的态势更慢……逐渐陷入一个恶性循环，最终导致放弃，没有等到关键转折点的到来而“功亏一篑”。

相反，如果合伙人团队认识到时间延迟的存在或者它需要更多的耐心，坚持投入一段时间，这一增强回路就会启动起来。

因此，面对关键转折点这一基本模型，我们要做好心理准备，保持耐心，或者采取措施，争取“快速见效”。

三、绘制系统循环图

系统循环图可以把一系列的问题通过系统的认知用图形表达出来，从而梳理清楚系统中的复杂关系，加深对真实系统的理解，进而给出问题的解决方案。绘制系统循环图的过程可以加深我们对系统的思考和认知。

邱昭良博士在《如何系统思考》一书中总结出一套系统循环图的绘制步骤，在设计管理中分析问题时可以加以应用，具体有以下 4 个步骤。

步骤 1：找问题

所谓找问题，即找到工作或生活中经常遇到的问题，作为分析对象。如果问题经常出现或者越来越严重，说明问题背后有增强回路；反之，一次性的问题背后就没有回路。

步骤 2：找原因

所谓找原因，即找到问题产生的原因。在具体操作时，可以把问题写在一张纸的中间，在问题周围写上三到五条原因。

步骤 3：找结果

找出这个问题可能导致的后果有哪些。

步骤 4：找回路

所谓的找回路，就是说思考你找出问题原因与问题导致的后果之间有没有相互连接和闭合的回路。如果有，就用带有箭头的直线标出，从原因指向结果，如果原因和结果之间是正反馈的关系，在箭头处标记一个“＋”号，如果原因和结果之间是负反馈的关系，在箭头处标记一个“－”号。

系统循环图是通过事物之间的反馈关系，当很多增强的要素加在一起就会产生自我增强性的反馈，随着时间的积累，这种力量也随之增强，这就形成了不断增强的循环系统。如果系统中存在不利于成长的回路时，就需要通过调整回路的强弱，来实现系统之间的平衡。

【案例 6-23】

借酒消愁愁更愁①

早年，小王工作压力升高时，曾想通过提高工作效率、改变工作方法，甚至减少工作量的方式来缓解工作压力。但是，这些都不容易做到。所以，他选择通过小酌几杯来缓解压力，短期内工作压力的确下降了，但是根本问题并未得到解决。于是，工作压力再次回升。积压一阵儿以后，他再次通过喝酒来解除压力……不知不觉中，必须通过喝更多的酒才能缓解压力。

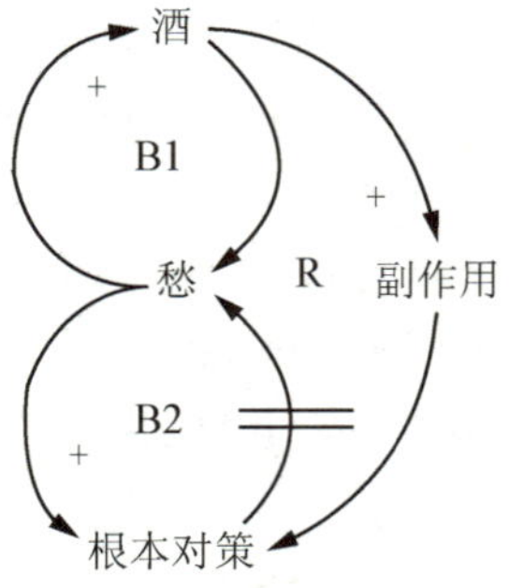

图 6-28 “借酒消愁愁更愁”的系统循环图

反复多次以后，由于一直未能采取根本解决问题的方法，小王的工作压力虽然能短期得到解决，但长期却越来越高，而酒的消费量也越来越大，健康状况变得越来越差，采取根本解决方法的意愿和能力也越来越低。

思考　如何使用系统循环图描述以上现象背后的系统结构？

首先，“借酒消愁”是一个解决问题的措施(从本质上看属于调节回路，如图 6-28 中的 B1)。也就是说，因为某些事有了愁，就去喝酒。酒精麻痹了自己的神经，暂时让自己忘记了忧愁。

不幸的是，这只是一个暂时性的解决问题的措施，“治标不治本”。等到自己酒醒了，发现导致愁的根源还是没有被解决掉，而且产生了一些“副作用”(如喝酒花了钱、自己身体不舒服了，或者耽误了事等)，甚至更为严重的是，影响了采取根本性对策的意愿或能力，导致“愁更愁”了(图 6-28 中的 R)。

从本质上看，解决“愁”，要找到根本原因，采取有效的“治本”的对策(如图中的 B2)。当然，这往往并不容易，肯定不如“借酒”来得快(有时间延迟)。因此，许多人就倾向于采取速效解决的方案。但是，从上面的分析可知，“借酒消愁”并非睿智，反而有害！

【案例 6-24】

一家建筑公司的成长引擎②

对大多数客户而言，建筑项目基本上都属于重大投资，而且建筑物将会使用很长时间。所以，在这个行业中，客户决策大多比较谨慎，尽力规避风险。由于在售

---

① 邱昭良：《如何系统思考》，171～172 页，北京，机械工业出版社，2020。
② 邱昭良：《如何系统思考》，198～199 页，北京，机械工业出版社，2020。

前无法对最终建成的建筑物质量进行检验，因此，客户在决策时，非常看重建筑公司的声誉，而声誉是由其之前的有代表性的工程质量所决定的。建筑公司必须通过“既有业绩记录”来证明其实力。因此，市场上运营状况良好的公司将因“富者愈富”的效应而获得持续发展：良好的既有业绩记录为其赢得高品质的声誉，获得更多的新订单，若高质量地建成，则会再次助其提高“既有业绩记录”。

虽然这对新的行业进入者构成了巨大障碍，但是公司并不能仅依靠过去创建起来的“金字招牌”而获得持续的成功。公司还会面临很多挑战，有的来自同行业中其他公司的竞争威胁和新的潜在进入者，有的来自客户日益苛刻的工程条件和更为多样化的需求，有的则来自自身的挑战。例如，因工人的疏忽或技能不足而酿成的工程质量问题，有可能使公司的“金字招牌”毁于一旦。

那么，如果你经营着一家建筑公司，你应如何构建自身的“成长引擎”呢？

发现或设计你的成长引擎，关键在于找到你所在机构的核心能力、资源或特质，它们的有效组合能够为客户创造价值，并反过来强化公司的发展，巩固公司的核心竞争力。

以案例中提及的建筑公司为例，在建筑行业，声誉是至关重要的。如果某家建筑公司有很好的完工工程记录，有很好的口碑，更容易赢得客户的合同。因为基建项目大多投资巨大，而且对质量要求很高，客户因而非常看重承建公司的资质、信誉。因此，这对于那些已经在行业内有了许多成功记录的“老牌”公司非常有利，因为他们更容易凭借过去的成功记录赢得更多新合同，如果能顺利交付，则使他们有了更多的成功记录，这是一个“良性循环”(如图 6-29 中 R1)。但是，对于新进入者来说，这并不是一个好消息，他们需要依靠其他优势来赢得客户订单。

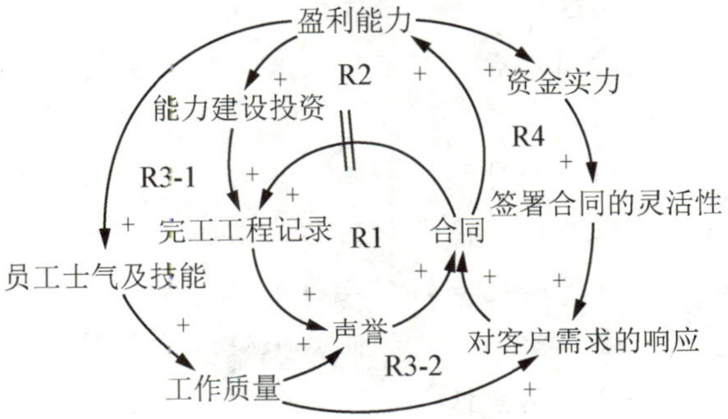

图 6-29 建筑公司的成长引擎

拿到客户合同之后，承建公司还需要保质保量按期交付，才能让客户满意，使其获得收入，并赢得信誉。为此，公司都需加强能力建设，包括项目管理、工作规范与组织协同等能力，这是建筑公司在市场上立足的必备核心能力之一，也是其持续发展的关键(如图 6-29 中 R2)。

在加强组织能力建设的过程中，该建筑公司注重企业文化与人才发展，这使得员工士气与技能都得到了提升，从而提高了工作质量。这不仅有助于提升他们的工程质量，为其赢得声誉(见图6-29中R3-1)；而且有助于对客户需求做出快速、高质量的响应，使其更容易赢得更多合同(见图6-29中R3-2)。

此外，由于建筑项目具体情况千差万别，客户的需求也可能非常独特，包括资金垫付、付款周期等。如果不能满足客户这些需求，或者无法有效地进行协商，达成令双方均满意的方案，也难以拿到客户的订单。为此，一方面需要公司有非常雄厚的资金实力或丰富的金融资源，在签署合同时有足够的灵活性(见图6-29中R4)，另一方面也离不开员工的专业能力、创造性以及工作热情(见图6-29中R3-2)。

由此可见，对于该建筑公司来说，如下四方面竞争优势或能力对于公司的持续成长至关重要：

首先，建立并维持自己的声誉至关重要，要像爱护自己的眼睛一样爱护自己的声誉；

第二，大力进行组织能力建设，提高工作质量和效率；

第三，重视企业文化与人才发展，提高员工的能力、积极性与凝聚力；

第四，充实资金实力，拓展金融资源，满足客户多样化的需求。

如果企业能够启动并维持上述四个“成长引擎”的运作，就可以建立起竞争优势，获得持续而稳健的增长。

习 题

1. 用系统循环图表述下列问题背后的增强回路。①

(1)都市流浪狗

在一些大都市，一些宠物因各种原因被遗弃，由于其中一些没有采取绝育手术，因而繁衍出了“下一代”，而这些下一代本身就是流浪动物，等它们成年后又会繁衍出更多的下一代……一段时间以后，都市里流浪动物泛滥成灾。

(2)排队去加油

当汽油短缺的谣言传出来的时候，一些人怀着“宁可信其有，不可信其无”的心理开始开着汽车去加油。很快地，很多加油站门前排起了大队。这更坚定了司机们认为汽油不足的信心，并开始给更多的朋友打电话、发短信，告知他们赶紧去加油的消息，这导致更多的人去加油。一些加油站很快汽油售罄，而这更印证了缺油的消息，如此一来搞得形势越来越紧张。

(3)公司的快速成长

某公司研发出了一种创新性的产品，深受客户欢迎。随着销售收入的增加，公司获得了丰厚的利润。公司领导随之扩大了资金投入，用于产品开发、市场营销、广告、渠道扩展，或其他经营性活动。这进一步扩大了销售，增加了利润，从而提供更多的可投入的资金……良性循环周而复始，公司的业务也就蒸蒸日上、快速成长。

---

① 邱昭良：《如何系统思考》，104～105页，北京，机械工业出版社，2020。

2. 用系统循环图表述下列过程或现象背后的调节回路。①

(1)公司人力调整

很多公司都在年初制定各个部门的人员编制预算。如果某个部门"缺编"(现有人数少于预算编制数)，则该部门会进行招聘，从而使部门人数达到预算编制数。相反，如果某个部门"超编"了，则需要进行减员(裁员或调岗至其他部门)。

(2)天冷加衣/饥饿进食

我们人类是恒温动物，人体是一个高度敏感的自我调适系统。当外部气温低于人们的舒适区时，人们就会添加衣物，进行保暖；气温过低时，打寒战也是产生和释放能量、抵御寒冷的方法。而当外界温度过高时，人们就会脱掉多余的衣物，并通过出汗等方式来散热。人类通过这些方式，将体温保持在相对恒定的水平。

同样，当人们感到饥饿时，就会寻找食物、进食，而当进食量达到一定程度后，分布在胃中的神经就会向中枢神经系统报告"已吃饱"的消息，从而停止进食。

3. 请使用系统循环图描述出现文中现象背后的系统结构，并思考如何利用这一结构。

资金短缺的对策②

由于经济危机，一家生产高级消费品的公司面临着严重的资金短缺问题。他们被迫以最高利率寻求银行贷款。不幸的是，这个应急对策为其带来了不良后果，债务累积的高额利息负担使他们陷入了更为严重的现金流问题。

为此，公司决定采取降价促销措施。由于该公司产品一向维持高价格，本次降价促销大幅度增加了销售额，在一定程度上解决了公司的现金流问题。为此，公司领导颇为喜悦。

但是，谁知好景不长。由于降价促销影响了产品的品牌形象，其产品出现滞销、收入减少，公司又面临资金短缺问题。与此同时，由于促销降低了公司的毛利率，使公司减少了新产品开发的资金投入，新产品数量大大减少，更加降低了收入，加剧了现金短缺问题。

第四节　组合创造法

在上一章我们学习了简化思维，其中提到善于组合是实现简化的主要途径之一。本节，我们将介绍一个非常实用且易懂的创新工具——组合创造法。

本节核心问题

1. 什么是组合创造法？
2. 组合创造法有哪些类型？

---

① 邱昭良：《如何系统思考》，110～111页，北京，机械工业出版社，2020。

② 邱昭良：《如何系统思考》，15页，北京，机械工业出版社，2020。

组合创造法是指从两种或两种以上的实物或产品中，依据原理、工艺、材料、方法、产品、零部件等不同的属性抽取合适的技术要素，重新组合获得新的产品、材料或工艺的方法。

一、主体附加法

主体附加法就是在某种实物或产品上附加新的要素或成分，使得主体产品的功能或性能有所提升。用公式表示就是：主体＋附加＝新产品。例如，带橡皮的铅笔(图 6-30)，带台灯、风扇和收纳盒的多功能学习桌(图 6-31)，以及我们每天使用的可以处理各种任务的手机，都是运用了主体附加法的创新产品。

图 6-30　带橡皮的铅笔

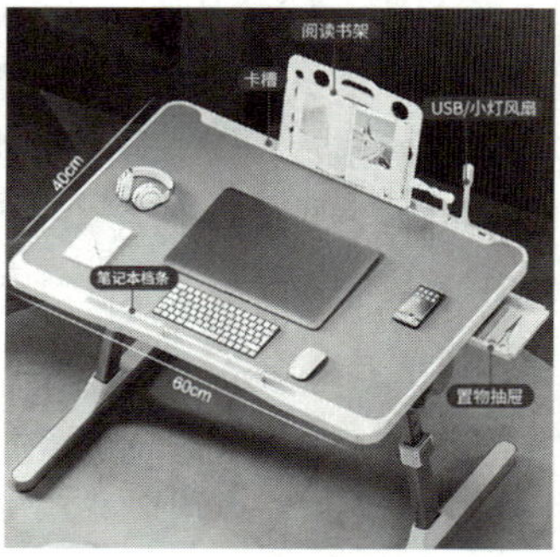

图 6-31　多功能学习桌

二、同类组合法

同类组合法就是将两个或两个以上的相同或相近的事物进行组合，以获得新的成果的创造方法。同类组合时，参与组合的元素与组合前相比，其基本结构和性能不会发生本质变化。在实际生活中，运用同类组合法产生的创新产品有很多，例如多头多色圆珠笔(图 6-32)，多人自行车(图 6-33)等。

图 6-32　多头多色圆珠笔

图 6-33　多人自行车

三、异类组合法

异类组合法是指将两种或两种以上不同种类的事物进行组合，从而产生新事物的创新方法。异类事物组合时，各要素之间一般没有明确的主次之分，参与组合的要素从成分、构造、功能、原理等方面互相渗透，故而组合后的整体发生显著变化。例如，带轮子的鞋(图 6-34)和太阳能风扇帽(图 6-35)等都是运用异类组合法产生新产品的例子。

图 6-34 带轮子的鞋

图 6-35 太阳能风扇帽

【案例 6-25】

大学生发明智能分类垃圾桶

相信很多人都遇到过这样的困扰，自从实行了垃圾分类，手上的垃圾如何进行正确分类是一件头疼的事情。“如果垃圾桶能自己分类就好了”这可能是大部分人都会有的想法，宁波财经学院的一群大学生把这个想法变成了现实。

图 6-36 大学生发明智能分类垃圾桶

这个名为“绿蚁乐投”的智能分类垃圾箱外观上和普通路边的简易分类垃圾桶区别不大，但只有一个投递识别口，只需将垃圾投入识别口，垃圾桶就会自动开启扫描识别，将垃圾投放到所属的分类中。垃圾桶上还有流量检测系统，桶内垃圾投放量达到 80%时指示灯会就会显示红色，以避免用户过度投放。整个垃圾桶主要由内置太阳能蓄电池提供动力，保证系统的正常运行。

这款垃圾桶的目标定位精准，主要安放于人行道两侧和社区。从前期在校内主干道和在杭州一家校区物业办公楼的试点投放情况来看，效果还不错，垃圾分类准确率达到了81%。

小余同学是这款智能分类垃圾桶研发团队的负责人。“绿蚁乐投”智能分类垃圾桶的灵感就源自他的一次自动贩卖机的购物。“我当时就想贩卖机可以自动递送商品，为什么不能反着来，我们给垃圾桶送东西，让垃圾桶自动分类回收呢”。自此，研发一款智能回收垃圾桶的想法在余见烙的心里生根发芽。

此后，小余同学带着智能分类垃圾桶的项目抱着试试看的想法报名参加了校内的创新创业大赛，没想到获得了二等奖。这给了他很大的鼓舞，学校商业模式实验室的负责老师葛云峰看了余见烙项目后鼓励他组建团队，将产品研发落地。

他找到了就读于电气自动化专业杨克锟，两人一拍即合开始研发垃圾桶。没有团队，他们四处搜罗“大神”很快组起了一支12人的团队；没有资金，余见烙拿出了自己存了几年的压岁钱和兼职攒下的工资……

很快，一个很现实的问题摆在团队面前——产品到底往哪个方向研发呢？“小黄狗，搭把手……国内已经有众多研发智能回收废品的公司和产品了“难道我们要继续做一样的东西吗?”余见烙又陷入了沉思。

他和团队经过实地调研，查阅了大量的资料后发现，目前中国市场没有研发专门针对街道垃圾的垃圾桶，大多垃圾回收的企业都是针对小区产生的垃圾种类做产品。他果断选择转型，和其他企业错位发展，研发专门针对街道垃圾回收的智能垃圾桶。“现在的产品大多是针对资源回收，让人们把可回收利用的垃圾主动分类，扔进产品的不同投放口。而我们想做的产品是针对市场上的垃圾，对垃圾自动分类，在垃圾中找到可回收的资源”。

但是从理论到落地，团队还是走了很多弯路，花了整整五个月才做出了第一台样机。在余见烙的设想里，研发出来的产品要有一个强大的数据库，能够实现精准识别、自动分离、后台实时监控的功能。但由于选择了国内相对空白的领域，加之技术团队都是在校学生，没有足够的专业技术和实践经验，产品的技术攻克成为项目推进的最大阻力。

“生活小区产生的垃圾最主要的是厨余垃圾和包装盒等大件垃圾，而街道上一般都是奶茶包装袋、面巾纸等小物件垃圾，垃圾种类不同，技术要求也不同”。最难的是产品的控制系统——单片机系统的设计。凭团队一己之力，埋头研究了两个月都没有任何进展，团队的士气跌落到谷底，几度想要放弃。“你们才大三，都做到这一步了，还不如再冲一下，万一成功了呢?”葛云峰老师一直挂心余见烙团队的项目，他知道团队没有多余的资金聘请更加专业的技术人员就帮他们联系了专家，依据专家给出的建议，团队重新设计单片机，更改数据库。一年后，团队终于做出了第一台样机，并成功申请了一项实用新型专利。

团队边研发边参加各类比赛，项目先后获得了国家级创新创业立项、浙江省“民生民意杯”第六届大学生统计调查方案设计大赛本科组三等奖、“建行杯”第四届浙江省“互联网＋”大学生创新创业大赛暨第四届中国“互联网＋”大学生创新创业大赛选拔赛铜奖等国家级奖项2项，省级奖项3项，市级、校级奖项5项。通过参加比赛获取奖金，也成为了团队创业的资金来源之一。前不久，团队项目获教育部“创新创业联合基金”立项，与他们一起立项的几乎都是教师项目，他们是为数不多的学生项目之一。

习　题

1. 请思考你还见过哪些同类组合的新产品？
2. 请观察你身边的事物，运用同类组合法或异类组合法，创造一项新产品。

第五节　用设计解决问题

在上一章中我们学习了设计思维，设计思维本质上是“以人为中心”的创新。设计思维包括图像思维、直观思维、同理心思维和情景思维。每一种思维都对应于一种思维实践工具。图像思维的实践工具是思维导图，直观思维的实践工具是动手操作，同理心思维的实践工具是同理心地图，情景思维的实践工具是故事板。本节将讲述同理心地图和故事板。

本节核心问题

1. 同理心地图是什么？如何应用？
2. 故事板是什么？如何应用？

一、同理心地图

（一）同理心地图概述

同理心地图是同理心思维训练的常用工具，是展现用户的想法与感受，所说与所做，所听与所看的表达工具，解释了用户行为、选择、决定背后的深层动机，主要用于呈现用户的真实需求。利用同理心地图可以帮助创新团队对用户的需求形成一致的认知，减少偏见。通过完成同理心地图，创新团队可以获取用户的需求、目标、痛点，进而以此为依据设计或者改良产品。

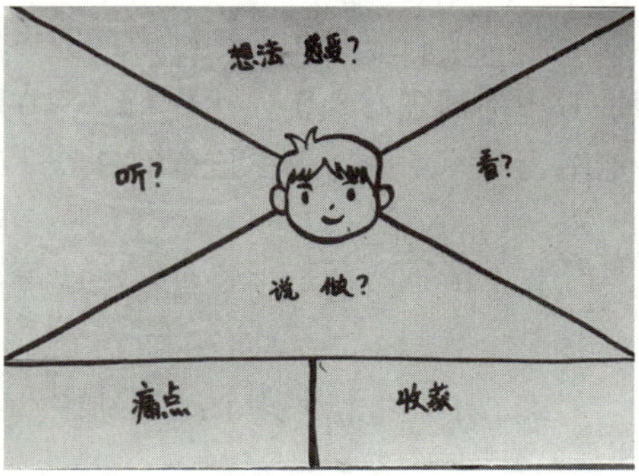

图6-37　同理心地图模板

图6-37中，中间的人物头像代表用户，围绕人物头像四周的四个象限分别表示听、看、说与做、想法与感受，听用于记录“他听到周围的人说了些什么”；看用于记录“他看到了什么”，包括人的行为、环境等；说与做用于记录“他对此有哪些回应？说了或做了什么”；想法与感受用于记录“他的想法和感觉如何”。在最下方还有两个方框，左边是痛点，用于记录

“他感到痛苦、挫败的是什么”；右边是获得，用于记录“他的期望、需求是什么”[①]。同理心地图的模板不限于图 6-37，你可以进行画面的创新，满足听、看、说与做、想法与感受四个象限与痛点、收获两个模块即可。当然根据实际需要，对四个象限与两个模块可以进行相应的调整。同理心地图既可以绘制在纸上，也可以绘制在白板上，事实上，绘制在白板上，采用贴便签的形式填补四个象限中的内容，比画在纸上手写填入更高效。

图 6-38　白板上的同理心地图

同理心地图可以快速可视化用户的需求，帮助创新团队参与用户的产品或服务体验中，为创新设计奠定良好的基础。

（二）如何进行同理心地图训练

在进行同理心地图训练之前，我们需要准备一张大白纸或者一个白板；笔、彩色便签或者记号笔。准备好这些材料之后，我们将图绘制在白纸上或者白板上。做好这些准备我们就可以进行同理心地图训练了。

第一步，确定用户角色、使用场景。

用户角色是整个创新产品或服务的服务对象，也是同理心地图的核心。进行同理心地图训练，首先我们需要确定产品或服务的用户角色。用户角色指用户在整个产品中所担负的角色。例如，银行系统中包括开户人、老账户持有人、贷款人、投资者等。用户角色是一个虚拟角色，用于代表一个用户群。你需要依据经验、调研数据、团队成员头脑风暴等来尽可能多地丰富用户角色，使之比任何一个真实的个体都更有代表性。在进行产品或服务的创新设计中，我们通常会设计 3～6 个用户角色代表所有用户群体，我们需要按角色分别绘制同理心地图。深入了解人物角色有助于创新团队深刻理解用户的行为和需求，避免团队成员代入自己、朋友、家人作为用户角色，专注于用户需求，做更好的决策。

产品或服务可能有多个使用场景，我们需要以特定的用户角色为中心按场景分别绘制同理心地图并进行讨论。例如，用户角色甲在场景 A 中的同理心地图、在场景 B 中的同理心地图，用户角色乙在场景 A 中的同理心地图、在场景 B 中的同理心地图，等等。如果用户角色有 3 个，场景有 5 个，那么一共需要绘制 15 张同理心地图。

确定用户角色与场景后，团队成员需要思考并丰富用户角色在场景中的各种可能状况。

第二步，进行同理心地图训练。

---

① 张凌燕：《设计思维——右脑时代必备的创新思考力》，92 页，北京，人民邮电出版社，2015。

(1)以特定用户、场景为思考对象，每名团队成员在如图 6-32 所示的同理心地图上方的四个象限中，写入相应的内容(或者写在便利贴上，贴便利贴)，时间控制在 5～10 分钟。

(2)主持人对写入(或贴入)的内容进行分类，去除重复的内容，并组织团队成员进行讨论。讨论围绕写入(或贴入)的内容哪些是不合适的？团队成员间对于哪个内容的理解不同？每个象限中需要存在哪些内容等。讨论的最终目标是获得痛点和收获。

(3)主持人提取团队成员讨论的结果信息，获得特定用户角色的痛点与收获，加入地图中并分类，最后进行总结分享。这个过程时间控制在 5 分钟内。

这样，我们可以获得一个特定用户在某一场景中的同理心地图，运用相同的方法我们可以获得其他特定用户与场景组合的同理心地图。我们可以依据获得的全部同理心地图中的痛点与收获，获得产品或服务的创新灵感。

【案例 6-26】

学生服务大厅的同理心地图

我们依据改进学生服务大厅的服务水平为目标设定用户角色——在校生小明，场景——学生服务大厅。在图 6-39 中以小明为中心，他听到周围的人说，“电费还剩多少，不要突然停电呀”，“到底每天用了多少电”“工作人员服务态度不好，凶神恶煞的”“没有零钱冲水卡，我先去换零钱”“电费用得真快，上星期交的这星期又没了”“充水卡又忘记激活了”；他看到了这些情况，“办理业务先取号”“自动充水卡的机子下班关门了，他也被锁了”“缴费业务只支持现金，不支持快捷支付”“工作人员

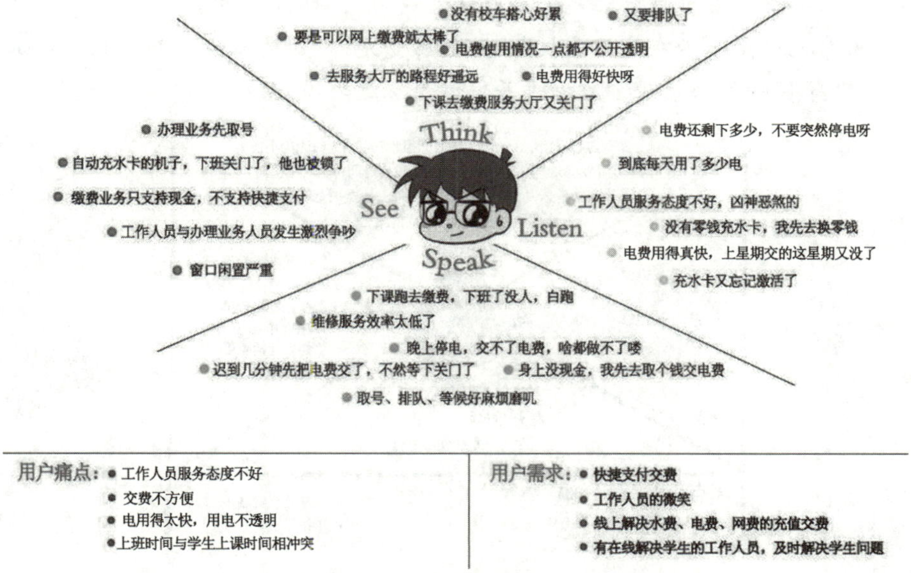

图 6-39 学生服务大厅的同理心地图

与办理业务人员发生激烈争吵”“窗口闲置严重”；他说道，“下课跑去缴费，下班了没人，白跑”“维修服务效率太低了”“晚上停电，交不了电费，啥也做不了”“迟到几分钟先把电费交了，不然等下关门了”“身上没现金，我先去取个钱交电费”“取号、排队、等候好麻烦”；他的想法和感受是“没有校车搭心好累”“要是可以网上缴费就太棒了”“又要排队了”，“电费使用情况一点儿都不公开透明”“去服务大厅的路程好遥远”“电费用得好快呀”“下课去缴费服务大厅又关门了”。

我们根据听、看、说、想四个想象中的内容提取整理出来小明的痛点有：(1)工作人员服务态度不好；(2)交费不方便；(3)电用得太快，用电不透明；(4)上班时间与学生上课时间相冲突。小明的需求有：(1)快捷支付交费；(2)工作人员的微笑；(3)线上解决水费、电费、网费的充值交费；(4)有在线解决学生问题的工作人员，及时解决。

根据整理出来的用户痛点与用户期望，我们可以获得学生服务大厅服务的改良思路，例如，设计提供线上缴费通道，并配备专门服务人员或服务机器人等。

【案例6-27】

一款方便拿到咖啡的设计

现在需要设计这样一款产品，帮助工作繁忙的员工在最近的咖啡店里下单和自取咖啡。我们首先需要依据产品设计目标设定用户角色——小丽，小丽是一名公司职员，她具有公司职员的全部典型特征，设定场景为她早晨在去公司的路上买咖啡。她可能会说，“想用手机方便地买咖啡”“希望快速地拿到咖啡”；她想着，“每天工作很繁忙，早上的时间很紧张，经常会因为取咖啡，迟到一两分钟”“没有时间排队”，“咖啡是必需品呀，咖啡可以让我保持旺盛的精力”；她做着这些事，“每天喝咖啡”，“走去上班”“无时无刻不在使用手机”；她的感受是，“因为取咖啡而迟到，特别受打击，沮丧”“等候咖啡很烦躁”“取咖啡并准时上班这件事让她感到压力很大”。

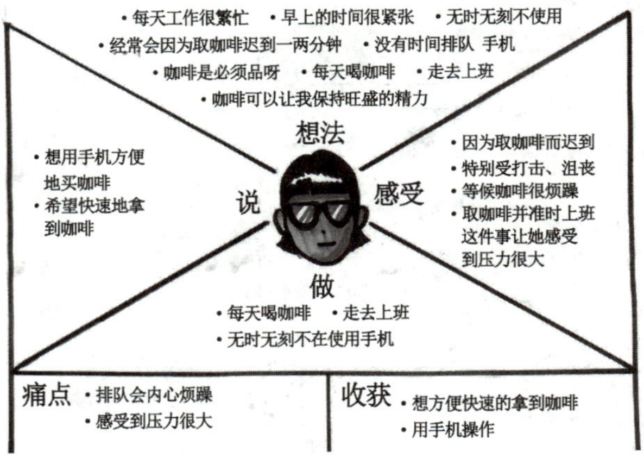

图6-40 一款方便拿到咖啡的设计

从图 6-40 四个象限中，我们了解到小丽的痛点是：排队会内心烦躁、感到压力很大。小丽的需求是：(1)想方便快速地拿到咖啡，(2)用手机操作。基于用户的痛点与用户的需求我们可以进行产品的创新设计。

二、故事板

(一)故事板概述

故事板是情景思维的训练工具。情景思维的三个技巧分别是观察、讲故事和造景。故事板可以融合训练观察、讲故事和造景能力。

故事板是将故事片段按照时间顺序以图画、文字的形式排列、组织起来的一个视觉化工具。故事板起源于电影行业，在 20 世纪 20 年代的时候，业内人士开始尝试用故事板来勾勒故事草图，这些草图让电影工作者和动画工作者在拍摄之前，可以初步构建出想要展现的世界。

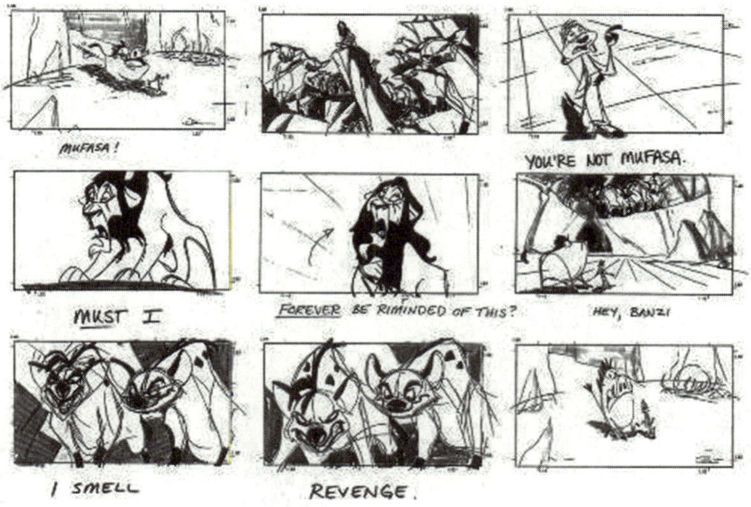

图 6-41 动画片故事板

现在故事板已广泛应用于产品设计，虽然产品设计故事板和动画、影视制作故事板都是用一系列图片和文字组成的视觉表现形式，但是它们之间所表达的信息和目标用户是不同的。产品设计故事板目的是让产品设计师在特定产品使用情境下全面理解用户和产品之间的交互关系。故事板是可视化的视觉传达工具，视觉化的传达方式可以将信息更为系统地呈现。图片信息比文字信息更易于理解与记忆，故事板可有效促进信息的传达。故事板中故事信息的传达能够唤起同理心、增强参与感，使所传达的信息更容易被对方感知与接受，增强沟通的有效性。

故事板的模板如图 6-42 所示。这是一个标准的 6 片段式模板，我们还可以根据具体的故事将片段模板增加或减少，一般来说以不超过 10 个为宜。在练习的时候，可以通过手绘的方式在空白方格中画上场景，在下面的横线上补充文字说明或对白。故事板除了有助于训练情景思维外，还可以作为图像思维(视觉思维)的训练工具。

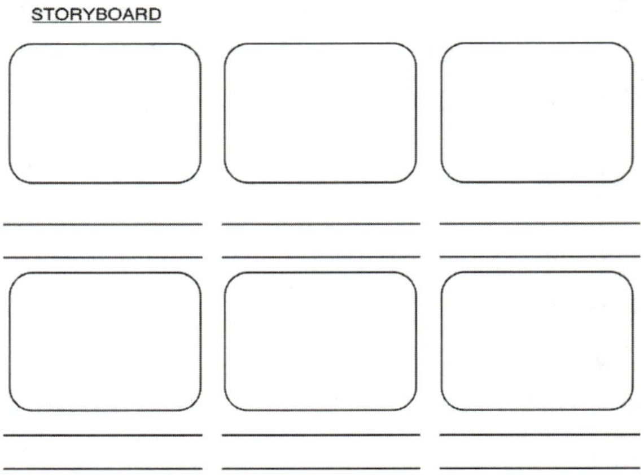

图 6-42 故事板模板

(二)如何绘制故事板

第一步，确定故事板角色、场景。

故事板的角色是依据产品特点，基于真实用户群体而设计的用户角色。他的外观、行为、习惯、喜好、期望等越接近真实，越能帮助我们挖掘产品体验中客户体验的问题。角色不是孤立存在的，需要一个承载角色的场景，场景也就是角色所处的环境。

第二步，确定故事情节。

故事板需要有故事情节，故事情节要包含起因、经过、结果。剧情描述要简单、清晰、易懂，围绕故事板主题和角色展开。故事板中情节要呈现出角色的情绪、情感。

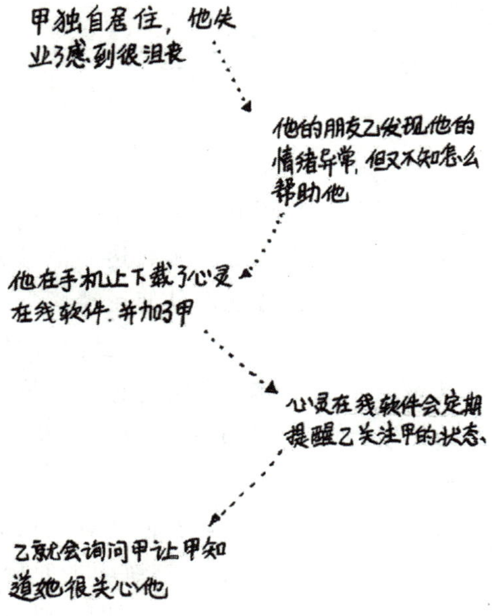

图 6-43 故事板案例图(一)

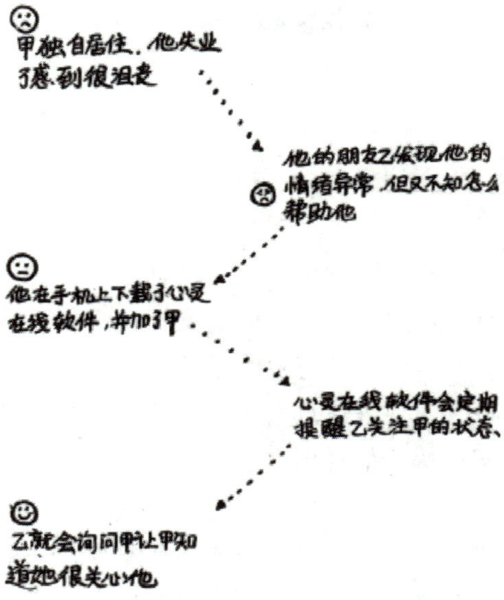

图 6-44 故事板案例图(二)

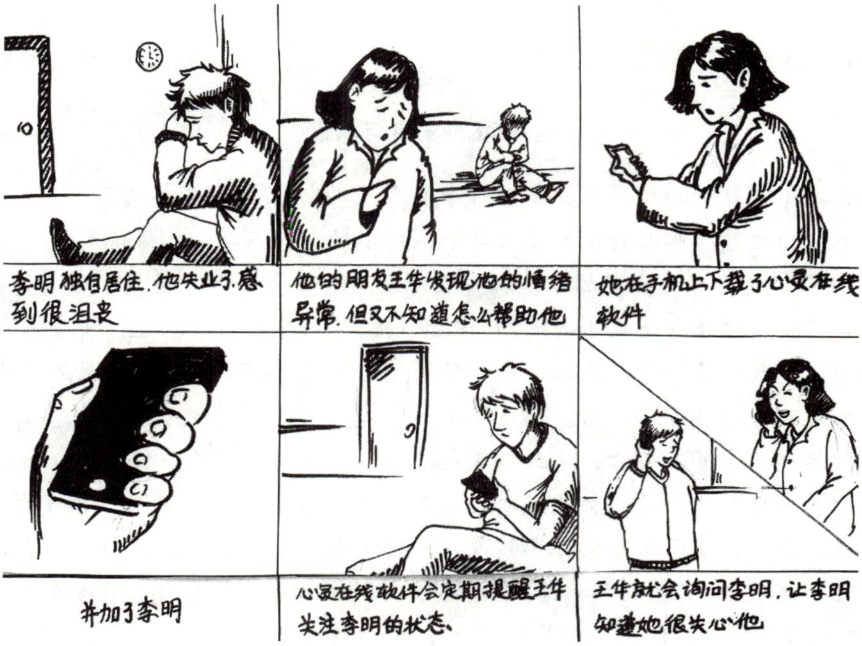

图 6-45 故事板案例图(三)

第三步，依据情节绘制故事板。

将故事情节的每个步骤转化成画面，绘制相应的故事板。如果觉得自己不善于绘画，尝试绘制简笔画就可以。故事板不是用于欣赏画作的，而是用于描述你想讲的故事的。故事板的形式也不局限于上述图片与文字结合的形式，关键在于清晰描述产品故事，还可以尝试使用具有故事版功能的相关 APP 或 AI 来制作。

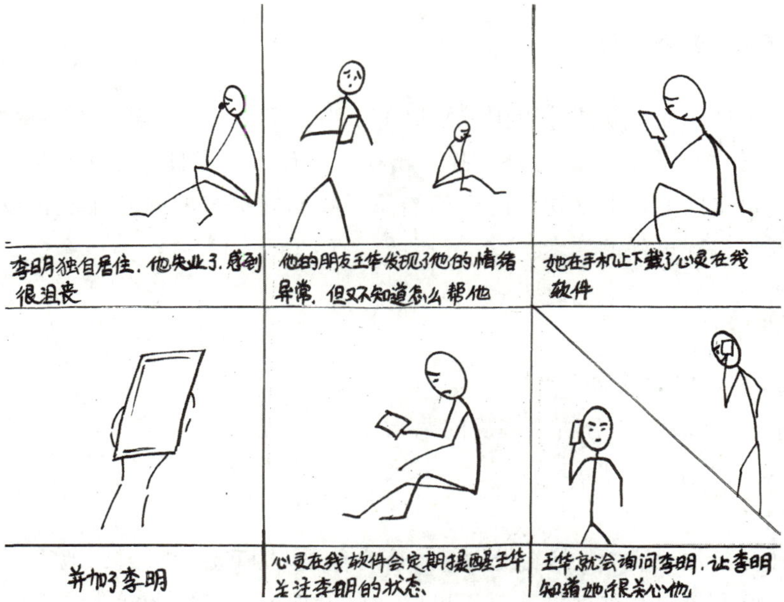

图 6-46 故事板案例图(四)

【案例 6-28】

拉杆箱的发明与改进

现代人出门旅行，携带有拉杆的行李箱已成为标配。拉杆箱发明之前，人们出行可并非轻松之事。那时行李箱没有轮子，提不动也扛不动，就得请人搬。

1972 年，行李箱加上了轮子。拉杆箱的发明人在超市偶然遇到一个与众不同的年轻人，用一根绳子拉着购物车，随手把大包、小包的零食丢进车内，一派轻松。他受到启发，改进了行李箱设计，添加了轮子，不仅取得了专利，还获得设计大奖，他经营的皮箱公司也业绩翻倍。但是用绳带拖拉的行李箱，存在明显缺点，拖着走时，要抬起一边，并不省力，遇到转弯或路面不平时，箱子极易翻倒。

此后，一位航空公司的机长，由于长期拖着行李箱四处奔忙而深感不便。退休后，他赋闲在家，便开始改良行李箱设计，将注意力置于行李箱的拉绳上。以绳子的替换为突破口，结合出行者的产品使用场景，改进拉动行李箱费力、不易操控的体验。最终，发明了“硬式拉杆”，也就是现在通用的拉杆箱。

习　题

1. 以“买手机的顾客”为用户角色，商场为场景，设计并绘制同理心地图。根据痛点与需求提出创新想法。

2. 根据小组创新实践主题，设计情节，绘制故事板。

第六节　5W2H 分析法

提出一个好问题，就意味着困难解决了一半。很多人从小就开始接触“十万个为什么”，但是长大工作之后，往往却提不出很多为什么。在日常工作和生活中，我们经常会遇到很多问题，但是这些问题可能需要我们问更多的问题才能得以解决，在不断的追问下得到更好的答案。

本节核心问题

1. 什么是 5W2H 分析法？
2. 如何使用 5W2H 分析法解决问题？

一、基本概念

5W2H 分析法又称“七问分析法”，是对问题从概念、原因、地点、人物、时间、方法、成本等 7 个维度打开分析思路，以发现解决问题的线索，寻求解决问题的方法，或产生新的创意。

二、工具解析

5W2H 提问技术是指对研究工作以及每项活动从目的、原因、时间、地点、人员、方法上进行提问，为了清楚地发现问题可以连续几次提问，根据提问的答案，弄清问题所在，并进一步探讨改进的可能性。

1. WHAT——是什么？目的是什么？做什么工作？
2. HOW ——怎么做？如何提高效率？如何实施？方法怎样？
3. WHY——为什么？为什么要这么做？理由何在？原因是什么？造成这样的结果是为什么？
4. WHEN——何时？什么时间完成？什么时机最适宜？
5. WHERE——何处？在哪里做？从哪里入手？
6. WHO——谁？由谁来承担？谁来完成？
7. HOW MUCH——多少？做到什么程度？数量如何？质量水平如何？费用产出如何？

三、工具作用

5W2H 分析法简单、方便，易于理解、使用，富有启发意义，广泛用于企业管理和技术活动，对于决策和执行性的活动措施也非常有帮助，也有助于弥补考虑问题的疏漏，具体来说具有如下作用。

1. 可以准确界定、清晰表述问题，提高工作效率。
2. 有效掌握事件的本质，完全地抓住了事件的主骨架，把事件打回原形后再思考。
3. 简单、方便，易于理解、使用，富有启发意义。
4. 有助于思路的条理化，杜绝盲目性。有助于全面思考问题，从而避免在流程设计中遗漏项目。

四、使用方法

在运用 5W2H 分析法解决问题时，可通过多次、多轮提问来获得对问题的深层次理解，从而更好地分析和解决问题。具体方式参见表 6-1。

表 6-1　5W2H 分析法使用方法

考察点	第一次提问	第二次提问	第三次提问
目的(What)	做什么	是否必要	有无其他更合适的对象
原因(Why)	为何做	为什么要这样做	是否不需要做
时间(When)	何时做	为何需要此时做	有无其他更合适的时间
地点(Where)	何处做	为何需要此地做	有无其他更合适的地点
人员(Who)	何人做	为何需要此人做	有无其他更合适的人员
方法(How)	如何做	为何需要这样做	有无其他更合适的方法
资源(How much)	需要多少	为何需要这么多	是否不需要这么多

【案例 6-29】

问题诊断

某公司有一类项目延期交付率很高，公司希望通过调查和诊断，找出延期主要原因，提高这类项目的正常交付率。可采用 5W2H 的问题进行诊断：

1）Why：通过几个 why 层层发问找出根本原因，而不是仅看到事件的表象。对于每一个原因，应该分析原因背后的原因。

项目为什么会延期？可能因为人员不够、设计变更、供应商供货不及时、产品返工或客户要求工期紧等某一方面或多方面的原因。例如，因为测试时产品满足不了质量要求而延误交付。通过进一步调查，发现不满足测试要求是因为某元器件总是损坏，损坏的原因是电路设计时没有考虑电流可能有过大的情况。后来发现是因为硬件工程师参与该类项目的时间较短或较晚导致部分设计信息不了解，主管设计也没有对设计进行核对。因此，公司对产品设计的质量把关不严是造成本生产项目不能按时交付的主要原因。

2）What：有哪些这类项目出现了延期交付？统计这类项目延期的具体情况，区分不同项目延期的天数和项目的规模等信息。

3）Who：项目延期是由公司内部其他部门、项目团队造成的，还是由外部客户或供应商造成的？内部项目团队的责任人是什么岗位、角色？

4）When：延期交付一般发生在什么时间，年初、年末、还是项目较多的时间？对于项目进度控制，采取了哪些措施？这些措施有没有落实？

5）Where：项目延期是因何处造成的？是在供应商方加工或调试时、本公司生产时、还是在客户方调试时造成的？

6）How to do：针对项目延期做了哪些预防措施？事先有哪些风险预警和防范措施？

7）How much：项目延期给公司带来了什么影响，造成了什么损失？

通过梳理这七类问题，该公司对该类项目的交付和运作效率有了系统化的、体系化的改善思路，优化了内部的项目实施流程、职责分工和工作标准，最终改善了该类项目的延期情况。

习　题

某软件设计公司需要在客户原有的系统上增加功能，以满足客户应对项目不断增加后的精细化管理要求。请用 5W2H 分析法进行详细的分析，以更好地统筹工作安排和系统功能开发。

思维导图

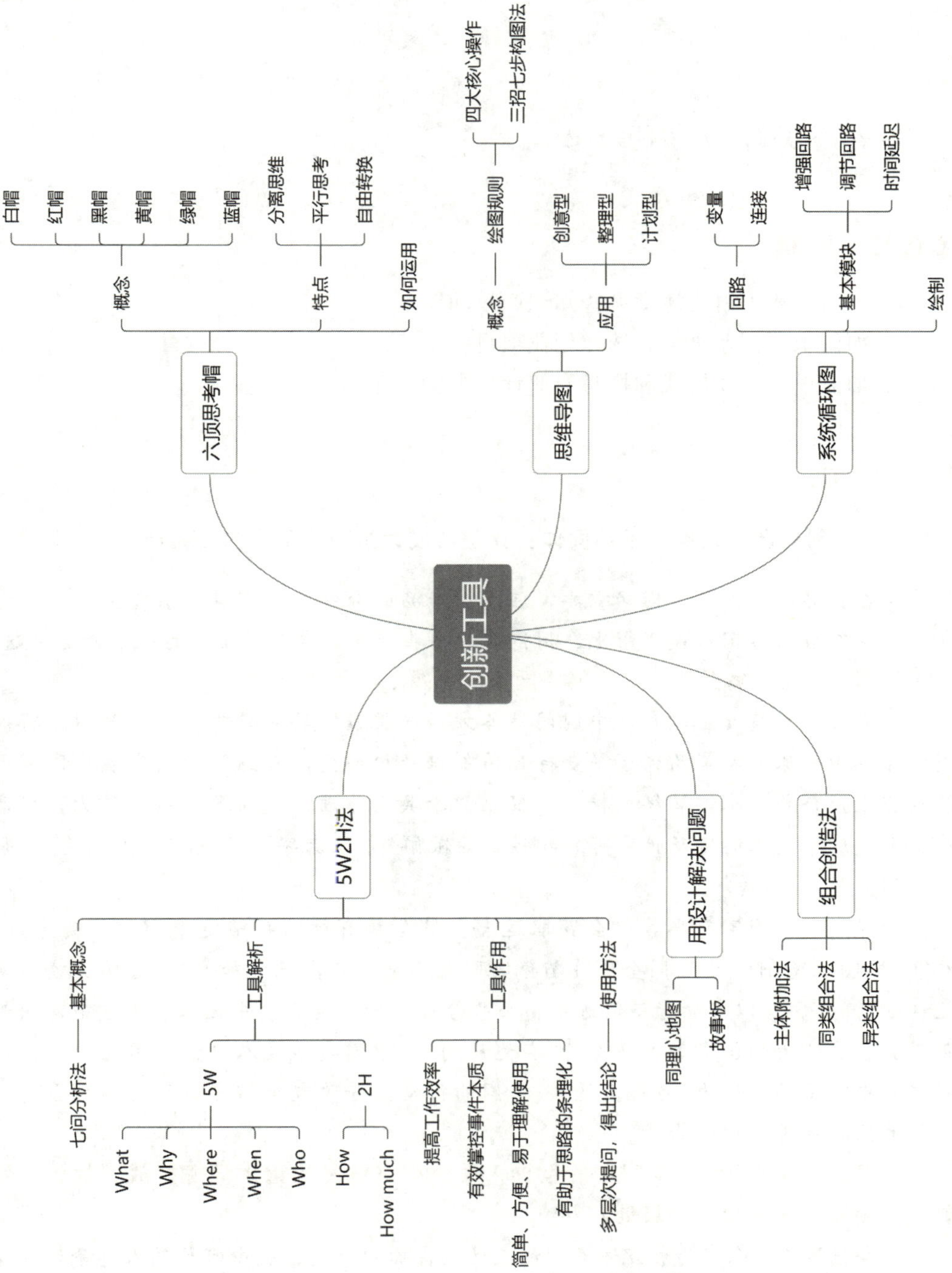
创新工具
六顶思考帽
概念
白帽
红帽
黑帽
黄帽
绿帽
蓝帽
特点
分离思维
平行思考
自由转换
如何运用
思维导图
概念
绘图规则
四大核心操作
三招七步构图法
应用
创意型
整理型
计划型
系统循环图
回路
变量
连接
基本模块
增强回路
调节回路
时间延迟
绘制
5W2H法
基本概念
七问分析法
工具解析
5W
What
Why
Where
When
Who
2H
How
How much
工具作用
提高工作效率
有效掌控事件本质
简单、方便、易于理解使用
有助于思路的条理化
使用方法
多层次提问，得出结论
用设计解决问题
同理心地图
故事板
组合创造法
主体附加法
同类组合法
异类组合法

第七章　创新实践中的相关问题

知者非真知也，力行而后知之真。

——王夫之

本章核心问题

1. 创新实践中需要注意哪些知识产权问题？
2. 如何识别创业机会和选择创业项目？
3. 如何设计商业模式和撰写商业计划书？

【导引案例】

创新造福人类命运共同体：让疫苗成为全球可负担的公共产品

疫苗产品的研发推进固然重要，但疫苗产品的分配使用同样具有重大的社会意义。让疫苗成为各国人民用得上、用得起的公共产品，是全球面临的一个紧迫问题。

思考 1　如何确保疫苗在发展中国家的可及性和可负担性？

新冠肺炎疫情发生以来，中国团结各方携手抗疫、共克时艰。从最早承诺将新冠疫苗作为全球公共产品到最早支持疫苗知识产权豁免，再到最早同发展中国家开展疫苗生产合作，中国始终秉持人类卫生健康共同体理念，同各方携手努力，提高疫苗在发展中国家的可及性和可负担性，为破解“分配赤字”、弥合“免疫鸿沟”贡献了中国力量。

确保发展中国家有平等机会获取适合、安全和有效的疫苗是中国的一贯态度。2020 年 10 月 8 日，中国同全球疫苗免疫联盟签署协议，正式加入“新冠肺炎疫苗实施计划”。目的是以实际行动促进疫苗公平分配，确保为发展中国家提供疫苗，同时带动更多有能力的国家加入并支持“实施计划”。中国疫苗成本更低，因此中国疫苗对发展中国家的吸引力“显而易见”。中国的行动充分体现重信守诺的大国担当，为全球共同抗疫贡献中国力量。

思考 2　面对充满不确定性的世界，面对愈来愈多的重大环境挑战、社会问题和科技创新，人类应如何自处？

当今世界愈来愈成为相互依存、相互协作，你中有我、我中有你的人类命运共同体。面对许多重大科技问题和环境挑战，没有国家和个人能够独善其身，需要国际社会通力合作，共同谋划，聚集创新资源，积蓄创新力量。面对新冠肺炎疫情这一人类共同的新挑战，中国始终站在国际抗疫合作“第一方阵”，秉持疫苗公共产品“第一属性”，担当疫苗公平分配“第一梯队”，充分彰显了负责任大国的道义坚守和使命担当。

第一节　知识产权的基础知识

创新成果需通过社会认可与传播实现其社会及经济价值。知识产权制度作为法律确权工具，为创新成果提供排他性保护，使之获得市场认可并保障权益流转。本节将聚焦知识产权体系概况及其中与大学生创新实践关联最直接的专利权制度。

与知识产权相关的法律法规

一、知识产权概述

（一）起源

“知识产权”概念最早于17世纪中叶由法国学者卡普佐夫提出，后经比利时法学家皮卡第发展，并将之概括为“一切来自知识活动的权利”。1967年《世界知识产权组织公约》签订以后，该词才逐渐为国际社会所普遍使用。世界知识产权组织（WIPO）于2000年决定，把4月26日定为“世界知识产权日”。1986年《中华人民共和国民法通则》首次在立法层面确立“知识产权”法律概念。2008年《国家知识产权战略纲要》实施后，我国知识产权法治建设进入系统化发展阶段。2020年颁布的《中华人民共和国民法典》明确规定知识产权为民事权利，确立其基础法律地位。当前我国已构建以专门法律《中华人民共和国专利法》《中华人民共和国著作权法》《中华人民共和国商标法》《中华人民共和国反不正当竞争法》为主干，以行政法规《集成电路布图设计保护条例》《中华人民共和国植物新品种保护条例》为配套的知识产权法律体系。

（二）概念和分类

知识产权，是指人对自己智力活动创造的成果和经营管理活动中的标记、信誉依法享有的占有、使用、处分和收益的权利，是受国家法律保护的智慧财产权或智力财产权，即无形财产权。

根据《中华人民共和国民法通则》界定知识产权，属于民事权利，包括：创造性智力成果和工商业标记依法产生的权利，具体指著作权（或版权）、专利权、商标专用权、发现权、发明权和其他科技成果权。

知识产权，与房屋、汽车等有形财产一样，都受到国家法律的保护，都具有价值和使用价值。有些重大专利、驰名商标或作品的价值也远远高于房屋、汽车等有形财产。

（三）特征

知识产权的基本特征，可以概括为“专有性”、“地域性”和“时间性”。这些特征的描述，并非都是知识产权所独有的，只有客体的非物质性才是知识产权的本质特征。

知识产权的客体，即知识产品（或称为智力成果），是一种没有形体的精神财富，客体的非物质性，是知识产权的本质属性。知识产权与相关权利的本质区别，不是所谓该项权利的无形性，而在于其权利客体即知识产品的非物质性特征。

知识产权的专有性，主要表现在两个方面：第一，知识产权为权利人所独占，权利人垄断这种专有权利并受到严格保护。没有法律规定或未经权利人许可，任何人不得使用权利人的知识产品。第二，对同一项知识产品，不允许有两个或两个以上同一属性的知识产权并存。

知识产权作为一种专有权，在空间上的效力并不是无限的。它受到地域的限制，即具有严格的领土性，其效力只限于本国境内。知识产权的这一特点使之有别于有体财产所有权。在一国获得知识产权的权利人，如果要在他国受到法律保护，就必须按照该国法律规定登记注册或经审查批准。

知识产权既不是无限空间的绝对垄断权利，也不是没有时间限制的永恒权利。知识产权时间性的特点表明，这种权利仅在法律规定的期限内受到保护，一旦超过法律规定的有效期限，这一权利就自行消灭，相关知识产品即成为整个社会的共同财富，为全人类所共同使用。

二、专利权的概念、特征与类型

（一）起源与概念

专利的雏形源于古希腊，早在公元前 500 年左右，锡巴里斯(今天在意大利南部)就授权那些发明制作了精美器物的工匠一段时间的特许权，来独享那种发明带来的利益。近代的专利源于 14 世纪的英国，由国王对技术的发明人授予一个特许权，让他独享那项技术一段时间内的收益，但是当时没有专利法，独享期是多长。至 15 世纪文艺复兴时期，意大利有了专利法。工业革命时期，英国出现了现代意义上的专利法和专利保障制度。

“专利”，从字面上来讲，是指专有的利益和权利。专利一词来源于拉丁语，原意是公开的信件或公共文献。专利有三种含义：一是指专利权，即国家授予的对某项发明创造的独占支配权。二是指专利技术，是受国家认可并在公开的基础上受法律保护的专有技术。如“这台榨汁机有 10 项专利”，实际上是说这台榨汁机应用了 10 项获得专利权的技术。三是指专利局颁发的专利证书或专利文献。所谓专利权，是指一项发明创造，经申请人向代表国家的专利主管机关提出专利申请，经审查合格后，由该主管机关向专利申请人授予的在规定时间内对该项发明创造享有的专有权。简而言之，专利权是发明创造的合法所有人依法对其发明创造所享有的独占权。

（二）特征

1. 独占性

我国《专利法》第十一条规定：“发明和实用新型专利权被授予后，除本法另有规定的以外，任何单位或者个人未经专利权人许可，都不得实施其专利，即不得以生产经营为目的制造、使用、许诺销售、销售、进口其专利产品，或者使用其专利方法以及使用、许诺销售、销售、进口依照该专利方法直接获得的产品。外观设计专利权被授予后，任何单位或者个人未经专利权人许可，都不得实施其专利，即不得为生产经营目的制造、许诺销售、销售、进口其外观设计专利产品。”专利权人对其权利的客体即发明创造享有占有、使用、收益和处分的权利。未经专利权人许可，其他任何人不得以生产经营为目的实施该项专利，否则就构成法律上的侵权行为。

2. 公开性

《中华人民共和国专利法》第二十六条指出：“申请发明或者实用新型专利的，应当提交请求书、说明书及其摘要和权利要求书等文件。请求书应当写明发明或者实用新型的名称，发明人的姓名，申请人姓名或者名称、地址，以及其他事项。说明书应当对发明或者实用新型做出清楚、完整的说明，以所属技术领域的技术人员能够实现为准；必要的时候，应当有附图。摘要应当简要说明发明或者实用新型的技术要点。权利要求书应当以说明书为依据，清楚、简要地限定要求专利保护的范围。”

专利说明书要做到“清楚”“完整”和“能够实现”，这三条是其要达到公开明示的范围和程度。如果说明书公开不充分就不能授予专利权，只有达到了充分公开的要求，才能获得专利权，得到相应的保护。已经被授予专利权的专利技术，可以从国家知识产权局官方网站，通过专利检索的手段查找并下载专利说明书和权利要求书等申请文件。专利是一种公开的技术。技术秘密只能依靠商业秘密保护制度来实现保护。

3. 时间性

《中华人民共和国专利法》第四十二条规定：“发明专利权的期限为 20 年，实用新型专利权的期限为 10 年，外观设计专利权的期限为 15 年，均自申请日起计算。”专利权的时间性是指专利权在规定期限内有效。专利权的期限，各国专利法都有明确的规定。法定期限届满，权利灭失，专利权人对其发明创造不再享有制造、使用、销售、许诺销售和进口的专有权。该技术进入公有领域，成为社会公共财富，任何单位或者个人都可以无偿使用。法定期限届满，已经失效的且仍具有技术价值的专利，可以加以利用，充分发挥原有技术的经济效益。

4. 地域性

地域性就是对专利权在空间上的限制，即专利权只能在授权的地域范围内有效，完全是独立的，对授权之外的国家或地区不发生法律效力，即专利权无“域外效力”。专利权由各国或地区的政府主管机关依据法律授予，如果专利权人希望在其他国家或地区获得专利保护，就需要按照该国或地区的法律另行提出申请并获得授权。

（三）专利的类型

世界各国的专利保护范围有别，因此各国专利类型也不尽相同。我国专利类型有发明专利、实用新型专利和外观设计专利三种类型。

1. 发明专利

发明专利（Invention Patent）是国际上公认的最具新颖性、创造性、实用性的新产品或新方法的发明。

《中华人民共和国专利法》中对发明的定义是：对产品、方法或其改进所提出的新的技术方案。

发明专利可以是多种多样的，有产品发明(如机械、器具、仪器、部件和元件等)，方法发明(如产品的制造方法——机械、化学或生物；产品的使用方法——材料、物质的新用途；其他方法——通信、测试和修理的方法)，物质发明(如液态、气态、粉末状的化学物质、化学反应中间物质等)；材料发明(如合金玻璃、水泥、油墨、燃料和化学组合物等)。

我国对发明专利的保护期为 20 年。

2. 实用新型专利

实用新型专利又称“小发明”“小专利”，主要是指对机器、设备、装置、器具等产品的形状、构造或其结合所提出的适用于实用的、新的技术解决方案，并能在产业上制造出具有使用价值或实际用途的产品。

实用新型专利的技术方案特征如下：

(1)必须是一种产品；

(2)有形的技术思想的创作适于实用；

(3)有一定形状和构造，其固定的形状应该有一定的技术效果，即产品是占据一定空间的有“型”实体，可观察的、确定的三维空间形状，如果是自然形成的形状，摆放或堆积形成的形状，以及无确定形状的产品，不能申请实用新型专利的；

(4)产品的构造包括各个部分的布置、组织和相互关系，如机械构造和线路构造等，并且为工业方法制造。

实用新型专利往往限于产品发明，申请审批程序较简单，费用也较低。我国对实用新型专利的保护期为 10 年。

3. 外观设计专利

外观设计专利(industrial design patent)是指对产品的形状、图案或者其结合，以及色彩与形状的结合所提出的富有美感并适于工业上应用的新颖的设计方案。如果说发明专利和实用新型专利是从技术角度解决某个特定的技术问题，那么外观设计专利则是从美学角度对产品的外表进行设计。外观设计专利偏重于产品的装饰性和艺术性。

外观设计专利的要素包括：

(1)必须与某一具体产品有关；

(2)必须是产品形状、图案和色彩或者其结合的设计；

(3)具有视觉上的美感；

(4)适用于工业应用的新设计，即工业化产品，能重复生产的产品外观设计。

外观设计专利形态：

(1)三维空间的产品造型；

(2)二维的平面设计图案。

外观设计应该有美感，是能规模化生产的具有工业实用性的产品，不包括单纯的艺术品，如美术作品、风景画和照片等。

我国对外观设计专利的保护期为 10 年。

三、专利申请前的准备

(一)确定是否申请专利

专利申请，需要有充分的准备，首先要确定能否申请专利，主要从以下三方面把握：

1. 不授予专利权的发明创造的情况

《中华人民共和国专利法》第五条和第二十五条从维护国家和社会利益的角度出发，对可授予专利权的主题范围做了某些限制性规定。

《中华人民共和国专利法》第五条规定："对违反法律、社会公德或者妨害公共利益的发明创造，不授予专利权。对违反法律、行政法规的规定获取或者利用遗传资源，并依赖该遗传资源完成的发明创造，不授予专利权。"

《中华人民共和国专利法》第二十五条规定："对下列各项，不授予专利权：(一)科学发现；(二)智力活动的规则和方法；(三)疾病的诊断和治疗方法；(四)动物和植物品种(包括动物和植物品种生产方法中的生物学的方法)；(五)用原子核变换方法获得的物质(包括原子核变换方法在内)；(六)对平面印刷品的图案、色彩或者二者的结合做出的主要起标识作用的设计。对前款第(四)项所列产品的生产方法，可以依照本法规定授予专利权。"

2. 专利权的申请应当满足的基本条件

《中华人民共和国专利法》第二条规定了可以授予专利权的申请应当满足的基本条件，发明，是指对产品、方法或者其改进所提出的新的技术方案。实用新型，是指对产品的形状、构造或者其结合所提出的适于实用的新的技术方案。外观设计，是指对产品的整体或者局部的形状、图案或者其结合以及色彩与形状、图案的结合所作出的富有美感并适于工业应用的新设计。

"新的技术方案"，是对可申请专利保护的发明或者实用新型客体的基本要求。在撰写技术交底书或者专利申请文件时，应找出发明创造是否有"新的技术方案"，要符合发明或者实用新型的一般性定义。

3. 授予专利权的发明和实用新型的情况

(1)具有新颖性

以申请发明或实用新型是否属于现有技术为准。现有技术涵盖范围广，除了专利文献、非专利文献、本专业的权威性期刊和专著等，还包括国内同行业的技术现状。此外，要注意谨慎公开，即在专利申请以前，申请人应当对申请内容保密。如果在发明试验以及鉴定过程中有他人参与，应当要求相关人员也予以保密，必要时可以考虑签订保密协议；不要在申请前发表论文，不要用于会议交流。对由中国政府主办或者承认的国际展览会上首次展出的、在全国性学术团体组织主办的新技术、新产品鉴定会和技术会议，按照《中华人民共和国专利法》第二十四条的规定，在会议后 6 个月之内提出申请的，不丧失新颖性。

(2)具有创造性

符合创造性标准，是指与现有技术相比，该发明是否具有突出的实质性特点和显著的进步，该实用新型是否具有实质性特点和进步。所谓“突出的实质性特点”，是指发明与现有技术相比具有明显的本质区别，对于发明所属技术领域的普通技术人员来说是“非显而易见”的，不能直接从现有技术中得出构成该发明全部必要的技术特征。假如只是通过逻辑分析、推理或者一般试验而得到，则该发明就不具备突出的实质性特点。所谓“显著的进步”，是要从发明是否具有有益的技术效果来看，发明与现有技术相比具有更好的效果，包括：发明克服了现有技术存在的缺点和不足；为解决某一技术问题提供了不同构思的技术方案；代表某种新的技术发展趋势。实用新型是否符合创造性标准，相对发明专利而言，只要具有实质性特点和进步即可，不要求达到“突出”和“显著”。

(3)具有实用性

实用性是指该发明或者实用新型能够制造或者使用，并且能够产生积极的效果。具体包括：能够制造或者使用；可以产生积极的效果；必须具有再现性。

在申请专利之前，要对发明创造的市场前景和经济收益进行分析、调研和预测，包括技术开发和技术市场的前景、商品市场开拓的空间、在取得专利权后能否实施和转让以及能否获得经济收益、如果不去申请专利可能会带来多大的损失。如果对上述情况不做研判，就去申请，即使获得专利，也极有可能造成时间、精力和财力的极大浪费。

在申请专利之前，要从经济投入、申请时机等多方面认真考虑。第一，初步核算资金投入，包括：申请专利必须缴纳申请费、审查费、批准后要缴纳的专利登记费和年费(维持专利)等；委托专利代理机构的还要缴纳代理费。第二，选择申请时机。第三，评估拟申请专利的价值，对在任何领域都没有应用价值的发明，没有必要申请专利。

(二)申请前专利文献的检索

1. 专利检索的原因

由于全世界专利众多，任何人都不能保证自己的想法是世界上独一无二的。我们能想到的发明，别人很有可能也会想到，所以任何个人和企业在申请专利前，都应该认真检索，核验自己的想法是否已经被别人实现，是否专利已经出现在世界各大专利局的数据库中而不自知。

申请专利前专利检索的作用和重要意义有以下几点：一是可以评价专利申请获得授权的可能性，二是有助于完善申请方案，三是能够节省因申请专利所花费的时间和金钱。

2. 专利检索的范围

专利申请前的检索主要包括专利检索和非专利检索。专利检索主要在专利文献中进行。根据《专利合作条约》(PCT)实施细则第34条对国际检索单位最低文献量(PCT minimum documentation)的规定，PCT最低专利文献量包括1920年以来美国、英国、法国、德国、瑞士、欧洲专利局和世界知识产权组织出版的专利说明书，以及日本和俄罗斯的英文专利文献。PCT最低非专利文献量则以WIPO国际局公布的最低文献量期刊清单前 5 年发表的文献内容为范围。

专利文献检索资源，主要由各国政府知识产权局网站提供的各国专利数据库、国际或地区间专利合作组织网站的专利数据库、商业性检索系统的数据库等组成。可选用各国政府知识产权局网站、国际或地区间专利合作组织网站提供的公益性专利数据库资源或检索工具，比如中国国家知识产权局政府网站专利库、欧洲专利局网站 espacenet 专利检索系统等。此外，随着数字化技术的迅速发展，网络资源构成了发明技术“公知公用”的重要组成部分，网络公开文献资源中与发明技术相关部分，也可作为专利检索的文献资源。

第二节　创业机会识别与创业项目选择

一、创业机会的概念与重要性

创业机会就是市场上存在的、未被完全开发或尚未被识别的、能够满足某种需求或解决某种问题的可能性。这种可能性往往伴随着一定的商业价值和潜力，是创业者实现其创业目标的关键。创业机会识别是创业项目成功的先决条件。好的创业机会，不仅能够为创业团队带来初期的竞争优势，还能为创业团队的长期发展奠定坚实的基础。

二、创业机会的来源与类型

1. 市场需求变化：随着社会的不断进步和消费者需求的日益升级，市场上常常会出现新的需求缺口。这些缺口既可能源于消费者对新产品的渴望，也可能源于对现有产品的不满。创业者只需保持敏锐的洞察力，就能从这些变化中发现商机。

【案例 7-1】

中国本土咖啡的“涅槃重生”

某中国本土咖啡品牌凭借成本优势、快速开店、巨额融资和大量补贴客户等优势迅速占领市场。但情况急转直下发生在 2020 年年初，一匿名机构向做空机构浑水递交调研报告，指出其财务和运营数据造假，商业模式难以持续，同年其股价暴跌退市。

面对退市危机，外界很少有人相信它能存活下来。但此后它却用不断增长的业绩显示了它的生命力。

图 7-1　咖啡里的日常生活

该品牌的运营方首先将品牌营销和用户运营整合成一个部门（品运合一），让营销根据用户运营的导向去投入，把营销获得的流量通过用户运营进行有效转化。

在留存客户的同时，它也在进行品牌年轻化的动作，将目标用户瞄准年轻人。年轻人不喜欢美式咖啡的苦味，于是，其产品战略转向了奶咖、果咖等咖啡饮品化方向，用其他原料去中和咖啡的苦味。

新的品牌运营方认为：一款好的产品，首先要好喝，并且要符合消费者潜意识里的需求，比如厚乳(咖啡)，就满足了消费者潜意识中对牛奶的需求。努力降低咖啡的尝试门槛，让产品成为年轻用户的日常饮品。此后不久就以每三四天一款的节奏推新产品，2020 年、2021 年和 2022 年上半年，推出的现制新饮品分别是 77 款、113 款和 68 款。

到底什么样的奶咖是消费者喜欢的？市场没有定论，因此该品牌采取持续上新策略，持续去发现消费者喜欢的东西。

2022 年财报显示，其全年收入已破百亿，整体营业利润首次扭亏为盈，门店数量达 8000 多家。

2. 技术创新：近年来，科技领域的飞速发展为创业者提供了前所未有的机遇。新的技术、新的材料、新的工艺不断涌现，为各行各业带来了颠覆性的变革。创业者可以通过关注科技动态，了解最新技术，从而发掘出潜在的创业机会。

【案例 7-2】

港珠澳大桥的智能化交付实践

港珠澳大桥建设过程中，需安装 800 台特殊电气机柜，用于保障大桥电力系统的安全稳定。某制造企业承接了这一重大订单。由于交付周期紧迫，仅靠单一工厂难以完成任务，项目团队需实时协调多家工厂的生产进度、质量管控、供应链协同及物流动态。传统管理模式难以应对此类复杂需求，但该企业凭借多年积累的数字化能力——自主研发的信息化协同平台，高效解决了这一难题。

通过数字化平台，项目团队可实时追踪原料供应状态、各工厂产品合格率、物流运输进度及订单整体完成度。例如：原料是否准时送达浙江某工厂？四川某工厂的质检合格率如何？天津某工厂的物流是否存在异常？依托全流程数字化链条，从订单下发到生产制造、质量检测、物流运输及最终验收，每个环节均可实现实时预警与快速响应。最终，该企业通过协同调度浙江、天津、四川等多地工厂产能，在限定时间内完成交付，展现了行业领先的供应链整合能力。

然而，项目负责人进一步意识到行业深层问题：电气机柜属于离散型制造业，产业链上下游协同效率低下。例如，上游一颗螺丝的质量问题可能影响中游设备性能，最终威胁下游电力安全。此外，设计效率低、制造成本高、融资困难等问题长期制约行业发展。基于此，该企业决定将自身数字化能力转化为行业通用解决方案。其联合某科技公司与某知名云服务提供商，共同搭建产业互联网服务体系，重点推进以下举措：

1. 技术研发赋能：成立产业互联网创新实验室，运用AI技术构建行业大模型，辅助全场景产品设计；

2. 全流程协同平台：利用新一代通信网络与云技术，打造订单履约全流程在线协同平台，提升产业链效率；

3. 集群化服务转型：通过物联网与数字化工具，推动配套服务向集群化、智能化升级，降低交易与人工成本。这一实践标志着工业化与智能化的深度融合，为传统制造业转型升级提供了可复制的范例。

3. 政策支持：为了鼓励创业和推动产业发展，政府会出台一系列优惠政策。这些政策可能涉及税收减免、资金扶持、场地租赁等方面。创业者可以关注政策动态，利用政策红利发掘创业机会。

4. 产业链整合：在产业链中，不同环节之间存在着紧密的关联和协同。创业者可以通过整合产业链资源，发掘新的创业机会。例如，在原材料采购、生产加工、渠道销售等环节中寻找合作机会，实现产业链的优化升级。

【案例7-3】

中国新能源汽车企业的产业链整合实践创新范式

一、战略架构与创新逻辑

某领军企业构建"垂直整合+生态开放"双驱动体系，形成独特发展范式：一是技术穿透，突破电池、电控、智能驾驶等核心技术，构建自主可控技术体系；二是产业协同，搭建数字供应链平台，实现研产供销全链条数据贯通；三是生态共建，联合跨行业伙伴建立创新联盟，推动标准共建与资源共享。

二、技术创新与产业赋能

首先企业致力于基础技术突破。开发新一代电池体系，提升安全与环境适应性，构建智能驾驶技术平台，实现软硬件解耦开发，创新模块化制造工艺，重构整车生产流程。其次企业积极推动产业链再造。建立零部件标准联盟，推动接口协议统一，构建产能动态调配机制，提升供应链韧性，通过知识共享带动中小企业数字化转型。

三、价值重构与生态贡献

首先企业重视商业模式创新。建立电池资产运营模式，分离车辆与能源载体所有权，构建车网互动能源网络，延伸车辆全周期价值，开发数据增值服务，打造移动智能空间生态。其次，企业深度参与绿色转型实践。建立材料闭环回收体系，实现资源高效循环，布局光储充换基础设施，推动能源结构转型，构建碳资产管理系统，创新环境价值评估。此外，企业要积极履行社会责任，关注社会价值创造。培育新型产业工人群体，带动县域经济升级，开发普惠型产品改善乡村出行条件，参与生态修复工程实现发展反哺。

该案例展现了中国企业在产业链重构中的系统创新能力，其创新范式为全球制造业转型提供了创新样板，标志着中国正从产业跟随者向规则制定者演进。

三、创业机会识别的方法

1. 市场调研：市场调研是创业机会识别的重要方法。通过问卷调查、访谈、观察等方式收集市场信息，了解消费者需求、市场趋势、竞争态势等，为创业机会识别提供依据。市场调研需要做到全面、深入、细致，以确保所得数据的准确性和可靠性。

2. 头脑风暴：头脑风暴是一种集体智慧的体现。创业者可以组织团队成员进行头脑风暴，集思广益，从多个角度挖掘创业机会。在头脑风暴过程中，要鼓励团队成员敢于提出不同意见和看法，激发创新思维和创造力。

3. 原型测试：原型测试是验证创业机会可行性的重要手段。通过制作产品原型或提供初步服务，测试市场的反应和接受度，了解消费者对产品的真实需求和期望。原型测试有助于创业者及时发现潜在问题和改进方向，为产品的进一步优化和完善提供依据。

4. 商业模式画布：商业模式画布是一种可视化工具，可以帮助创业者从多个维度对创业机会进行全面分析。通过绘制商业模式画布，创业者可以清晰地了解客户细分、价值主张、渠道通路、客户关系、收入来源、关键业务、核心资源、重要合作、成本结构等方面的信息，为创业机会的评估和选择提供有力支持。

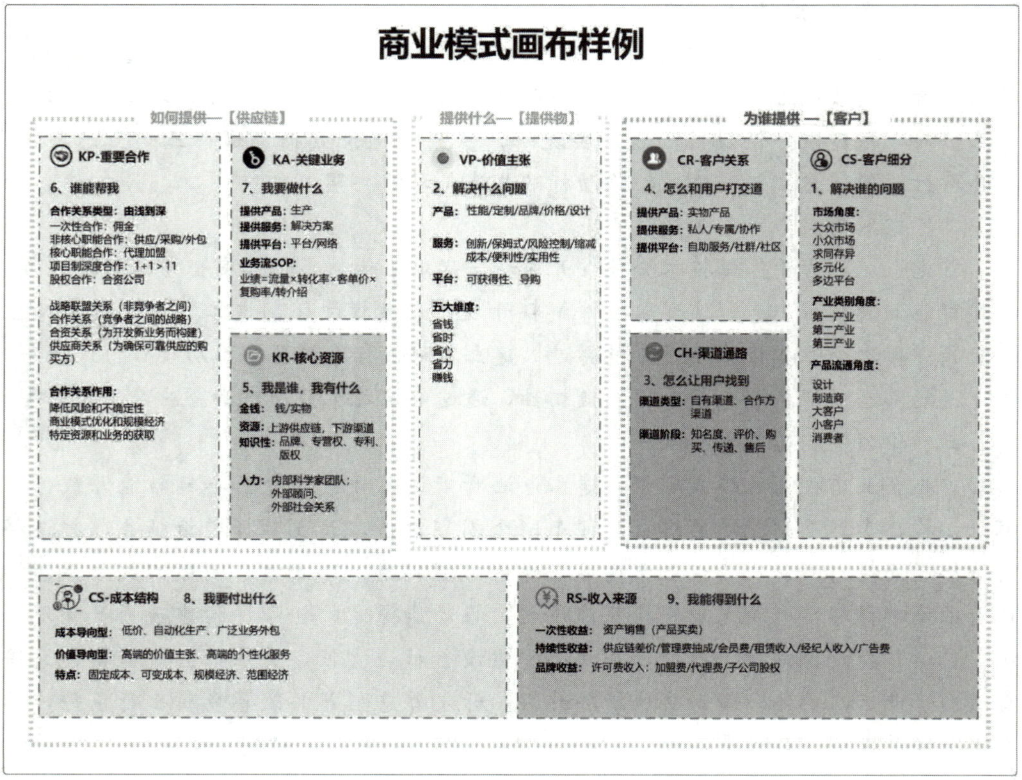

图 7-3 商业模式画布样例

四、创业机会的评价标准

1. 市场潜力：市场潜力是评价创业机会的重要因素。一个具有巨大市场潜力的创业机会往往能够为创业团队带来丰厚的回报。在评估市场潜力时，要考虑市场规模、增长率、竞争格局等因素。

2. 竞争优势：竞争优势是创业项目在市场中脱颖而出的关键。一个优秀的创业项目应该具备独特的竞争优势，如技术领先、品质卓越、价格合理等。这些优势能够吸引消费者和投资者的关注，为创业团队赢得市场份额和资金支持。

3. 盈利能力：盈利能力是创业项目的核心指标之一。一个具有盈利能力的创业项目不仅能够为创业团队带来稳定的收益，还能为创业团队的长期发展提供有力保障。在评估盈利能力时，要考虑收入来源、成本结构、利润水平等因素。

4. 可持续性：可持续性是评价创业机会的重要指标之一。一个具有可持续性的创业项目不仅能够为创业团队带来长期的收益，还能为社会的可持续发展做出贡献。在评估可持续性时，要考虑创业团队的资源消耗、环境污染、社会责任等方面。

五、创业机会的识别

1. 深入了解行业和市场：在识别创业机会之前，创业者需要对所在行业和市场进行深入了解。只有对市场和消费者需求有充分的认识，才能避免盲目跟风或误判市场趋势。

2. 谨慎评估风险：创业机会往往伴随着一定的风险。创业者需要谨慎评估风险并制定相应的应对措施，以降低潜在损失并保障项目的顺利进行。

3. 保持敏锐的观察力：创业者需要保持敏锐的观察力，时刻关注市场变化和新技术发展。只有及时抓住新的创业机会，才能在激烈的市场竞争中立于不败之地。

4. 持续学习和提升：创业是一个不断学习和提升的过程。创业者需要不断积累知识和经验，提高创业能力和综合素质，以应对不断变化的市场环境和挑战。

六、创业项目的选择标准

在创业征途中，选择正确的项目如同扬帆远航时的精准指向标，它决定了航船能否避开暗礁，穿越风浪，最终抵达成功的彼岸。选择正确的项目是创业成功的关键之一。创业者需要深入了解国家政策、市场需求，评估盈利，找到与自己能力和兴趣相契合的项目，并不断学习和成长，才能在创业的道路上走得更远、更稳。

1. 国家政策：政策鼓励的领域通常是基于国家战略需求、技术创新或产业升级的考量，这些领域不仅具备广阔的市场前景，还能享受到政府提供的全方位支持。创业时选择国家政策鼓励的领域，不仅有助于创业者把握国家发展的脉搏，更能享受政策带来的多重优惠和扶持。在这些政策倾斜的领域内，创业者可以充分利用税收减免、财政补贴等激励措施，降低初始投资成本，从而更加专注于产品的研发和市场的拓展。

2. 市场需求：在选择创业项目时，首要考虑的因素之一是市场需求。这要求创业者深入了解目标消费者的需求和偏好，选择能够真正满足市场需求的项目。同时，还需要关注市场的发展趋势，确保所选项目在未来一段时间内仍具有持续的需求。

3. 竞争优势：在选择创业项目时，必须评估其在市场上的竞争优势。这包括产品的品质、价格、技术创新能力以及品牌影响力等方面。只有具有明显优势的项目，才能在激烈的市场竞争中脱颖而出，赢得消费者的青睐。

4. 可持续性：可持续性是衡量一个创业项目是否值得长期投入的重要指标。选择具有可持续性的项目，意味着该项目在未来几年或更长时间内能够保持稳定的发展势头，为创业团队带来持续的收入和利润。这样的项目有利于创业团队的长期发展，降低经营风险。

5. 个人兴趣与专长：在选择创业项目时，考虑自己的兴趣和专长同样重要。只有对所选项目充满热情，创业者才能全身心地投入到创业过程中，克服各种困难和挑战。同时，具备相关专长的项目，也能让创业者在创业过程中更加得心应手，提高项目的成功率。

七、创业项目的市场调研

1. 目标市场定位：明确目标市场，是市场调研的首要任务。创业者需要了解目标客户群，他们的需求是什么，市场规模有多大，以及市场增长潜力如何。这有助于创业者更好地了解市场需求和竞争状况，为项目的成功打下坚实基础。

2. 竞争对手分析：在市场调研中，对竞争对手的分析至关重要。创业者需要了解他们的产品、价格、营销策略等，以及他们的优势和劣势。通过对比分析，可以找到自己的差异化竞争优势，制定更加有效的竞争策略。

3. 消费者需求调研：了解消费者的需求和偏好，是制定产品规划和市场策略的基础。可以通过问卷调查、访谈、社交媒体等渠道，收集消费者的反馈和建议。这有助于创业者更好地了解市场需求，为产品或服务的改进提供依据。

4. 行业趋势分析：关注行业发展趋势，了解新技术、新政策等对行业的影响，有助于把握市场机遇。创业者需要关注行业内的领先创业团队和创新创业团队，了解他们的最新动态和发展方向。同时，还需要关注宏观经济和政策环境，以及国际市场的变化，以便及时调整创业策略。

八、评估创业项目的可行性

1. 资金评估：在评估创业项目的可行性时，资金是一个重要的考虑因素。创业者需要评估自己的资金状况，确保有足够的资金来支持项目的启动和运营。同时，还需要制定详细的资金计划，合理分配资金，确保项目的顺利推进。

2. 技术评估：技术是实现项目所需的关键支撑。创业者需要评估自己的技术水平或团队的技术能力，确保具备实现项目所需的技术支持。如果项目需要特定的技术或专利，还需要了解相关的技术许可和知识产权问题。

3. 团队评估：一个优秀的团队是创业成功的关键。创业者需要评估团队成员的能力和经验，确保他们具备完成项目所需的能力和资源。如果团队存在不足，需要及时补充人才，加强团队建设。

4. 风险评估：在评估创业项目的可行性时，还需要考虑项目的风险。这包括市场风险、技术风险、财务风险等。创业者需要识别和分析这些风险，并制定相应的风险应对策略，降低项目的风险。

习 题

1. 良好的开始是成功的一半，创业者选择的项目最好是(　　)

A. 最赚钱的　　B. 别人成功的

C. 朋友推荐的　　D. 适合自己的

2. 假设你和几个朋友在山中迷了路，又饿又渴，有人记得在山那边有一个泉眼，你们费了很大力气爬山过去，却发现泉已经干涸了，你下一步怎么做？

3. 你认为创业机会识别是一个过程吗？为什么？

第三节 商业模式设计与商业计划书撰写

商业模式设计，作为商业战略中至关重要的一环，其复杂性和精妙性往往令人叹为观止。它不仅揭示了创业团队如何创造价值、传递价值和获取价值的基本原理，更展示了创业团队在竞争激烈的市场中立足、发展和持续盈利的秘诀。

一、商业模式概述

商业模式，这个看似简单的概念，实则蕴含了创业团队的灵魂和核心。它定义了一家创业团队如何与市场、客户、合作伙伴进行互动，以及如何通过这一系列的活动实现价值的创造和获取。简而言之，商业模式就是创业团队为实现其经营目标而设计的，描述创业团队如何创造价值、传递价值和获取价值的基本原理和运营方式。

二、商业模式构成

1. 价值主张：这是创业团队向客户传递的核心信息，即创业团队产品或服务的独特价值和优势。一个出色的价值主张能够精准地切中客户痛点，满足客户需求，从而赢得客户的青睐。

2. 客户群体：创业团队需要明确自己的目标客户是谁，包括他们的年龄、性别、职业、兴趣爱好等特征。通过深入了解客户群体，创业团队可以更加精准地定位市场，提供符合客户需求的产品或服务。

3. 渠道：渠道是创业团队与客户建立联系和沟通的桥梁。随着互联网的发展，线上渠道逐渐成为主流，但线下渠道仍然具有不可替代的作用。创业团队需要根据自身情况选择合适的渠道，以便更好地与客户进行互动。

4. 客户关系：客户关系的建立和维护是持续发展的重要保障。创业团队需要通过优质的服务、贴心的关怀和频繁的互动来增强客户黏性，提高客户满意度和忠诚度。

5. 收入来源：收入来源是创业团队实现盈利的关键。除了传统的一次性收入外，创业团队还可以通过提供增值服务、会员制度等方式实现收入的多元化。

6. 关键业务：关键业务是创业团队实现商业模式运作的核心活动。这些活动必须得到充分的重视和投入，以确保商业模式的顺利运作。

7. 关键资源：关键资源是创业团队实现商业模式运作的必要条件。这些资源包括人才、技术、品牌、资金等。创业团队需要合理配置和利用这些资源，以提高商业模式的效率和盈利能力。

8. 关键合作伙伴：合作伙伴是创业团队实现商业模式运作的重要力量。通过与合作伙伴建立紧密的合作关系，创业团队可以共同创造价值，实现互利共赢。

9. 成本结构：成本结构是指创业团队运营过程中产生的各种成本的总和。创业团队需要通过优化成本结构来降低运营成本，提高盈利能力。

三、商业模式设计流程

商业模式设计是一个系统性的过程，需要创业团队从市场机会、价值主张、客户群体、渠道和客户关系、收入来源、关键业务、关键资源、关键合作伙伴以及成本结构等多个方面进行综合考虑和设计。这个过程需要创业团队具备敏锐的市场洞察力、丰富的行业经验以及强大的创新能力。

商业模式设计是一个精心策划的过程，主要包含以下步骤：

1. 确定愿景和核心：明确创业团队的长远愿景，以及驱动这一愿景的核心价值观和独特优势。将这些价值观和优势作为商业模式设计的核心基础。

2. 深入研究市场：仔细分析目标市场的结构、需求、增长潜力和竞争态势。识别市场中的空白和机会，为商业模式设计提供方向。

3. 定义客户价值：深入了解目标客户的需求、期望和痛点。设计能够解决客户问题、满足客户需求并创造额外价值的产品或服务。

4. 构建商业模式框架：确定商业模式的各个组成部分，包括产品或服务、客户群体、分销渠道、收入来源、关键合作和成本结构等。确保这些组成部分相互支持，形成一个完整的、协调的商业模式。

5. 原型验证与迭代：构建商业模式的初步原型，通过小规模测试或模拟来验证其可行性。根据测试结果收集反馈和数据，对商业模式进行迭代和优化。

6. 制定实施计划：将优化后的商业模式转化为具体的实施计划，包括时间表、资源分配、风险管理和预期成果等。确保实施计划具有可行性和可操作性。

7. 执行与监控：按照实施计划逐步执行商业模式，同时密切关注市场反馈和内部运营情况。及时调整策略和资源分配，确保商业模式能够顺利运行并达到预期目标。

8. 持续优化与调整：随着市场环境和客户需求的变化，商业模式也需要不断地进行优化和调整。定期回顾和分析商业模式的效果，识别潜在问题和改进空间，持续推动创业团队的创新和发展。

通过以上步骤，创业者可以系统地设计出一个符合市场需求、具有独特竞争优势的商业模式，并不断地对其进行优化和调整，以适应市场的变化和创业团队的发展需求。

四、商业模式评估与优化

商业模式评估与优化是商业模式设计的重要环节，是创业团队应对市场变化、提升竞争力的重要手段。创业团队需要定期对商业模式进行评估，了解其运行情况和效果。根据评估结果，创业团队可以制定相应的优化策略，以提升商业模式的效率和盈利能力。

1. 商业模式评估

商业模式评估旨在帮助创业团队了解当前模式的优势和劣势，以及市场竞争的地位。以下是一些常用的商业模式评估方法：

(1)SWOT 分析

通过对创业团队的优势(strengths)、劣势(weaknesses)、机会(opportunities)和威胁(threats)进行全面评估，明确创业团队的核心竞争力及潜在的改进空间。

(2)价值链分析

将创业团队的价值创造过程分解为一系列的活动，包括原材料采购、生产、销售和售后服务等。通过评估每个环节的价值贡献和成本，找到优化商业模式的机会。

(3)用户调研

通过市场调研和数据分析，了解客户的偏好和需求变化，从而评估商业模式对用户的吸引力和价值。

(4)市场分析

通过对市场进行调研和分析，评估商业模式在市场中的竞争优势和潜在机会，以及竞争对手的商业模式和策略。

2. 商业模式优化

商业模式优化是指对商业模式进行修改和改进，以适应市场变化和实现更好的盈利。以下是几个常用的商业模式优化策略：

(1)创新产品和服务

通过技术创新、功能改进和新产品开发等方式，提供独特的价值，吸引更多的客户并与竞争对手区分开来。例如，通过自主研发，提升品牌价值。

(2)拓展销售渠道

通过建立更多的销售渠道，如在线销售、拓展经销商网络和合作伙伴关系等，扩大市场份额并提高销售额。

(3)成本优化

通过降低生产成本、提高运营效率和减少浪费等方式，提高盈利能力。这可以包括优化供应链管理、改进生产流程、降低库存成本等。

(4)数字化转型

充分利用数字化技术实现商业模式的转型。数字化技术可以帮助创业团队实现生产、营销、服务等方面的优化，提高效率和竞争力。

五、商业计划书

商业计划书是每位创业者或创业团队家手中的一把金钥匙，它是打开潜在投资者、合作伙伴或金融机构大门的敲门砖。一份精心撰写的商业计划书，如同一个吸引人的故事，能够将创业者的商业理念、运营模式和财务预测清晰地展现出来，让阅读者为之倾倒。撰写商业计划书不仅是为了获得资金支持，更是为了让公司在未来发展中有一个明确的指引和方向。

1. 商业计划书主要内容

(1)专业且吸引人的封面与目录

封面是商业计划书的第一印象，应该包含简洁大方的公司名称、醒目的计划书标题、清晰的日期和作者信息，以体现专业和细致的态度。目录则是计划书的导航，应详细列出各个章节及其页码，让读者能够快速定位所需信息，增加阅读体验。

(2)全面且独特的公司介绍

在公司介绍部分，要简明扼要地介绍公司的历史背景、宏伟的愿景、明确的使命和深入人心的价值观，以展现公司的文化底蕴和发展潜力。同时，要突出公司的核心竞争力、市场定位以及相较于竞争对手的独特优势，以吸引投资者的关注。

(3)深入且精准的市场分析

市场分析是商业计划书的核心部分之一，要详细分析目标市场的规模、增长趋势、消费者需求和行为模式，为产品定位和营销策略提供有力依据。同时，要对竞争对手进行深入研究，了解他们的市场份额、竞争策略和优劣势，以制定更有效的竞争策略。

(4)创新且吸引人的产品或服务

详细描述你的产品或服务，包括其独特的功能、设计优势、创新点以及如何解决消费者痛点。用生动的语言描绘产品给消费者带来的美好体验。

(5)全面且策略性的营销策略

制定全面且有针对性的营销策略，包括定价策略、分销渠道、促销活动和品牌建设。解释你如何通过各种渠道吸引潜在客户，并通过优质的产品和服务将他们转化为忠实客户。

(6)高效且成本优化的运营计划

详细描述你的生产或运营流程，包括供应链管理、质量控制和人力资源管理。解释你如何确保运营效率，降低成本，并保持高质量的产品和服务。

(7)翔实且合理的财务预测

提供详细的财务预测数据，包括收入、支出、利润和现金流量等方面的预测。

展示你的财务模型和假设，并解释其合理性和可行性。用具体的数据和图表来证明你的商业计划是有前景和盈利能力的。

(8)全面且深入的风险与机遇分析

分析业务可能面临的风险和挑战，如市场变化、竞争对手的动态、技术变革等，并解释你将如何应对这些风险。同时，识别并讨论市场中的机遇和潜在增长点，为公司的未来发展提供方向。

(9)全面且权威的附录

附录部分应包括所有支持性文档，如市场调研报告、合同、专利证书等。这些文档将增强商业计划书的权威性和可信度，帮助阅读者更深入地了解你的公司。

2. 撰写商业计划书的技巧

(1)简洁明了

避免冗长的句子和复杂的词汇，尽量使用简单明了的语言表达你的观点。同时，注意段落结构的合理性，确保信息层次清晰。

(2)数据支持

在撰写商业计划书时，尽量使用具体的数据和事实来支持你的观点和预测。这将使你的计划书更具说服力，并增加投资者的信心。

(3)突出亮点

在描述你的产品或服务时，要突出其独特性和市场优势。用生动的语言和案例来展示你的产品给消费者带来的价值，吸引潜在投资者的关注。

(4)逻辑严密

确保各个章节之间的逻辑关系和连贯性。在撰写商业计划书时，要遵循一定的逻辑顺序，让读者能够轻松地理解你的商业计划。

(5)反复修改

在完成初稿后，要多次修改和完善商业计划书。仔细检查语言表达、数据准确性和格式排版等方面的问题，确保计划书的质量和准确性。

【案例 7-4】

商业计划书示例

一、公司概况

公司名称：AAAA 科技公司

行业领域：健康科技、智能家居

公司愿景：成为全球领先的健康科技服务商，通过创新的技术和优质的服务，让每个人享受更健康、更舒适的生活。

二、产品与服务

1. 产品介绍：科技公司主要研发和销售智能健康监测设备，包括智能手环、智能体重秤、智能血压计等。这些设备可以实时监测用户的健康状况，并通过手机

APP进行数据分析和健康建议。

2. 服务内容：除了硬件设备外，科技还提供专业的健康咨询服务，包括营养师、健身教练、心理咨询师等，为用户提供个性化的健康指导。

三、市场分析

1. 目标市场：科技的目标市场是追求健康生活方式的年轻人群和中老年人群。随着人们健康意识的提高，智能健康设备市场具有巨大的发展潜力。

2. 竞争对手：市场上已有一些知名的智能健康设备品牌，如华为、小米等。然而，科技通过提供个性化的健康咨询服务，形成自己的差异化竞争优势。

3. 市场趋势：随着物联网、大数据等技术的不断发展，智能健康设备市场将迎来更加广阔的发展空间。

四、营销策略

1. 产品定位：将产品定位为高品质、高性价比的智能健康设备，满足广大用户的需求。

2. 渠道策略：通过线上线下相结合的方式，拓展销售渠道。线上主要通过电商平台、社交媒体等进行推广和销售；线下则与健身房、医疗机构等合作，共同推广智能健康设备。

3. 促销策略：定期开展优惠活动、举办健康讲座等方式，吸引用户关注和购买。

五、运营计划

1. 研发计划：持续投入研发资金，不断优化产品性能和用户体验。

2. 生产计划：与优质的生产厂商合作，确保产品质量和交货时间。

3. 推广计划：通过社交媒体、广告等方式，提高品牌知名度和美誉度。

六、财务预测

1. 收入预测：根据公司的发展战略和市场情况，合理预测未来几年的收入规模。

2. 成本预测：包括产品研发、生产、销售、推广等各方面的成本，确保公司盈利。

3. 资金需求：根据公司的发展阶段和资金需求，制定合理的融资计划。

七、风险与应对措施

1. 市场风险：关注市场动态和竞争对手的动向，及时调整营销策略和产品定位。

2. 技术风险：加大研发投入，提高产品的技术含量和竞争力。

3. 运营风险：建立健全的管理制度和流程，确保公司运营的顺利进行。

八、结语

科技有限公司将秉承“创新、品质、服务”的理念，不断追求卓越，为用户提供更好的产品和服务。我们相信，在不久的将来，智悦健康科技将成为全球领先的健康科技服务商。

习　题

请选择自己感兴趣或有优势的领域，在充分探索创业机会和项目的基础上，制作一份自己的商业计划书。

思维导图

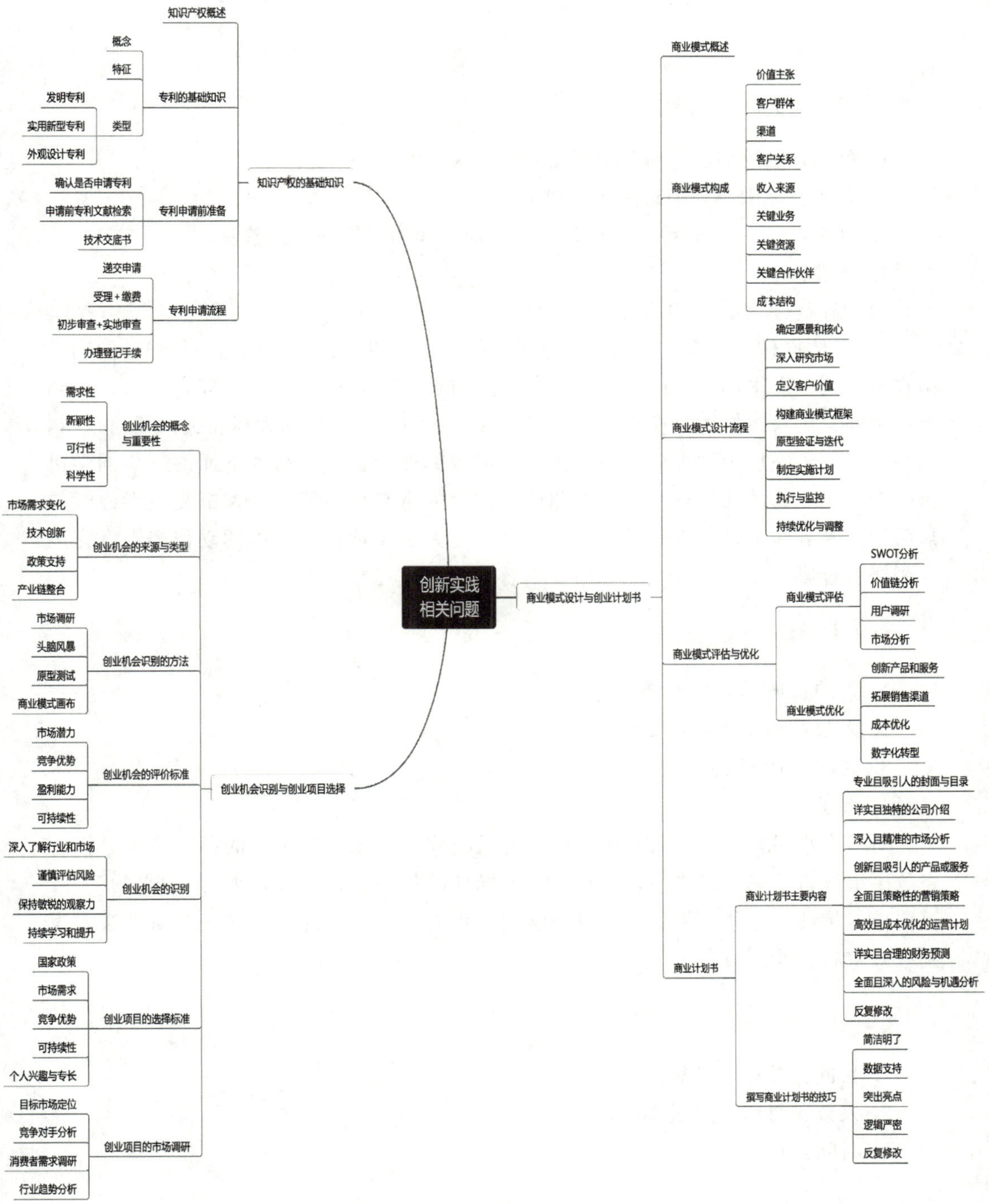
创新实践相关问题
知识产权的基础知识
知识产权概述
专利的基础知识
概念
特征
类型
发明专利
实用新型专利
外观设计专利
专利申请前准备
确认是否申请专利
申请前专利文献检索
技术交底书
专利申请流程
递交申请
受理+缴费
初步审查+实地审查
办理登记手续
创业机会识别与创业项目选择
创业机会的概念与重要性
需求性
新颖性
可行性
科学性
创业机会的来源与类型
市场需求变化
技术创新
政策支持
产业链整合
创业机会识别的方法
市场调研
头脑风暴
原型测试
商业模式画布
创业机会的评价标准
市场潜力
竞争优势
盈利能力
可持续性
创业机会的识别
深入了解行业和市场
谨慎评估风险
保持敏锐的观察力
持续学习和提升
创业项目的选择标准
国家政策
市场需求
竞争优势
可持续性
个人兴趣与专长
创业项目的市场调研
目标市场定位
竞争对手分析
消费者需求调研
行业趋势分析
商业模式设计与创业计划书
商业模式概述
商业模式构成
价值主张
客户群体
渠道
客户关系
收入来源
关键业务
关键资源
关键合作伙伴
成本结构
商业模式设计流程
确定愿景和核心
深入研究市场
定义客户价值
构建商业模式框架
原型验证与迭代
制定实施计划
执行与监控
持续优化与调整
商业模式评估与优化
商业模式评估
SWOT分析
价值链分析
用户调研
市场分析
商业模式优化
创新产品和服务
拓展销售渠道
成本优化
数字化转型
商业计划书
商业计划书主要内容
专业且吸引人的封面与目录
详实且独特的公司介绍
深入且精准的市场分析
创新且吸引人的产品或服务
全面且策略性的营销策略
高效且成本优化的运营计划
详实且合理的财务预测
全面且深入的风险与机遇分析
反复修改
撰写商业计划书的技巧
简洁明了
数据支持
突出亮点
逻辑严密
反复修改

附录一　创新思维课堂实践

【项目一】大树的模样

1. 目的：锻炼右脑，训练想象思维。

2. 人数：无限制，但最好不超过 60 人。

3. 时间：10～20 分钟。课程正式开始前，作为身体和精神热身。

4. 要求：

(1)场所：所有人可以站立的空间。

(2)具体操作：所有人站起来，站成一排，面向讲台方向，选出一位强壮的同学站在最前列，要求第一位同学大声说"我是一棵大树"，然后下一位同学接力，走到空地中间，用身体模仿一棵大树的样子。接下来的一位讲出和大树相关的任何东西，如"树根"，讲完后走到大树旁边，比画出树根的样子。接下来由下面的一位同学讲出一个关于大树的任何东西，不能和前面讲过的重复，不能停顿，重复或者停顿的最后给大家表演节目，直到最后一位讲完。让大家保持自己比画的动作姿态，完成一张奇特合影。

【项目二】故事接龙

1. 目的：锻炼右脑思维。

2. 人数：每组不超过 10 人。

3. 时间：10 分钟。

4. 要求：

每一个小组，从一个人开始，讲一句话的故事，然后其左边的第一个人，接着将故事继续讲下去。讲之前，需对上一位同学的故事表达赞成，如"是的是的"。故事要求尽量狂野，争取将后面一位同学逼到没有下文。如此一个接一个讲下去，直到教师宣布游戏结束。

【项目三】绘画接龙

1. 目的：锻炼右脑思维。

2. 人数：每组不超过 10 人。

3. 时间：10 分钟。

4. 要求：

(1)每组准备一张大白纸，每个人准备一支黑色小双头记号笔。

(2)具体操作：每组排成一排，不许说话，第一位在大白纸上画一笔，然后站到队尾，第二位接着在第一位画的画上再加一笔，就这样以此类推，最后看看大家画的是什么。

【项目四】难忘的礼品

1. 目的：锻炼右脑思维，发散思维。
2. 人数：每组不超过 10 个人。
3. 时间：10 分钟。
4. 要求：

(1)每组一张大白纸，每个人一支黑色小双头记号笔。

(2)每个小组讨论，“你认为给朋友送一件什么样的礼物，可以使得朋友一生不会忘掉你和这个礼物”，每个人写一条在大白纸上，送的礼物最好越离奇越好。

【项目五】做的和说的

1. 目的：锻炼右脑思维。
2. 人数：没有限制，每个小组不超过 10 个人。
3. 时间：10 分钟。
4. 要求：

每组站起来，手拉手站成一个圆圈，听教师指令，如果有人做错或者说错，离开队伍，剩余的成员继续进行。

第一轮：说的和做的一样。如教师说“向前”，大家必须喊着“向前”，同时向前跳一步。

第二轮：说的一样做的不一样。如教师说“向左”，大家就需要喊着“向左”，同时“向右跳一步”。

第三轮：说的不一样做的一样。如教师说“向后”，大家就要喊着“向前”，同时“向后”跳一步。

第四轮：说的和做的都不一样。如教师说“向右”，大家需要喊着“向左”，同时“向左”跳一步。

【项目六】猜测成语

1. 目的：锻炼右脑思维、有效沟通、表演能力。
2. 人数：每组不超过 10 个人。
3. 时间：30 分钟。
4. 要求：

(1)A4 纸 8 张，事先写好 8 条成语，保密。

(2)具体操作：一个小组站成一排，所有人背向观众，背向观众的第一位转过身，抽一个成语，短暂思考，保持沉默，只做动作，接下来拍第二位背对观众队员的肩膀，用动作表示让其转过身，第一位表演，第二位猜测，再拍第三位的肩膀，第三位转过身，第二位将从第一位获得的动作表演给第三位，以此类推，直到最后一位看完倒数第二位的动作表演，再让大家猜是什么成语，如果不对，第一位拿出成语揭晓谜底。

【项目七】数青蛙

1. 目的：实践锻炼培养创造力的“4P 学习法”——项目(project)\热情(passion)\同伴(peers)\游戏(play)，在实践中学习将游戏资源转化为学习项目(游戏+反思+有效学习)，在有效学习中培养创造力。

2. 人数：每组不超过 10 个人。

3. 时间：20 或 30 分钟。

4. 要求：

(1)团队成员围成一圈，按照文字“1 只青蛙跳水里，呱；2 只青蛙跳水里，呱呱；3 只青蛙跳水里，呱呱呱……”一人一个字，念到呱的成员同时还要做出蛙跳动作，数到 8 只青蛙，其间若有失误(说错、说慢或者少了动作等)都要重来。

(2)可以 2 队一组同台限时 5 分钟 PK。

(3)详细过程：

第一轮：每个小组自行讨论游戏策略、组织联系；

第二轮：开展第一次团队 PK，胜利者积分；

第三轮：每个小组研讨活动项目改进方案并再次组织练习；

第四轮：开展第二次团队 PK，胜利者积分；

第五轮：在老师的引导下，所有小组讨论总结 3～5 条活动项目中成功和失败的经验，并进行分享交流。

附录二 创新大赛案例

【案例1】

数悦行者

中国人民大学

项目概述

"数悦行者"致力于前沿科技与优质文创齐发展，开拓AI赋能商业设计，带领文化创意行业实现数字化、智能化转型升级。数悦行者系统利用大数据、人工智能赋能设计全流程，具有设计前期采风数据分析、设计中期执行校准服务、设计后期侵权查重风险预警三大核心功能，现已应用于大型政企事业单位。该项目获得第八届中国国际"互联网＋"大学生创新创业大赛国赛金奖。

项目总结

目前公司拥有3项专利、6项软著、251项版权，是教委重点扶持的双创企业与众多大型企事业单位的供应商名录企业。"数悦行者"通过设立自己的市场人员，不断地开拓市场。比如该团队的腾讯项目，是通过一封邮件才让他们看到、主动联系到该团队。"大学生创业要具备创业精神，第一是要有主观能动性，第二是要真正带着发现问题、解决问题的视角。我觉得，创业绝对不是找到一个工作就可以，更多是要决心实现自己的人生价值。在创业过程中要永远保持学习进步的态度。在未来的创业路途上，我们要去探索发现更多应该做的事情。"

【案例2】

小安民墅——乡村装配式建筑

西安建筑科技大学

项目概述

小安民墅依托西安建筑科技大学建筑工程新技术研究所资源，专注于装配式技术的研发与科研成果产业化。项目致力于以"装配式建筑技术"解决村镇民居安全性差、居住品质差、建设周期长等问题，以"跨越式升级村镇住宅品质"为己任，开发出一整套工业化建造村镇住宅的解决方案。"集中生产、专业配送、现场组装"的装配式建筑技术天然的具备规模效应，很好地解决了新型城镇化建设过程中"规模不经济"的困难，并在广大乡镇区域内拥有显著的品质与成本优势，是实现广大乡镇建筑质量与居住品质弯道超车的利器。该项目荣获第五届中国国际"互联网＋"大学生创新创业大赛铜奖。

项目总结

2020 年小安民墅年合同总额将达到一亿人民币。谈到未来发展规划，张家瑞指出，小安民墅的下一步战略就是以西安为起点向全国进行扩张。“首先，在技术上我们需要不断进行迭代，主要是新材料、新型部品构件、干式连接技术、低能耗设计、信息化和智能化等方面。”其次，在未来推广方面，一是继续跟进项目。“我们在陕西有一个示范性的项目，这是一个整村搬迁、乡村振兴的项目，我们一直在积极的持续推进，目前已经进行到土地确权阶段。”二是积极探索开展新的商业模式。“小安民墅以提供专利技术支撑及设计服务为核心，已与部分企业达成合作，未来几年将开展民宿文旅、市民下乡、康养等业务。

【案例 3】

银巢未来——一站式养老服务引领者

浙大宁波理工学院

项目概述

银巢未来——积极养老一站式服务平台(简称“银巢”)致力于成为老年人弹性就业的全国性积极养老公益平台。团队使命是帮助老年人通过积极养老构建幸福生活的良性循环。具体而言“通过帮助老年人增加社会参与来提升他们身心健康和社会保障水平，从而进一步增强老年人社会参与意愿和能力，进而又进一步增强他们的社会参与行为，帮助老年人实现幸福生活的良性循环。”该项目荣获第七届“互联网+”创新创业大赛“青年红色筑梦之旅”赛道创业组金奖。

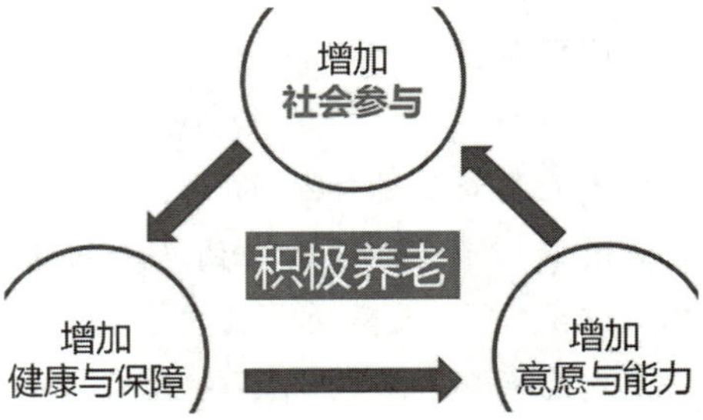

图 2-1　项目构思

项目总结

银巢落地运作至今，已覆盖 30 余个社区，开展活动课程约 2500 次；服务人数达 30000 多人；受到中国新华网、中国经济网、浙江卫视、宁波日报等多家媒体近 100 次的宣传报道；荣获各类大型比赛 20 余个奖项。银巢创始人入围 2018 年鄞州区第十二届“最美鄞州人”评选活动；作为青年代表同年 3 月受邀参加 CCTV－1《开讲啦》的节目录制，银巢的创业理念被中国人民大学老年学研究所所长杜鹏教授肯定，并称之为“有温度的养老”。该项目运用互联网技术对接“社会需求”和“老年人知识与技能”，为老年人提供灵活的就业机会，开展的业务包括(不限于)：老年人人生经历分享(线上：向青少年分享老年人的人生故事和人生经历)；公益公开课(线上)；青少年特长班(线下：有特长的老人对接有需求的少年儿童)；外来务工子女培训(线下)；手工技艺传承(线下)；开办老年大学(线下)。

【案例4】

光明影院：构筑“文化盲道”用温暖的声音明亮你的双眼

中国传媒大学

项目概述

对于全国1700多万名视障人士来说，看不见、听不懂、无法参与，这是视障群体面对电影时的无奈。为了改变这一状况，让电影同样丰富视障群体的精神生活，2017年，中国传媒大学电视学院与北京歌华有线电视网络股份有限公司、东方嘉影电视院线传媒股份公司合作，发起“光明影院”公益项目，依托师生讲述，制作无障碍版本电影，为视障群体铺设“文化盲道”。无障碍电影要做的，就是把视觉转化为听觉，帮助视障群体将流失的信息找回来。负责人王海龙介绍道，“光明影院”的办法是不改变电影原片的声画节奏，由志愿者在电影背景音、人物对话的间隙，插入对电影画面关键信息的讲述。该项目荣获第五届中国国际“互联网＋”大学生创新创业大赛“青年红色筑梦之旅”赛道金奖。

项目总结

“光明影院”从概念到落地再到“开枝散叶”，为很多视障人士提供了丰富的精神文化产品。这项改善视障朋友生活品质的事业，有了越来越多的志同道合者。该项目创立5年，“光明影院”先后有500多名师生志愿者加入，制作完成500多部无障碍电影和46集无障碍电视剧《老酒馆》，涉及动画、现实、科幻、历史等类型题材。截至目前，“光明影院”在31个省区市进行公益放映和推广，将无障碍影视产品送到各地2244所特殊教育学校。

【案例5】

大山里的孩子在编程——科技星火计划公益服务团

南京大学

“大山里的孩子在编程——科技星火计划公益服务团”项目以编程思维为重要切入，利用团队成员专业所长，自主研发专业编程思维支教体系、教学体系和管理体系，组织广大青年志愿者进入西部贫困山区，长期开展科技扶志扶智志愿服务，搭建青年编程科技支教的志愿服务新公益体系，助力实现教育扶贫和乡村振兴，最终实现共同富裕。

项目开展以来，团队以全流程、全链条、全生态的志愿支教服务模式有效解决了全国大学生志愿者与西部贫困地区的供需困境，为乡村编程教育打开一扇窗，助力实现乡村教育振兴。一方面，大山里的孩子掌握了编程思维，截至2021年底，团队因地制宜，整理出了672节课程教案，整合校友资源捐赠数千套教具器材，指导了云南双柏等地学生参加教育部白名单中的全国性的青少年科技赛事；另一方面，团队也形成获得30项专利、5项软件著作权的知识产权。

在长期的探索与实践中，团队有效地解决了以往师资、课程、教材、教具、课堂、反馈等编程支教的难点问题，满足不同地区不同情况的特定需要，足迹遍及祖国 100 余个山村，服务超过万名西部儿童。同时，“大山里的孩子在编程”计划获得了社会各界的多位领导关注，获 CCTV、新华社等媒体的广泛关注报道及转载。该项目荣获第七届“互联网+”创新创业大赛“青年红色筑梦之旅”赛道全国金奖。

【案例 6】

“薯”你最牛

内蒙古建筑职业技术学院

项目概述

项目是以马铃薯深加工制品的产品研发和销售为手段，对内蒙古偏远乡村进行精准帮扶，助力乡村振兴。2018 年还处于贫困乌兰察布红富村，人均年收入不足 3000 元，贫困率 26%，人口老龄化 17.8%。在国家精准扶贫政策助力下，曾经贫困的小山村实现全部脱贫，但如何实现乡村振兴？

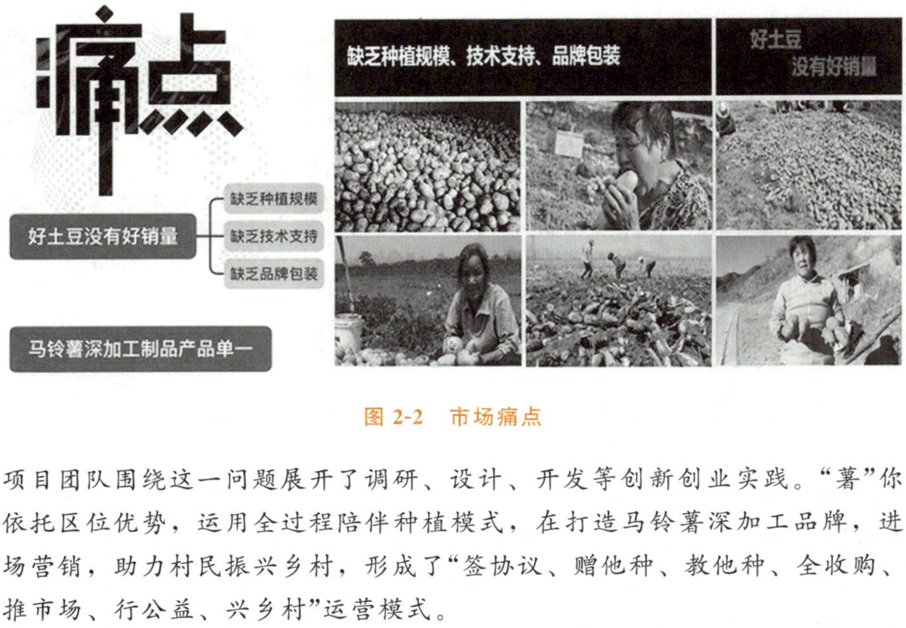

图 2-2　市场痛点

项目团队围绕这一问题展开了调研、设计、开发等创新创业实践。“薯”你最牛团队依托区位优势，运用全过程陪伴种植模式，在打造马铃薯深加工品牌，进行精准市场营销，助力村民振兴乡村，形成了“签协议、赠他种、教他种、全收购、深加工、推市场、行公益、兴乡村”运营模式。

“薯”你最牛团队，仅在乌兰察布市地区，3 年开展新型职业农民讲座 30 余场，培训人数达 3000 余人。2019 年该团队与主营马铃薯深加工产品销售业务的全国马铃薯深加工扶贫龙头企业达成战略合作，强化产品优势。在产品推广方面，通过新媒体运营，打造网红食品。利用抖音微信菜单地推等方式将流量保留，汇集到微信公众号和朋友圈，在团队自主直播带货的同时邀请自治区马铃薯领域专业人士来到线下体验店亲自直播带货，构建线上线下新引擎。该项目荣获第六届中国国际“互联网+”大学生创新创业大赛“青年红色筑梦之旅”赛道全国铜奖。

图 2-3 商业模式

图 2-4 项目产品核心优势

项目总结

经过团队多年努力，该项目取得了阶段性成果。项目起点红富村，户年增收4000 余元。在有了红富村的扶贫成效后我们在乌兰察布、包头等地进行了模式复制和推广。截止项目参赛当年，累计收购马铃薯 3000 吨，创收 150 余万元，提供就业岗位 100 余个，带动就业 300 余人，根据中国社会扶贫网公布的数据，直播带货仅马铃薯湿粉条商品价值达 40 余万元。此外，团队的运营也助力了呼和浩特市的青少年公益事业。团队不仅为青年火炬公益事业服务中心提供资金支持，践行了“取之于民用之于民”的诺言，团队直播带货利润的 20% 注入公益组织，团队志愿服务时数达到 12000 余小时，现有志愿服务人数 500 余人。

项目运行三年来，产品多次被各大媒体报道，团队始终在公益助农、公益助学等领域贡献自己的力量。提供技术支持的专家导师团队，分别是自治区马铃薯协会、内蒙古民族特色产品联合会、内蒙古农科院等组织机构的专家。3 年的创新创业实践，让团队成员的智创精神、智创意识和智造能力均得到了显著提升，充分运用所学专业知识和技能，在各类创新创业大赛中频获嘉奖。

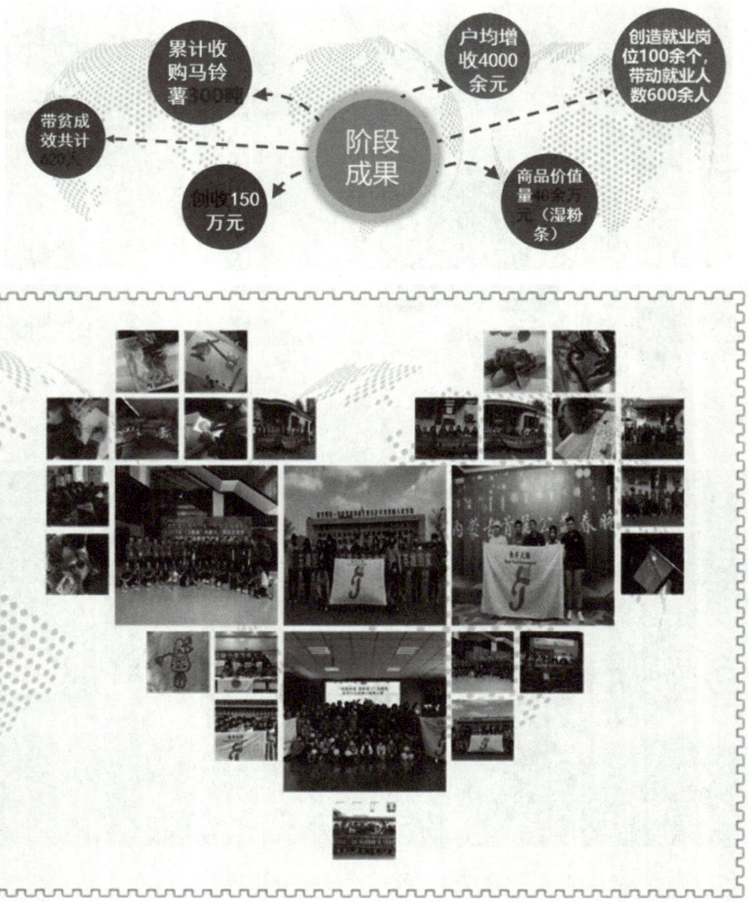

图 2-5 项目的阶段性成果

【案例 7】

虚怀若谷

内蒙古建筑职业技术学院

项目概述

根据全国第三次、第四次文物普查数据显示，现存古建筑中，保存情况差的占 8.43%，也就是说，至少有 2.22 万处古建筑亟待修缮。优质的施工需要优质的设计方案，而优质的设计方案需要高精度的测绘。但是传统人工测绘速度慢、误差大，同时需要接触古建筑本体。传统的修缮设计制图慢，识图慢，同时需要专业的老师傅在现场进行指导。目前虚拟现实指导施工方面也仅呈现了最终效果，而没有过程的展示。

该项目团队在全国 14 个省，62 个地级市累计完成 1200 余处古建筑的调研测绘。同时在内蒙古地区完成 40 项古建筑修缮设计任务。两年时间，耗费大量精力，将之前所收集的数据进行整理，建立了包含 6 大类 64 项建筑形制的数字模型数据库，实现了三维可视化的六个高精度数据覆盖，修缮效率提升 50%以上。极大提升了修缮设计企业的修缮设计效率。该项目荣获第七届中国国际“互联网＋”大学生创新创业大赛高职赛道创意组全国银奖。

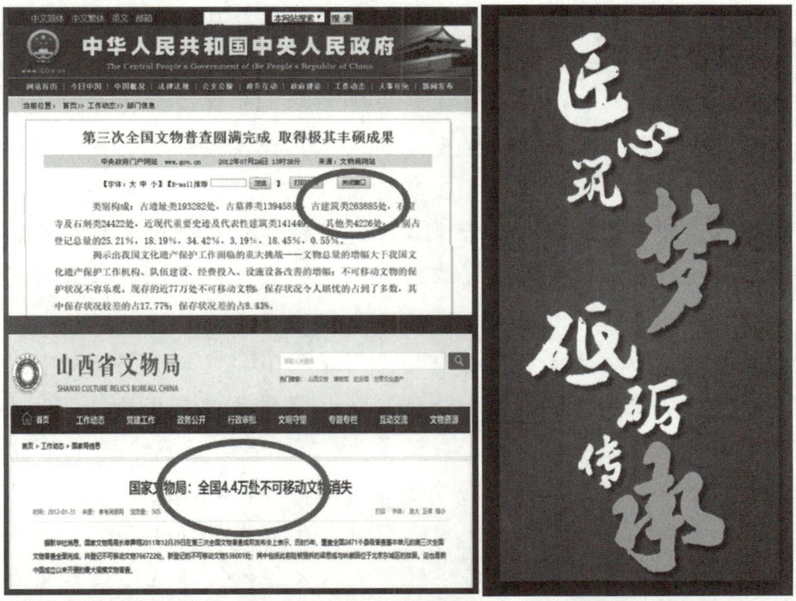

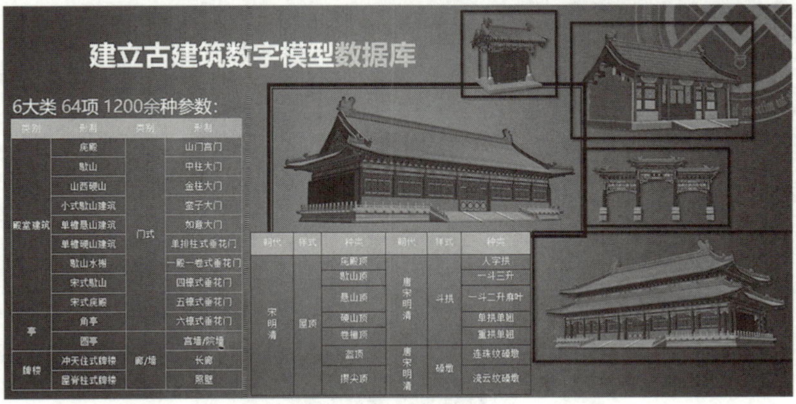

SketchUpPro 六角亭设计

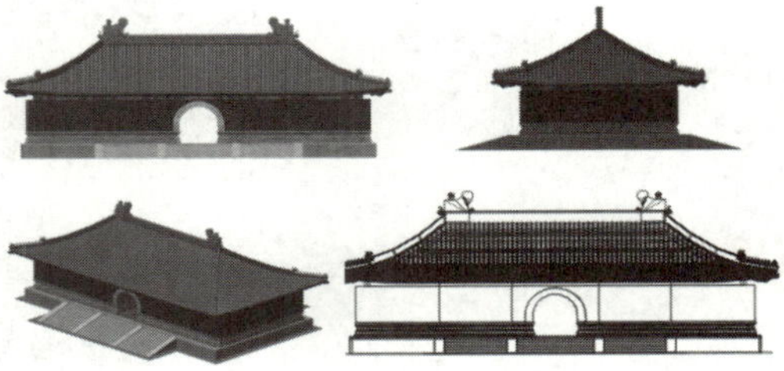

3DMAX 古建筑门式制作

图 2-6　项目基本情况

项目总结

根据数据库所导出的实景正射影像图纸代替了传统的线性图纸，该项目团队是全国第一个实现了这一技术的团队，绘图效率和标注效率都获得极大提升。依托数据库，团队完成了内蒙古地区唯一一处世界文化遗产——元上都遗址的保护修缮工程和全国重点文物保护单位梅力更召保护修缮工程，并得到文物部门的验收和高度评价。通过这两个工程，项目团队主要向B端客户提供虚拟现实技术修缮设计、定制开发、专利授权、施工咨询等，实现盈利20余万元。

基于数据库，项目团队建立了古建筑营造虚拟现实展示大数据平台，实现了古建筑构件的一键拆分，古建筑营造过程的模拟，并且可以实现对古建筑的全部构件进行详细介绍，以此指导非专业人士进行专业化的古建筑营造施工。相较于此前仅实现了外部导览的虚拟现实模型，该项目团队还原了古建筑全模块的营造过程，实现了古建筑构件的拼装和拆解。为5G+VR时代提供基础应用场景，助力数字科技变革。项目已经获得各类专利5项；截至当年参赛前夕，正在申报专利20余项。

项目团队始终秉持精益求精，匠心营造的工作理念，具有强烈的文化责任感和文化传承精神，吸纳了古建筑工程技术专业多名优秀在校学生和优秀毕业生，同清华大学建筑学院、北京大学考古文博学院、武汉大学测绘与遥感国家重点实验室等都建立了良好的合作关系。

图 2-7　项目的技术服务范围

【案例8】

湛蓝清道夫

内蒙古建筑职业技术学院

项目概况

中国北方集中供热面积达140亿平方米，全国复合增长率为9%。在集中供热系统中板式换热器以其热效高，热损小、占地小、寿命长等优势，被广泛使用。板换长时间使用会产生垢状物，从而影响板换换热效率，因此，除垢成为了关键。目前除垢方式为化学除垢，优点是除垢效果直接，缺点是使用化学药品，污染环境，腐蚀性强，耗费人工。

为解决现有除垢方式痛点，团队将德国科学家克劳斯·瓦格纳以原子分子多体微扰共振理论发明的量子水处理技术，应用到板换除垢中，创新研发了板换物理除垢装置。工作原理是：外驱动力的振动频率与被作用物质固有频率发生同频共振，垢状物可随着循环水的流动即附即除。本装置由具备记忆储存功能的高硅铝合金材料制成，经过使用最终在系统内壁形成保护性氧化层；本装置可贴于板换外壁和管道上。团队项目负责人申请了专利。改进装置具有4大优点：除垢效果明显；节能；节约维修成本；环保。在内蒙古呼和浩特市热力企业换热站进行应用验证。每平方米耗热量减少了0.032GJ，二十万平方米的供热面积，为供热公司节省12.8万元，同时，循环泵耗电量逐年下降。经过应用验证，该装置在节能环保等方面贡献显著，得到热力企业的充分认可。该项目荣获第七届中国国际“互联网+”大学生创新创业大赛高职赛道创意组全国铜奖。

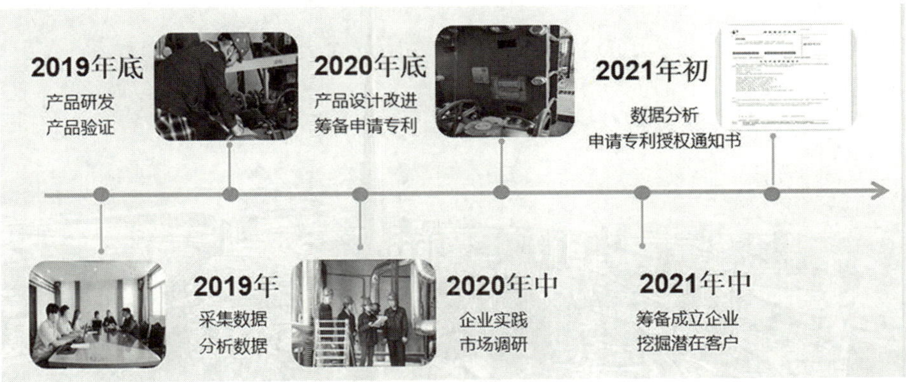

图 2-8　项目发展历程

项目总结

项目核心成员来自学校供热、工程造价、自动化等专业。为增强技术研发、产品推广，学生团队邀请了热力能源、财会税务和法律实务等领域专家，给予全面指导。针对不同客户，采用直销和合同能源管理两种模式，通过使用前后三年进行对比得出节能量，把节能后30%作为我们的利润。项目融资计划，首次拟释放10%股权，融资100万元，用于技术研发、市场推广。根据行业现状，十万平米的换热站需要四台除垢装置，市场容量约70万台，项目以呼市地区为中心向周边辐射。

项目创意源于我校开设的“双创”课程，在“筑创”社团得到专业指导，创意成熟后进入学校创业园进行孵化，并在校企合作的热力企业进行应用验证。团队理念为“创新节能减排，推动行业发展”“立足首府，温暖中国”！

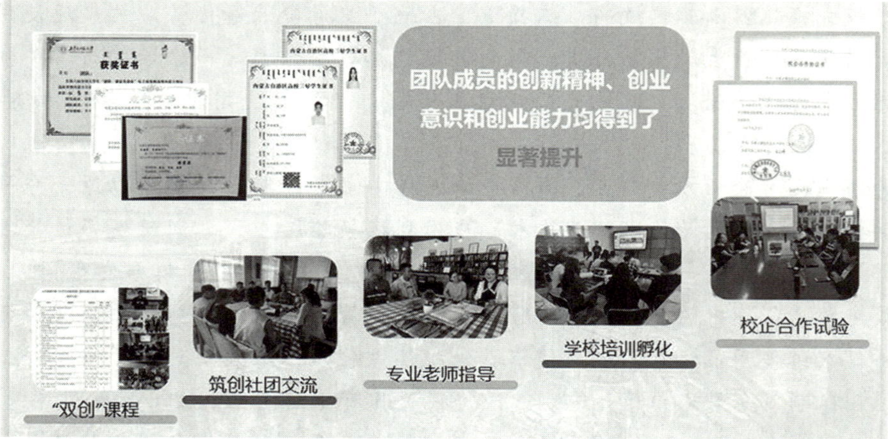
团队成员的创新精神、创业意识和创业能力均得到了显著提升
"双创"课程
筑创社团交流
专业老师指导
学校培训孵化
校企合作试验

图 2-9　项目引领教育

推荐阅读/参考文献

创新为何重要：

[1]中共中央党校(国家行政学院). 习近平新时代中国特色社会主义思想基本问题[M]. 北京：人民出版社，中共中央党校出版社，2020.

[2]杨玉良. 中国科技之路·总览卷·科技强国[M]. 北京：科学出版社，2021.

[3]陈劲. 中国创新发展报告(2020～2021)：迈向创新引领(国家创新蓝皮书)[M]. 北京：社会科学文献出版社，2021.

[4]李哲. 中国的科技创新之路：经验与反思[M]. 北京：科学出版社，2020.

[5]张新. 创新中国：迈向2050[M]. 北京：北京大学出版社，2020.

[6]本书研究编写组. 中国科技创新政策体系报告[M]. 北京：科学出版社，2018.

[7][美]迈克尔·波特. 国家竞争优势[M]. 北京：华夏出版社，2002.

创新的历程、创新的本质：

[1]杨元喜. 中国科技之路·航天卷·北斗导航[M]. 北京：国防工业出版社，2022.

[2]赵炎. 创新简史：打开人类进步的黑匣子[M]. 北京：清华大学出版社，2019.

[3]吴军. 全球科技通史[M]. 北京：中信出版社，2019.

[4][美]董洁林. 人类科技创新简史[M]. 北京：中信出版社，2019.

[5][美]艾克纳恩·戈德堡. 创新大脑[M]. 北京：中信出版社，2019.

[6]吕廷杰，王云杰等. 信息技术简史[M]. 北京：电子工业出版社，2018.

[7][美]布莱恩·阿瑟. 技术的本质[M]. 杭州：浙江人民出版社，2018.

[8]冯琳. 大学生创新基础[M]. 北京：高等教育出版社，2017.

[9]杨旸. 创新简史[M]. 北京：九州出版社，2017.

[10]戴吾三. 技术创新简史[M]. 北京：清华大学出版社，2016.

[11]高柏等. 中国高铁创新体系研究[M]. 北京：社会科学文献出版社，2016.

[12]曹莉著. 科学与人文：双赢与融合[M]. 北京：清华大学出版社，2013.

[13]吴国盛. 技术哲学讲演录[M]. 北京：中国人民大学出版社，2009.

创新者、创新情境：

[1]路风. 走向自主创新2：新火[M]. 北京：中国人民大学出版社，2020.

[2][美]克莱顿·克里斯坦森，杰夫·戴尔，赫尔·葛瑞格森. 创新者的基因[M]. 北京：中信出版集团，2020.

[3]路风．走向自主创新：寻求中国力量的源泉[M]．北京：中国人民大学出版社，2019.

[4]马晓澄．解码硅谷：创新的生态及对中国的启示[M]．北京：机械工业出版社，2019.

[5][美]米切尔·雷斯尼克．终身幼儿园[M]．杭州：浙江教育出版社，2018.

[6][美]安杰拉·达克沃思．坚毅[M]．北京：中信出版社，2017.

[7][英]戴维·麦克莱伦．马克思传(第四版)[M]．北京：中国人民大学出版社，2016.

[8][英]戴维·麦克莱伦．恩格斯传[M]．北京：中国人民大学出版社，2016.

[9]阎力．创造心理学[M]．上海：华东师范大学出版社，2016.

[10][美]维克多·黄，格雷格·霍洛维茨．硅谷生态圈：创新的雨林法则[M]．北京：机械工业出版社，2015.

[11][英]于尔根·沃尔夫．专注力：化繁为简的惊人力量[M]．北京：机械工业出版社，2013.

创新思维：

[1]梁颖，武润军等．设计师的系统思维[M]．北京：机械工业出版社，2019.

[2]叶丹．设计思维与方法[M]．北京：化学工业出版社，2018.

[3][美]帕甘·肯尼迪．想象思维：为什么有人想到了你想不到的[M]．北京：中信出版社，2018.

[4][英]爱德华·德波诺．简化[M]．北京：中信出版社，2017.

[5]张凌燕．设计思维：右脑时代必备的创新思考力[M]．北京：人民邮电出版社，2015.

[6][英]爱德华·德波诺．水平思考：如何开启创造力[M]．北京：中国人民大学出版社，2012.

创新工具：

[1]邱昭良．如何系统思考[M]．北京：机械工业出版社，2020.

[2]胡涵林．思维导图从入门到应用[M]．南昌：江西人民出版社，2019.

[3][英]东尼·博赞．思维导图完整手册[M]．北京：中信出版社，2018.

[4]赵洁，石磊，丁丽娜．创新思维与TRIZ创新方法[M]．北京：人民邮电出版社，2018.

[5][英]爱德华·德波诺．六顶思考帽[M]．北京：中信出版社，2016.

创新实践中的相关问题：

[1]中国法治出版社．中华人民共和国知识产权法律法规全书(含规章及法律解释)(2021年版)[M]．北京：中国法治出版社，2021.

[2]王瑞贺．中华人民共和国专利法释义[M]．北京：法律出版社，2021.

[3]刘廷华．专利法理论与实务[M]．北京：法律出版社，2021.

[4]郑刚，陈劲．创新者的逆袭2：商学院的十八堂案例课[M]．北京：北京大学出版社，2020.

[5]陈淮民，张和平．大学生创新发明与专利申请教程[M]．合肥：合肥工业大学出版社，2017.

[6]陈劲．创新者的逆袭：商学院的十六堂案例课[M]．北京：北京大学出版社，2017.

[7]张洪江．创业者的七堂法律必修课[M]．北京：中国法治出版社，2017.

后　记

太阳底下无新事，但每个时代都有属于它的破界者。
推陈出新不是选择，而是你们这一代与生俱来的使命。

这绝非普通的教科书，
是镌刻生命轨迹的时光之筏，
是孕育思想种子的智慧原野，
更是承载创新基因的精神图腾。

当笔尖触碰纸面，
你听见时光流动的声响——
或许一年，或许十年，
在这书页间，你将见证：
思想如何冲破认知的茧房，
行动怎样重构现实的边界，
失败如何化作登云的阶梯，
成功怎样沉淀为永恒的星光。

翻开每一页，
都跃动着创新的脉搏：
先驱者燃烧的瞳孔，
探索者跋涉的足迹，
颠覆者重构的秩序，
以及你即将写下的、独一无二的生命叙事。

此刻，请以最庄重的笔触，
在扉页镌刻你的名字。
让每个笔画都迸发破界的锋芒，
让每个转折都蕴含生长的力量。

献给所有：
以敬畏之心丈量未知，
以求索之志突破极限，
以创新之魂重塑世界的——
时代破界者。